计/量/史/学/译/丛

主编 ［法］克洛德·迪耶博 Claude Diebolt
［美］迈克尔·豪珀特 Michael Haupert

测量技术与方法论

熊金武 译

格致出版社 上海人民出版社

中文版推荐序一

量化历史研究是交叉学科，是用社会科学理论和量化分析方法来研究历史，其目的是发现历史规律，即人类行为和人类社会的规律。量化历史研究称这些规律为因果关系；量化历史研究的过程，就是发现因果关系的过程。

历史资料是真正的大数据。当代新史学的发展引发了“史料革命”，扩展了史料的范围，形成了多元的史料体系，进而引发了历史资料的“大爆炸”。随着历史大数据时代的到来，如何高效处理大规模史料并从中获得规律性认识，是当代历史学面临的新挑战。中国历史资料丰富，这是中华文明的优势，但是，要发挥这种优势、增加我们自己乃至全人类对我们过去的认知，就必须改进研究方法。

量化分析方法和历史大数据相结合，是新史学的重要内容，也是历史研究领域与时俱进的一种必然趋势。量化历史既受益于现代计算机、互联网等技术，也受益于现代社会科学分析范式的进步。按照诺贝尔经济学奖获得者、经济史学家道格拉斯·诺思的追溯，用量化方法研究经济史问题大致起源于1957年。20世纪六七十年代，量化历史变得流行，后来其热度又有所消退。但20世纪90年代中期后，新一轮研究热潮再度引人注目。催生新一轮研究的经典作品主要来自经济学领域。在如何利用大数据论证历史假说方面，经济史学者做了许多方法论上的创新，改变了以往只注重历史数据描述性分析、相关性分析的传统，将历史研究进一步往科学化的方向推进。量化历史不是“热潮不热潮”的问题，而是史学研究必须探求的新方法。否则，我们难以适应新技术和海量历史资料带来的便利和挑战。

理解量化历史研究的含义，一般需要结合三个角度，即社会科学理论、量化分析方法、历史学。量化历史和传统历史学研究一样注重对历史文献的考证、确认。如果原始史料整理出了问题，那么不管采用什么研究方法，由此推出的结论都难言可信。两者的差别在于量化方法会强调在史料的基础上尽可能寻找其中的数据，或者即使没有明确的数据也可以努力去量化。

不管哪个领域，科学研究的基本流程应该保持一致：第一，提出问题和假说。第二，根据提出的问题和假说去寻找数据，或者通过设计实验产生数据。第三，做统计分析，检验假说的真伪，包括选择合适的统计分析方法识别因果关系、做因果推断，避免把虚假的相关性看成因果关系。第四，根据分析检验的结果做出解释，如果证伪了原假说，那原假说为什么错了？如果验证了原假说，又是为什么？这里，挖掘清楚"因"导致"果"的实际传导机制甚为重要。第五，写报告文章。传统历史研究在第二步至第四步上做得不够完整。所以，量化历史方法不是要取代传统历史研究方法，而是对后者的一种补充，是把科学研究方法的全过程带入历史学领域。

量化历史方法不仅仅"用数据说话"，而且提供了一个系统研究手段，让我们能同时把多个假说放在同一个统计回归分析里，看哪个解释变量、哪个假说最后能胜出。相比之下，如果只是基于定性讨论，那么这些不同假说可能听起来都有道理，无法否定哪一个，因而使历史认知难以进步。研究不只是帮助证明、证伪历史学者过去提出的假说，也会带来对历史的全新认识，引出新的研究话题与视角。

统计学、计量研究方法很早就发展起来了，但由于缺乏计算软件和数据库工具，在历史研究中的应用一直有限。最近四十年里，电脑计算能力、数据库化、互联网化都突飞猛进，这些变迁带来了最近十几年在历史与社会科学领域的知识革命。很多原来无法做的研究今天可以做，由此产生的认知越来越广、越来越深，同时研究者的信心大增。今天历史大数据库也越来越多、越来越可行，这就使得运用量化研究方法成为可能。研究不只是用数据说话，也不只是统计检验以前历史学家提出的假说，这种新方法也可以带来以前人们想不到的新认知。

强调量化历史研究的优势，并非意味着这些优势很快就能够实现，一项好的量化历史研究需要很多条件的配合，也需要大量坚实的工作。而量化历史研究作为一个新兴领域，仍然处于不断完善的过程之中。在使用量化历史研究方法的过程中，也需要注意其适用的条件，任何一种方法都有其适用的范围和局限，一项研究的发展也需要学术共同体的监督和批评。量化方法作为“史无定法”中的一种方法，在历史大数据时代，作用将越来越大。不是找到一组历史数据并对其进行回归分析，然后就完成研究了，而是要认真考究史料、摸清史料的历史背景与社会制度环境。只有这样，才能更贴切地把握所研究的因果关系链条和传导机制，增加研究成果的价值。

未来十年、二十年会是国内研究的黄金期。原因在于两个方面：一是对量化方法的了解、接受和应用会越来越多，特别是许多年轻学者会加入这个行列。二是中国史料十分丰富，但绝大多数史料以前没有被数据库化。随着更多历史数据库的建立并且可以低成本地获得这些数据，许多相对容易做的量化历史研究一下子就变得可行。所以，从这个意义上讲，越早进入这个领域，越容易产出一些很有新意的成果。

我在本科和硕士阶段的专业都是工科，加上博士阶段接受金融经济学和量化方法的训练，很自然会用数据和量化方法去研究历史话题，这些年也一直在推动量化历史研究。2013 年，我与清华大学龙登高教授、伦敦经济学院马德斌教授等一起举办了第一届量化历史讲习班，就是希望更多的学人关注该领域的研究。我的博士后熊金武负责了第一届和第二届量化历史讲习班的具体筹备工作，也一直担任“量化历史研究”公众号轮值主编等工作。2019 年，他与格致出版社唐彬源编辑联系后，组织了国内优秀的老师，启动了“计量史学译丛”的翻译工作。该译丛终于完成，实属不易。

“计量史学译丛”是《计量史学手册》(*Handbook of Cliometrics*)的中文译本，英文原书于 2019 年 11 月由施普林格出版社出版，它作为世界上第一部计量史学手册，是计量史学发展的一座里程碑。该译丛是全方位介绍计量史学研究方法、应用领域和既有研究成果的学术性研究丛书，涉及的议题非常广泛，从计量史学发展的学科史、人力资本、经济增长，到银行金融业、创新、公共政策和经济周期，再到计量史学方法论。其中涉及的部分研究文献已经在“量化历史研究”公众号上被推送出来，足以说明本套译丛的学术前沿性。

同时，该译丛的各章均由各研究领域公认的顶级学者执笔，包括 2023 年获得诺贝尔经济学奖的克劳迪娅·戈尔丁，1993 年诺贝尔经济学奖得主罗伯特·福格尔的长期研究搭档、曾任美国经济史学会会长的斯坦利·恩格尔曼，以及量化历史研讨班授课教师格里高利·克拉克。这套译丛既是向学界介绍计量史学的学术指导手册，也是研究者开展计量史学研究的方法性和写作范式指南。

“计量史学译丛”的出版顺应了学界当下的发展潮流。我们相信，该译丛将成为量化历史领域研究者的案头必备之作，而且该译丛的出版能吸引更多学者加入量化历史领域的研究。

陈志武

香港大学经管学院金融学讲座教授、

香港大学香港人文社会研究所所长

中文版推荐序二

马克思在1868年7月11日致路德维希·库格曼的信中写道："任何一个民族，如果停止劳动，不用说一年，就是几个星期，也要灭亡，这是每一个小孩都知道的。人人都同样知道，要想得到和各种不同的需要量相适应的产品量，就要付出各种不同的和一定数量的社会总劳动量。这种按一定比例分配社会劳动的必要性，决不可能被社会生产的一定形式所取消，而可能改变的只是它的表现形式，这是不言而喻的。自然规律是根本不能取消的。在不同的历史条件下能够发生变化的，只是这些规律借以实现的形式。"在任何时代，人们的生产生活都涉及数量，大多表现为连续的数量，因此一般是可以计算的，这就是计量。

传统史学主要依靠的是定性研究方法。定性研究以普遍承认的公理、演绎逻辑和历史事实为分析基础，描述、阐释所研究的事物。它们往往依据一定的理论与经验，寻求事物特征的主要方面，并不追求精确的结论，因此对计量没有很大需求，研究所得出的成果主要是通过文字的形式来表达，而非用数学语言来表达。然而，文字语言具有多义性和模糊性，使人难以精确地认识历史的真相。在以往的中国史研究中，学者们经常使用诸如"许多""很少""重要的""重大的""严重的""高度发达""极度衰落"一类词语，对一个朝代的社会经济状况进行评估。由于无法确定这些文字记载的可靠性和准确性，研究者的主观判断又受到各种主客观因素的影响，因此得出的结论当然不可能准确，可以说只是一些猜测。由此可见，在传统史学中，由于计量研究的缺失或者被忽视，导致许多记载和今天依据这些记载得出的结论并不可靠，难以成为信史。

因此，在历史研究中采用计量研究非常重要，许多大问题，如果不使用计量方法，可能会得出不符合事实甚至是完全错误的结论。例如以往我国历史学界的一个主流观点为：在中国传统社会中，建立在“封建土地剥削和掠夺”的基础上的土地兼并，是农民起义爆发的根本原因。但是经济学家刘正山通过统计方法表明这些观点站不住脚。

如此看来，运用数学方法的历史学家研究问题的起点就与通常的做法不同；不是从直接收集与感兴趣的问题相关的材料开始研究，而是从明确地提出问题、建立指标体系、提出假设开始研究。这便规定了历史学家必须收集什么样的材料，以及采取何种方法分析材料。在收集和分析材料之后，这些历史学家得出有关结论，然后用一些具体历史事实验证这些结论。这种研究方法有两点明显地背离了分析历史现象的传统做法：研究对象必须经过统计指标体系确定；在历史学家研究具体史料之前，已经提出可供选择的不同解释。然而这种背离已被证明是正确的，因为它不仅在提出问题方面，而且在解决历史学家所提出的任务方面，都表现出精确性和明确性。按照这种方法进行研究的历史学家，通常用精确的数量进行评述，很少使用诸如“许多”“很少”“重要的”“重大的”这类使分析结果显得不精确的词语进行评估。同时，我们注意到，精确、具体地提出问题和假设，还节省了历史学家的精力，使他们可以更迅速地达到预期目的。

但是，在历史研究中使用数学方法进行简单的计算和统计，还不是计量史学(Cliometrics)。所谓计量史学并不是一个严谨的概念。从一般的意义上讲，计量史学是对所有有意识地、系统地采用数学方法和统计学方法从事历史研究的工作的总称，其主要特征为定量分析，以区别于传统史学中以描述为主的定性分析。

计量史学是在社会科学发展的推动下出现和发展起来的。随着数学的日益完善和社会科学的日益成熟，数学在社会科学研究中的使用愈来愈广泛和深入，二者的结合也愈来愈紧密，到了20世纪更成为社会科学发展的主要特点之一，对于社会科学的发展起着重要的作用。1971年国际政治学家卡尔·沃尔夫冈·多伊奇(Karl Wolfgone Deutsch)发表过一项研究报告，详细地列举了1900—1965年全世界的62项社会科学方面的重大进展，并得出如下的结论：“定量的问题或发现(或者兼有)占全部重大进展的三分之二，占1930年以来重大进展的六分之五。”

作为一个重要的学科，历史学必须与时俱进。20世纪70年代，时任英国历史学会会长的历史学家杰弗里·巴勒克拉夫(Geoffrey Barractbugh)受联合国教科文组织委托，总结第二次世界大战后国际历史学发展的情况，他写道：“推动1955年前后开始的‘新史学’的动力，主要来自社会科学。”而“对量的探索无疑是历史学中最强大的新趋势”，因此当代历史学的突出特征就是“计量革命”。历史学家在进行研究的时候，必须关注并学习社会科学其他学科的进展。计量研究方法是这些进展中的一个主要内容，因此在“计量革命”的背景下，计量史学应运而生。

20世纪中叶以来，电子计算机问世并迅速发展，为计量科学手段奠定了基础，计量方法的地位日益提高，逐渐作为一种独立的研究手段进入史学领域，历史学发生了一次新的转折。20世纪上半叶，计量史学始于法国和美国，继而扩展到西欧、苏联、日本、拉美等国家和地区。20世纪60年代以后，电子计算机的广泛应用，极大地推动了历史学研究中的计量化进程。计量史学的研究领域也从最初的经济史，扩大到人口史、社会史、政治史、文化史、军事史等方面。应用计量方法的历史学家日益增多，有关计量史学的专业刊物大量涌现。

计量史学的兴起大大推动了历史研究走向精密化。传统史学的缺陷之一是用一种模糊的语言解释历史，缺陷之二是历史学家往往随意抽出一些史料来证明自己的结论，这样得出的结论往往是片面的。计量史学则在一定程度上纠正了这种偏差，并使许多传统的看法得到检验和修正。计量研究还使历史学家发现了许多传统定性研究难以发现的东西，加深了对历史的认识，开辟了新的研究领域。历史学家马尔雪夫斯基说：“今天的历史学家们给予‘大众’比给予‘英雄’以更多的关心，数量化方法没有过错，因为它是打开这些无名且无记录的几百万大众被压迫秘密的一把钥匙。”由于采用了计量分析，历史学家能够更多地把目光转向下层人民群众以及物质生活和生产领域，也转向了家庭史、妇女史、社区史、人口史、城市史等专门史领域。另外，历史资料的来源也更加广泛，像遗嘱、死亡证明、法院审判记录、选票、民意测验等，都成为计量分析的对象。计算机在贮存和处理资料方面拥有极大优势，提高了历史研究的效率，这也是计量史学迅速普及的原因之一。

中国史研究中使用计量方法始于20世纪30年代。在这个时期兴起的社会经济史研究,表现出了明显的社会科学化取向,统计学方法受到重视,并在经济史的一些重要领域(如户口、田地、租税、生产,以及财政收支等)被广泛采用。1935年,史学家梁方仲发表《明代户口田地及田赋统计》一文,并对利用史籍中的数字应当注意的问题作了阐述。由此他被称为"把统计学的方法运用到史学研究的开创者之一"。1937年,邓拓的《中国救荒史》出版,该书统计了公元前18世纪以来各世纪自然灾害的频数,并按照朝代顺序进行了简单统计。虽然在统计过程中对数据的处理有许多不完善的地方,但它是中国将统计方法运用在长时段历史研究中的开山之作。1939年,史学家张荫麟发表《北宋的土地分配与社会骚动》一文,使用北宋时期主客户分配的统计数字,说明当时几次社会骚动与土地集中无关。这些都表现了经济史学者使用计量方法的尝试。更加专门的计量经济史研究的开创者是巫宝三。1947年,巫宝三的《国民所得概论(一九三三年)》引起了海内外的瞩目,成为一个标志性的事件。但是在此之后,中国经济史研究中使用计量方法的做法基本上停止了。

到了改革开放以后,使用计量方法研究历史的方法重新兴起。20世纪末和21世纪初,中国的计量经济史研究开始进入一个新阶段。为了推进计量经济史的发展,经济学家陈志武与清华大学、北京大学和河南大学的学者合作,于2013年开始每年举办量化历史讲习班,参加讲习班接受培训的学者来自国内各高校和研究机构,人数总计达数百人。尽管培训的实际效果还需要时间检验,但是如此众多的中青年学者踊跃报名参加培训这件事本身,就已表明中国经济史学界对计量史学的期盼。越来越多的人认识到:计量方法在历史研究中的重要性是无人能够回避的;计量研究有诸多方法,适用于不同题目的研究。

为了让我国学者更多地了解计量史学的发展,熊金武教授组织多位经济学和历史学者翻译了这套"计量史学译丛",并由格致出版社出版。这套丛书源于世界上第一部计量史学手册,同时也是计量史学发展的一座里程碑。丛书全面总结了计量史学对经济学和历史学知识的具体贡献。丛书各卷均由各领域公认的大家执笔,系统完整地介绍了计量史学对具体议题的贡献和计量史学方法论,是一套全方位介绍计量史学研究方法、应用领域和既有研究成果的学术性研究成果。它既是向社会科学同行介绍计量史学的学术指导手册，也是研究者实际开展计量史学研究的方法和写作范式指南。

在此，衷心祝贺该译丛的问世。

李伯重
北京大学人文讲席教授

中文版推荐序三

许多学术文章都对计量史学进行过界定和总结。这些文章的作者基本上都是从一个显而易见的事实讲起，即计量史学是运用经济理论和量化手段来研究历史。他们接着会谈到这个名字的起源，即它是由“克利俄”(Clio，司掌历史的女神)与“度量”(metrics，“计量”或“量化的技术”)结合而成，并由经济学家斯坦利·雷特与经济史学家兰斯·戴维斯和乔纳森·休斯合作创造。实际上，可以将计量史学的源头追溯至经济史学的发端。19世纪晚期，经济史学在德国和英国发展成为独立的学科。此时，德国的施穆勒和英国的约翰·克拉彭爵士等学术权威试图脱离标准的经济理论来发展经济史学。在叛离古典经济学演绎理论的过程中，经济史成了一门独特的学科。经济史最早的形式是叙述，偶尔会用一点定量的数据来对叙述予以强化。

历史学派的初衷是通过研究历史所归纳出的理论，来取代他们所认为的演绎经济学不切实际的理论。他们的观点是，最好从实证和历史分析的角度出发，而不是用抽象的理论和演绎来研究经济学。历史学派与抽象理论相背离，它对抽象理论的方法、基本假设和结果都批评甚多。19世纪80年代，经济历史学派开始分裂。比较保守的一派，即继承历史学派衣钵的历史经济学家们完全不再使用理论，这一派以阿道夫·瓦格纳(Adolph Wagner)为代表。另一派以施穆勒为代表，第一代美国经济史学家即源于此处。在英国，阿尔弗雷德·马歇尔(Alfred Marshall)和弗朗西斯·埃奇沃斯(Francis Edgeworth)代表着“老一派”的对立面，在将正式的数学模型纳入经济学的运动中，他们站在最前沿。

在20世纪初,经济学这门学科在方法上变得演绎性更强。随着自然科学声望日隆,让经济学成为一门科学的运动兴起,此时转而形成一种新认知,即经济学想要在社会科学的顶峰占据一席之地,就需要将其形式化,并且要更多地依赖数学模型。之后一段时期,史学运动衰落,历史经济学陷入历史的低谷。第一次世界大战以后,经济学家们研究的理论化程度降低了,他们更多采用统计的方法。第二次世界大战以后,美国经济蓬勃发展,经济学家随之声名鹊起。经济学有着严格缜密的模型,使用先进的数学公式对大量的数值数据进行检验,被视为社会科学的典范。威廉·帕克(William Parker)打趣道,如果经济学是社会科学的女王,那么经济理论就是经济学的女王,计量经济学则是它的侍女。与此同时,随着人们越来越注重技术,经济学家对经济增长的决定因素越来越感兴趣,对所谓世界发达地区与欠发达地区之间差距拉大这个问题也兴趣日增。他们认为,研究经济史是深入了解经济增长和经济发展问题的一个渠道,他们将新的量化分析方法视为理想的分析工具。

"新"经济史,即计量史学的正式形成可以追溯到1957年经济史协会(1940年由盖伊和科尔等"老"经济史学家创立)和"收入与财富研究会"(归美国国家经济研究局管辖)举办的联席会议。计量史学革命让年轻的少壮派、外来者,被老前辈称为"理论家"的人与"旧"经济史学家们形成对立,而后者更像是历史学家,他们不太可能会依赖定量的方法。他们指责这些新手未能正确理解史实,就将经济理论带入历史。守旧派声称,实际模型一定是高度概括的,或者是特别复杂的,以致不能假设存在数学关系。然而,"新"经济史学家主要感兴趣的是将可操作的模型应用于经济数据。到20世纪60年代,"新""旧"历史学家之间的争斗结束了,结果显而易见:经济学成了一门"科学",它构建、检验和使用技术复杂的模型。当时计量经济学正在兴起,经济史学家分成了两派,一派憎恶计量经济学,另一派则拥护计量经济学。憎恶派的影响力逐渐减弱,其"信徒"退守至历史系。

"新""旧"经济史学家在方法上存在差异,这是不容忽视的。新经济史学家所偏爱的模型是量化的和数学的,而传统的经济史学家往往使用叙事的模式。双方不仅在方法上存在分歧,普遍接受的观点也存在分裂。计量史学家使用自己新式的工具推翻了一些人们长期秉持的看法。有一些人们公认的观点被计量史学家推翻了。一些人对"新"经济史反应冷淡,因为他们认为“新”经济史对传统史学的方法构成了威胁。但是，另外一些人因为“新”经济史展示出的可能性而对它表示热烈欢迎。

计量史学的兴起导致研究计量史学的经济学家与研究经济史的历史学家之间出现裂痕，后者不使用形式化模型，他们认为使用正规的模型忽略了问题的环境背景，过于迷恋统计的显著性，罔顾情境的相关性。计量史学家将注意力从文献转移到了统计的第一手资料上，他们强调使用统计技术，用它来检验变量之间的假定关系是否存在。另一方面，对于经济学家来说计量史学也没有那么重要了，他们只把它看作经济理论的另外一种应用。虽然应用经济学并不是什么坏事，但计量史学并没有什么特别之处——只不过是将理论和最新的量化技术应用在旧数据上，而不是将其用在当下的数据上。也就是说，计量史学强调理论和形式化模型，这一点将它与“旧”经济史区分开来，现在，这却使经济史和经济理论之间的界线模糊不清，以至于有人质疑经济史学家是否有存在的必要，而且实际上许多经济学系已经认为不再需要经济史学家了。

中国传统史学对数字和统计数据并不排斥。清末民初，史学研究和统计学方法已经有了结合。梁启超在其所著的《中国历史研究法》中，就强调了统计方法在历史研究中的作用。巫宝三所著的《中国国民所得（一九三三年）》可谓中国史领域中采用量化历史方法的一大研究成果。此外，梁方仲、吴承明、李埏等经济史学者也重视统计和计量分析工具，提出了“经济现象多半可以计量，并表现为连续的量。在经济史研究中，凡是能够计量的，尽可能做些定量分析”的观点。

在西方大学的课程和经济学研究中，计量经济学与经济史紧密结合，甚至被视为一体。然而，中国的情况不同，这主要是因为缺乏基础性历史数据。欧美经济学家在长期的数据开发和积累下，克服了壁垒，建立了一大批完整成熟的历史数据库，并取得了一系列杰出的成果，如弗里德曼的货币史与货币理论，以及克劳迪娅·戈尔丁对美国女性劳动历史的研究等，为计量经济学的科学研究奠定了基础。然而，整理这样完整成熟的基础数据库需要巨大的人力和资金，是一个漫长而艰巨的过程。

不过，令人鼓舞的是，国内一些学者已经开始这项工作。在量化历史讲习班上，我曾提到，量化方法与工具从多个方面推动了历史研究的发现和创新。量化历史的突出特征就是将经济理论、计量技术和其他规范或数理研究方法应用于社会经济史研究。只有真正达到经济理论和定量分析方法的互动融合，才可以促进经济理论和经济史学的互动发展。然而，传统史学也有不容忽视的方面，例如人的活动、故事的细节描写以及人类学的感悟与体验，它们都赋予历史以生动性与丰富性。如果没有栩栩如生的人物与细节，历史就变成了手术台上被研究的标本。历史应该是有血有肉的，而不仅仅是枯燥的数字，因为历史是人类经验和智慧的记录，也是我们沟通过去与现在的桥梁。通过研究历史，我们能够深刻地了解过去的文化、社会、政治和经济背景，以及人们的生活方式和思维方式。

中国经济史学者在国际量化历史研究领域具有显著的特点。近年来，中国学者在国际量化历史研究中崭露头角，通过量化历史讲习班与国际学界密切交流。此外，大量中国学者通过采用中国历史数据而作出的优秀研究成果不断涌现。这套八卷本“计量史学译丛”的出版完美展现了当代经济史、量化历史领域的前沿研究成果和通用方法，必将促进国内学者了解国际学术前沿，同时我们希望读者能够结合中国历史和数据批判借鉴，推动对中国文明的长时段研究。

龙登高

清华大学社会科学学院教授、中国经济史研究中心主任

英文版总序

目标与范畴

新经济史[New Economic History,这个术语由乔纳森·休斯(Jonathan Hughes)提出],或者说计量史学[Cliometrics,由斯坦·雷特(Stan Reiter)创造]最近才出现,它字面上的意思是对历史进行测量。人们认为,阿尔弗雷德·康拉德(Alfred Conrad)和约翰·迈耶(John Meyer)是这个领域的拓荒者,他们1957年在《经济史杂志》(*Journal of Economic History*)上发表了《经济理论、统计推断和经济史》(Economic Theory, Statistical Inference and Economic History)一文,该文是二人当年早些时候在经济史协会(Economic History Association)和美国国家经济研究局(NBER)"收入与财富研究会"(Conference on Research in Income and Wealth)联席会议上发表的报告。他们随后在1958年又发表了一篇论文,来对计量史学的方法加以说明,并将其应用在美国内战前的奴隶制问题上。罗伯特·福格尔(Robert Fogel)关于铁路对美国经济增长影响的研究工作意义重大,从广义上讲是经济学历史上一场真正的革命,甚至是与传统的彻底决裂。它通过经济学的语言来表述历史,重新使史学在经济学中占据一席之地。如今,甚至可以说它是经济学一个延伸的领域,引发了新的争论,并且对普遍的看法提出挑战。计量经济学技术和经济理论的使用,使得对经济史的争论纷纭重起,使得对量化的争论在所难免,并且促使在经济学家们中间出现了新的历史意识(historical awareness)。

计量史学并不仅仅关注经济史在有限的、技术性意义上的内容,它更在整体上改变了历史研究。它体现了社会科学对过往时代的定量估计。知晓奴隶制是否在美国内战前使美国受益,或者铁路是否对美国经济发展产生了重大影响,这些问题对于通史和经济史来说同样重要,而且必然会影响到任何就美国历史进程所作出的(人类学、法学、政治学、社会学、心理学等)阐释或评价。

此外,理想主义学派有一个基本的假设,即认为历史永远无法提供科学证据,因为不可能对独特的历史事件进行实验分析。计量史学对这一基本假设提出挑战。计量史学家已经证明,恰恰相反,通过构造一个反事实,这种实验是能做到的,可以用反事实来衡量实际发生的事情和在不同情况下可能发生的事情之间存在什么差距。

众所周知,罗伯特·福格尔用反事实推理来衡量铁路对美国经济增长的影响。这个方法的原理也许和历史的时间序列计量经济学一样,是计量史学对一般社会科学研究人员,特别是对历史学家最重要的贡献。

方法上的特点

福格尔界定了计量史学方法上的特征。他认为,在承认计量和理论之间存在紧密联系的同时,计量史学也应该强调计量,这一点至关重要。事实上,如果没有伴随统计和/或计量经济学的处理过程和系统的定量分析,计量只不过是另一种叙述历史的形式,诚然,它用数字代替了文字,却并未带来任何新的要素。相比之下,当使用计量史学尝试对过去经济发展的所有解释进行建模时,它就具有创新性。换言之,计量史学的主要特点是使用假说-演绎(hypothetico-deductive)的模型,这些模型要用到最贴近的计量经济学技术,目的在于以数学形式建立起特定情况下变量之间的相关关系。

计量史学通常要构建一个一般均衡或局部均衡的模型,模型要反映出所讨论的经济演进中的各个因素,并显示各因素之间相互作用的方式。因此,可以建立相关关系和/或因果关系,来测量在给定的时间段内各个因素孰轻孰重。

计量史学方法决定性的要素，与“市场”和“价格”的概念有关。即使在并未明确有市场存在的领域，计量史学方法通常也会给出类似于“供给”“需求”和“价格”等市场的概念，来对主题进行研究。

时至今日，假说-演绎的模型主要被用来确定创新、制度和工业过程对增长和经济发展的影响。由于没有记录表明，如果所论及的创新没有发生，或者相关的因素并没有出现会发生什么，所以只能通过建立一个假设模型，用以在假定的另一种情况下（即反事实）进行演绎，来发现会发生什么。的确，使用与事实相反的命题本身并不是什么新鲜事，这些命题蕴含在一系列的判断之中，有些是经济判断，有些则不是。

使用这种反事实分析也难逃被人诟病。许多研究人员依旧相信，使用无法被证实的假设所产生的是准历史（quasi history），而不是历史本身（history proper）。再者，煞费苦心地使用计量史学，所得到的结果并不如许多计量史学家所希冀的那般至关重大。毫无疑问，批评者们得出的结论是没错的：经济分析本身，连同计量经济学工具的使用，无法为变革和发展的过程与结构提供因果解释。在正常的经济生活中，似乎存在非系统性的突变（战争、歉收、市场崩溃时的群体性癔症等），需要对此进行全面分析，但这些突变往往被认为是外源性的，并且为了对理论假设的先验表述有利，它们往往会被弃之不理。

然而，尽管有一些较为极端的论证，令计量史学让人失望，但计量史学也有其成功之处，并且理论上在不断取得进步。显然，这样做的风险是听任经济理论忽略一整套的经验资料，而这些资料可以丰富我们对经济生活现实的认知。反过来说，理论有助于我们得出某些常量，而且只有掌握了理论，才有可能对规则的和不规则的、能预测的和难以预估的加以区分。

主要的成就

到目前为止，计量史学稳扎稳打地奠定了自己主要的成就：在福格尔的传统中，通过计量手段和理论方法对历史演进进行了一系列可靠的经济分析；循着道格拉斯・诺思（Douglass North）的光辉足迹，认识到了新古典主义理论的局限性，在经济模型中将制度的重要作用纳入考量。事实上，聚焦于后者最终催生了一个新的经济学分支，即新制度经济学。现在，没有什么能够取代基于成体系的有序数据之上的严谨统计和计量经济分析。依赖不可靠的数字和谬误的方法作出的不精确判断，其不足之处又凭主观印象来填补，现在已经无法取信于人。特别是经济史，它不应该依旧是"简单的"故事，即用事实来说明不同时期的物质生活，而应该成为一种系统的尝试，去为具体的问题提供答案。我们的宏愿，应该从"理解"(Verstehen)认识论(epistemology)转向"解释"(Erklären)认识论。

进一步来说，对事实的探求越是被问题的概念所主导，研究就越是要解决经济史在社会科学中以何种形式显明其真正的作用。因此，智识倾向(intellectual orientation)的这种转变，即计量史学的重构可以影响到其他人文社会科学的学科(法学、社会学、政治学、地理学等)，并且会引发类似的变化。

事实上，社会科学中势头最强劲的新趋势，无疑是人们对量化和理论过分热衷，这个特征是当代学者和前辈学人在观念上最大的区别。即使是我们同僚中最有文学性的，对于这一点也欣然同意。这种兴趣没有什么好让人惊讶的。与之前的几代人相比，现今年轻一代学者的一个典型特征无疑是，在他们的智力训练中更加深刻地打上了科学与科学精神的烙印。因此，年轻的科学家们对传统史学没有把握的方法失去了耐心，并且他们试图在不那么"手工式"(artisanal)的基础之上开展研究，这一点并不让人奇怪。

因此，人文社会科学在技术方面正变得更加精细，很难相信这种趋势有可能会发生逆转。然而，有相当一部分人文社会科学家尚未接受这些新趋势，这一点也很明显。这些趋势意在使用更加复杂的方法，使用符合新标准且明确的概念，以便在福格尔传统下发展出一门真正科学的人文社会科学。

史学的分支？

对于许多作者(和计量史学许多主要的人物)来说，计量史学似乎首先是史学的一个分支。计量史学使用经济学的工具、技术和理论，为史学争论而非经济学争论本身提供答案。

对于(美国)经济史学家来说，随着时间的推移，"实证"一词的含义发生了很大的变化。人们可以观察到，从"传统的历史学家"(对他们而言，在自己的论证中所使用的不仅仅是定量数据,而且还有所有从档案中检索到的东西)到(应用)经济学家(实证的方面包含对用数字表示的时间序列进行分析),他们对经验事实(empirical fact)概念的理解发生了改变。而且历史学家和经济学家在建立发展理论方面兴趣一致,所以二者的理论观点趋于一致。

在这里,西蒙·库兹涅茨(Simon Kuznets)似乎发挥了重要作用。他强调在可能确定将某些部门看作经济发展的核心所在之前,重要的是一开始就要对过去经济史上发生的重要宏观量变进行严肃的宏观经济分析。应该注意,即使他考虑将历史与经济分析结合起来,但他所提出的增长理论依旧是归纳式的,其基础是对过去重要演变所做的观察,对经济史学家经年累月积累起来的长时段时间序列进行分析给予他启迪。

因此,这种(归纳的)观点尽管使用了较为复杂的技术,但其与经济学中的历史流派,即德国历史学派(German Historical School)密切相关。可以说,这两门学科变得更加紧密,但可能在"归纳"经济学的框架之内是这样。除此之外,尽管早期人们对建立一种基于历史(即归纳)的发展经济学感兴趣,但计量史学主要试图为史学的问题提供答案——因此,它更多是与历史学家交谈,而不是向标准的经济学家讲述。可以用计量经济学技术来重新调整时间序列,通过插值或外推来确定缺失的数据——顺便说一句,这一点让专业的历史学家感到恼火。但是,这些计量史学规程仍旧肩负历史使命,那就是阐明历史问题,它将经济理论或计量经济学看作历史学的附属学科。当使用计量史学的方法来建立一个基于被明确测度的事实的发展理论时,它发展成为一门更接近德国历史学派目标的经济学,而不是一门参与高度抽象和演绎理论运动的经济学,而后者是当时新古典学派发展的特征。

库兹涅茨和沃尔特·罗斯托(Walt Rostow)之间关于经济发展阶段的争执,实际上是基于罗斯托理论的实证基础进行争论,而不是在争论一个高度概括和非常综合的观点在形式上不严谨(没有使用增长理论),或者缺乏微观基础的缺陷。在今天,后者无疑会成为被批判的主要议题。简而言之,要么说计量史学仍然是(经济)史的一个(现代化的)分支——就像考古学方法的现代化(从碳 14 测定到使用统计技术,比如判别分析)并未将该学科转变为自然科学的一个分支一样;要么说运用计量史学方法来得到理论结果,更多是从收集到的时间序列归纳所得,而不是经由明确运用模型将其演绎出来。也就是说,经济理论必须首先以事实为依据,并由经验证据归纳所得。

如此，就促成了一门与德国历史学派较为接近，而与新古典观点不甚相近的经济科学。

经济学的附属学科？

但故事尚未结束。（严格意义上的）经济学家最近所做的一些计量史学研究揭示，计量史学也具备成为经济学的一门附属学科的可能性。因此，所有的经济学家都应该掌握计量史学这种工具并具备这份能力。然而，正如"辅助学科"（anxiliary discipline）一词所表明的那样，如果稍稍（不要太多）超出标准的新古典经济学的范畴，它对经济学应有的作用才能发挥。它必定是一个复合体，即应用最新的计量经济学工具和经济理论，与表征旧经济史的制度性与事实性的旧习俗相结合。

历史学确实一直是一门综合性的学科，计量史学也该如此。不然，如果计量史学丧失了它全部的"历史维度"（historical dimension），那它将不复存在（它只会是将经济学应用于昔日，或者仅仅是运用计量经济学去回溯过往）。想要对整个经济学界有所助益，那么计量史学主要的工作，应该是动用所有能从历史中收集到的相关信息来丰富经济理论，甚或对经济理论提出挑战。这类"相关信息"还应将文化或制度的发展纳入其中，前提是能将它们对专业有用的一面合宜地呈现出来。

经济学家（实际上是开尔文勋爵）的一个传统看法是"定性不如定量"。但是有没有可能，有时候确实是"定量不如定性"？历史学家与经济学家非常大的一个差别，就是所谓的历史批判意识和希望避免出现年代舛误。除了对历史资料详加检视以外，还要对制度、社会和文化背景仔细加以审视，这些背景形成了框定参与者行为的结构。诚然，（新）经济史不会建立一个一般理论——它过于相信有必要在经济现象的背景下对其进行研究——但是它可以基于可靠的调查和恰当估计的典型事实（stylized facts），为那些试图彰显经济行为规律的经济学家们提供一些有用的想法和见解[经济学与历史学不同，它仍旧是一门法则性科学（nomological science）]。经济学家和计量史学家也可以通力合作，在研究中共同署名。达龙·阿西莫格鲁（Daron Acemoglu）、西蒙·约翰逊（Simon Johnson）、詹姆斯·罗宾逊（James

Robinson)和奥戴德·盖勒(Oded Galor)等人均持这一观点,他们试图利用撷取自传统史学中的材料来构建对经济理论家有用的新思想。

总而言之,可以说做好计量史学研究并非易事。由于计量史学变得过于偏重“经济学”,因此它不可能为某些问题提供答案,比如说,对于那些需要有较多金融市场微观结构信息,或者要有监管期间股票交易实际如何运作信息的问题,计量史学就无能为力了——对它无法解释的现象,它只会去加以测度。这就需要用历史学家特定的方法(和细枝末节的信息),来阐述在给定的情境之下(确切的地点和时期),为什么这样的经济理论不甚贴题(或者用以了解经济理论的缺陷)。也许只有这样,计量史学才能通过提出研究线索,为经济学家提供一些东西。然而,如果计量史学变得太偏重“史学”,那它在经济学界就不再具有吸引力。经济学家需要新经济史学家知晓,他们在争论什么,他们的兴趣在哪里。

经济理论中的一个成熟领域?

最后但同样重要的一点是,计量史学有朝一日可能不仅仅是经济学的一门附属学科,而是会成为经济理论的一个成熟领域。确实还存在另外一种可能:将计量史学看作制度和组织结构的涌现以及路径依赖的科学。为了揭示各种制度安排的效率,以及制度变迁起因与后果的典型事实(stylized facts),经济史学会使用该学科旧有的技术,还会使用最先进的武器——计量经济学。这将有助于理论家研究出真正的制度变迁理论,即一个既具备普遍性(例如,满足当今决策者的需求)而且理论上可靠(建立在经济学原理之上),又是经由经济与历史分析共同提出,牢固地根植于经验规律之上的理论。这种对制度性形态如何生成所做的分析,将会成为计量史学这门科学真正的理论部分,会使计量史学自身从看似全然是实证的命运中解放出来,成为对长时段进行分析的计量经济学家的游乐场。显然,经济学家希望得到一般性结论,对数理科学着迷,这些并不鼓励他们过多地去关注情境化。然而,像诺思这样的新制度主义经济学家告诫我们,对制度(包括文化)背景要认真地加以考量。

因此,我们编写《计量史学手册》的目的,也是为了鼓励经济学家们更系统地去对这些以历史为基础的理论加以检验，不过，我们也力求能够弄清制度创设或制度变迁的一般规律。计量史学除了对长时段的定量数据集进行研究之外，它的一个分支越来越重视制度的作用与演变，其目的在于将经济学家对找到一般性结论的愿望，与关注经济参与者在何种确切的背景下行事结合在一起，而后者是历史学家和其他社会科学家的特征。这是一条中间道路，它介乎纯粹的经验主义和脱离实体的理论之间，由此，也许会为我们开启通向更好的经济理论的大门。它将使经济学家能够根据过去的情况来解释当前的经济问题，从而更深刻地理解经济和社会的历史如何运行。这条途径能为当下提供更好的政策建议。

本书的内容

在编写本手册的第一版时，我们所面对的最大的难题是将哪些内容纳入书中。可选的内容不计其数，但是版面有限。在第二版中，给予我们的版面增加了不少，结果显而易见：我们将原有篇幅扩充到三倍，在原有22章的基础上新增加了43章，其中有几章由原作者进行修订和更新。即使对本手册的覆盖范围做了这样的扩充，仍旧未能将一些重要的技术和主题囊括进来。本书没有将这些内容纳入进来，绝对不是在否定它们的重要性或者它们的历史意义。有的时候，我们已经承诺会出版某些章节，但由于各种原因，作者无法在出版的截止日期之前交稿。对于这种情况，我们会在本手册的网络版中增添这些章节，可在以下网址查询：https://link.Springer.com/referencework/10.1007/978-3-642-40458-0。

在第二版中新增补的章节仍旧只是过去半个世纪里在计量史学的加持下做出改变的主题中的几个案例，20世纪60年代将计量史学确立为“新”经济史的论题就在其中，包括理查德·萨奇(Richard Sutch)关于奴隶制的章节，以及杰里米·阿塔克(Jeremy Atack)关于铁路的章节。本书的特色是，所涵章节有长期以来一直处于计量史学分析中心的议题，例如格雷格·克拉克(Greg Clark)关于工业革命的章节、拉里·尼尔(Larry Neal)关于金融市场的章节，以及克里斯·哈内斯(Chris Hanes)论及大萧条的文章。我们还提供了一些主题范围比较窄的章节，而它们的发展主要得益于计量史学的方法，比如弗朗齐斯卡·托尔内克(Franziska Tollnek)和约尔格·贝滕(Joerg Baten)讨论年龄堆积(age heaping)的研究、道格拉斯·普弗特(Douglas Puffert)关于路径依赖的章节、托马斯·拉夫(Thomas Rahlf)关于统计推断的文章，以及弗洛里安·普洛克利(Florian Ploeckl)关于空间建模的章节。介于两者之间的是斯坦利·恩格尔曼(Stanley Engerman)、迪尔德丽·麦克洛斯基(Deirdre McCloskey)、罗杰·兰瑟姆(Roger Ransom)和彼得·特明(Peter Temin)以及马修·贾雷姆斯基(Matthew Jaremski)和克里斯·维克斯(Chris Vickers)等年轻学者的文章，我们也都将其收录在手册中，前者在计量史学真正成为研究经济史的"新"方法之时即已致力于斯，后者是新一代计量史学的代表。贯穿整本手册一个共同的纽带是关注计量史学做出了怎样的贡献。

《计量史学手册》强调，计量史学在经济学和史学这两个领域对我们认知具体的贡献是什么，它是历史经济学(historical economics)和计量经济学史(econometric history)领域里的一个里程碑。本手册是三手文献，因此，它以易于理解的形式包含着已被系统整理过的知识。这些章节不是原创研究，也不是文献综述，而是就计量史学对所讨论的主题做出了哪些贡献进行概述。这些章节所强调的是，计量史学对经济学家、历史学家和一般的社会科学家是有用的。本手册涉及的主题相当广泛，各章都概述了计量史学对某一特定主题所做出的贡献。

本书按照一般性主题将65章分成8个部分。* 开篇有6章，涉及经济史和计量史学的历史，还有论及罗伯特·福格尔和道格拉斯·诺思这两位最杰出实践者的文稿。第二部分的重点是人力资本，包含9个章节，议题广泛，涉及劳动力市场、教育和性别，还包含两个专题评述，一是关于计量史学在年龄堆积中的应用，二是关于计量史学在教会登记簿中的作用。

第三部分从大处着眼，收录了9个关于经济增长的章节。这些章节包括工业增长、工业革命、美国内战前的增长、贸易、市场一体化以及经济与人口的相互作用，等等。第四部分涵盖了制度，既有广义的制度(制度、政治经济、产权、商业帝国)，也有范畴有限的制度(奴隶制、殖民时期的美洲、

---

* 中译本以"计量史学译丛"形式出版，包含如下八卷：《计量史学史》《劳动力与人力资本》《经济增长模式与测量》《制度与计量史学的发展》《货币、银行与金融业》《政府、健康与福利》《创新、交通与旅游业》《测量技术与方法论》。——编者注

水权)。

第五部分篇幅最大,包含12个章节,以不同的形式介绍了货币、银行和金融业。内容安排上,以早期的资本市场、美国金融体系的起源、美国内战开始,随后是总体概览,包括金融市场、金融体系、金融恐慌和利率。此外,还包括大萧条、中央银行、主权债务和公司治理的章节。

第六部分共有8章,主题是政府、健康和福利。这里重点介绍了计量史学的子代,包括人体测量学(anthropometrics)和农业计量史学(agricliometrics)。书中也有章节论及收入不平等、营养、医疗保健、战争以及政府在大萧条中的作用。第七部分涉及机械性和创意性的创新领域、铁路、交通运输和旅游业。

本手册最后的一个部分介绍了技术与计量,这是计量史学的两个标志。读者可以在这里找到关于分析叙述(analytic narrative)、路径依赖、空间建模和统计推断的章节,另外还有关于非洲经济史、产出测度和制造业普查(census of manufactures)的内容。

我们很享受本手册第二版的编撰过程。始自大约10年之前一个少不更事的探寻(为什么没有一本计量史学手册?),到现在又获再版,所收纳的条目超过了60个。我们对编撰的过程甘之如饴,所取得的成果是将顶尖的学者们聚在一起,来分析计量史学在主题的涵盖广泛的知识进步中所起的作用。我们将它呈现给读者,谨将其献给过去、现在以及未来所有的计量史学家们。

克洛德·迪耶博
迈克尔·豪珀特

参考文献

Acemoglu, D., Johnson, S., Robinson, J. (2005) "Institutions as a Fundamental Cause of Long-run Growth, Chapter 6", in Aghion, P., Durlauf, S.(eds) *Handbook of Economic Growth*, *1st edn*, *vol.1*. North-Holland, Amsterdam, pp. 385—472. ISBN 978-0-444-52041-8.

Conrad, A., Meyer, J. (1957) "Economic Theory, Statistical Inference and Economic History", *J Econ Hist*, 17:524—544.

Conrad, A., Meyer, J. (1958) "The Economics of Slavery in the Ante Bellum South", *J Polit Econ*, 66:95—130.

Carlos, A. (2010) "Reflection on Reflections: Review Essay on Reflections on the Cliometric Revolution: Conversations with Economic Historians", *Cliometrica*, 4:97—111.

Costa, D., Demeulemeester, J-L., Diebolt, C. (2007) "What is 'Cliometrica'", *Cliometrica*

1:1—6.

Crafts, N. (1987) "Cliometrics, 1971—1986: A Survey", *J Appl Econ*, 2:171—192.

Demeulemeester, J-L., Diebolt, C. (2007) "How Much Could Economics Gain from History: The Contribution of Cliometrics", *Cliometrica*, 1:7—17.

Diebolt, C.(2012) "The Cliometric Voice", *Hist Econ Ideas*, 20:51—61.

Diebolt, C.(2016) "Cliometrica after 10 Years: Definition and Principles of Cliometric Research", *Cliometrica*, 10:1—4.

Diebolt, C., Haupert M.(2018) "A Cliometric Counterfactual: What If There Had Been Neither Fogel Nor North?", *Cliometrica*, 12:407—434.

Fogel, R.(1964) *Railroads and American Economic Growth: Essays in Econometric History*. The Johns Hopkins University Press, Baltimore.

Fogel, R.(1994) "Economic Growth, Population Theory, and Physiology: The Bearing of Long-term Processes on the Making of Economic Policy", *Am Econ Rev*, 84:369—395.

Fogel, R., Engerman, S.(1974) *Time on the Cross: The Economics of American Negro Slavery*. Little, Brown, Boston.

Galor, O.(2012) "The Demographic Transition: Causes and Consequences", *Cliometrica*, 6:1—28.

Goldin, C.(1995) "Cliometrics and the Nobel", *J Econ Perspect*, 9:191—208.

Kuznets, S. (1966) *Modern Economic Growth: Rate, Structure and Spread*. Yale University Press, New Haven.

Lyons, J.S., Cain, L.P., Williamson, S.H. (2008) *Reflections on the Cliometrics Revolution: Conversations with Economic Historians*. Routledge, London.

McCloskey, D.(1976) "Does the Past Have Useful Economics?", *J Econ Lit*, 14: 434—461.

McCloskey, D.(1987) *Econometric History*. Macmillan, London.

Meyer, J. (1997) "Notes on Cliometrics' Fortieth", *Am Econ Rev*, 87:409—411.

North, D.(1990) *Institutions, Institutional Change and Economic Performance*. Cambridge University Press, Cambridge.

North, D. (1994) "Economic Performance through Time", *Am Econ Rev*, 84 (1994): 359—368.

Piketty, T.(2014) *Capital in the Twenty-first Century*. The Belknap Press of Harvard University Press, Cambridge, MA.

Rostow, W. W. (1960) *The Stages of Economic Growth: A Non-communist Manifesto*. Cambridge University Press, Cambridge.

Temin, P. (ed) (1973) *New Economic History*. Penguin Books, Harmondsworth.

Williamson, J.(1974) *Late Nineteenth-century American Development: A General Equilibrium History*. Cambridge University Press, London.

Wright, G.(1971) "Econometric Studies of History", in Intriligator, M.(ed) *Frontiers of Quantitative Economics*. North-Holland, Amsterdam, pp.412—459.

英文版前言

欢迎阅读《计量史学手册》第二版，本手册已被收入斯普林格参考文献库(Springer Reference Library)。本手册于2016年首次出版，此次再版在原有22章的基础上增补了43章。在本手册的两个版本中，我们将世界各地顶尖的经济学家和经济史学家囊括其中，我们的目的在于促进世界一流的研究。在整部手册中，我们就计量史学在我们对经济学和历史学的认知方面具体起到的作用予以强调，借此，它会对历史经济学与计量经济学史产生影响。

正式来讲，计量史学的起源要追溯到1957年经济史协会和“收入与财富研究会”(归美国国家经济研究局管辖)的联席会议。计量史学的概念——经济理论和量化分析技术在历史研究中的应用——有点儿久远。使计量史学与“旧”经济史区别开来的，是它注重使用理论和形式化模型。不论确切来讲计量史学起源如何，这门学科都被重新界定了，并在经济学上留下了不可磨灭的印记。本手册中的各章对这些贡献均予以认可，并且会在各个分支学科中对其予以强调。

本手册是三手文献，因此，它以易于理解的形式包含着已被整理过的知识。各个章节均简要介绍了计量史学对经济史领域各分支学科的贡献，都强调计量史学之于经济学家、历史学家和一般社会科学家的价值。

如果没有这么多人的贡献，规模如此大、范围如此广的项目不会成功。我们要感谢那些让我们的想法得以实现，并且坚持到底直至本手册完成的人。首先，最重要的是要感谢作者，他们在严苛的时限内几易其稿，写出了质量上乘的文章。他们所倾注的时间以及他们的专业知识将本手册的水准提升到最高。其次，要感谢编辑与制作团队，他们将我们的想法落实，最终将本手册付印并在网上发布。玛蒂娜·比恩(Martina Bihn)从一开始就在润泽着我们的理念，本书编辑施卢蒂·达特(Shruti Datt)和丽贝卡·乌尔班(Rebecca Urban)让我们坚持做完这项工作，在每一轮审校中都会提供诸多宝贵的建议。再次，非常感谢迈克尔·赫尔曼(Michael Hermann)无条件的支持。我们还要感谢计量史学会(Cliometric Society)理事会，在他们的激励之下，我们最初编写一本手册的提议得以继续进行，当我们将手册扩充再版时，他们仍旧为我们加油鼓劲。

最后，要是不感谢我们的另一半——瓦莱里(Valérie)和玛丽·艾伦(Mary Ellen)那就是我们的不对了。她们容忍着我们常在电脑前熬到深夜，经年累月待在办公室里，以及我们低头凝视截止日期的行为举止。她们一边从事着自己的事业，一边包容着我们的执念。

克洛德·迪耶博

迈克尔·豪珀特

2019 年 5 月

作者简介

托马斯·拉尔夫(Thomas Rahlf)

德国波恩德国研究基金会(German Research Foundation)。

特伦斯·C.米尔斯(Terence C. Mills)

英国拉夫伯勒大学商业与经济学院。

道格拉斯·J.普弗特(Douglas J. Puffert)

立陶宛克莱佩达LCC国际大学。

菲利普·蒙然(Philippe Mongin)

法国国家科学中心,巴黎高等商学院经济学与决策科学系研究与管理学小组(GREGHEC)。

弗洛里安·普洛克(Florian Ploeckl)

澳大利亚阿德莱德大学经济学系。

亚历山大·J.菲尔德(Alexander J. Field)

美国圣塔克拉拉大学经济学系。

克里斯·维克斯(Chris Vickers)

美国奥本大学经济学系。

尼古拉斯·L.齐巴思(Nicolas L. Ziebarth)

美国国家经济研究局,美国奥本大学经济学系。

约翰·富里(Johan Fourie)

南非斯泰伦博斯大学经济学系非洲历史经济学实验室(LEAP)。

农索·奥比基利(Nonso Obikili)

南非斯泰伦博斯大学经济学系非洲历史经济学实验室(LEAP)。

目　录

第一章

统计推断

托马斯·拉尔夫

摘要

统计推断及随后的计量经济学的发展过程不是不断累积的、渐进的,而是各种不同的观点集中涌现,这些观点在相关教科书中经常被相互混淆。因此,非常有必要从历史的角度(而非系统的角度)来梳理这一问题。本章基于较为复杂的统计学发展历程,对计量史学研究中重要概念的产生予以历史回顾。本章从现代概率论的出现及其与别的统计方法的关联入手,概述当前统计推断的基本原理。J.内曼和E.S.皮尔逊、R.A.费舍尔从不同角度发展了当前统计推断的基本原则。同时,新贝叶斯方法也得到了同步发展。不过,计量经济学在最初创立阶段并未考虑使用新贝叶斯方法,而是采用一种“经典”的统计推断方法,于是不得不面临一个新的困难:如何考虑时间变量。计量史学研究虽然最初遵循贝叶斯方法,但并未坚持到最后,于是与计量经济学一样采用基于推断的经典方法。本章最后引用了鲁道夫·卡尔曼对经典统计推断方法的批判。我们从中可以发现,推断在计量史学研究中发展前景广阔。本章将经常直接引用原文,以便生动还原这一学术发展历程。

关键词

概率　推断　贝叶斯主义　频率主义　系统论

引 言

1520

统计推断具有一种在其他科学领域里极其罕见的矛盾性。当前统计学一方面贯穿各学科(这种印象在对相关文献的跨学科研究中被强化),另一方面又遵循自身严谨的原理。人们只看到当前统计学具有自成体系的、普适的逻辑结构。尽管各种方法的重要性可能因学科而异,但它们固有的、与统计推断有关的原理(尤其是假设检验方法、对统计数据所提供的"证据"的评估等)却显得普遍有效。

以下是格尔德·吉仁泽等人(Gerd Gigerenzer et al.,1989:105f)就矛盾和不合逻辑的"跨界使用"(hybridization)所表达的反对意见:

> ……许多领域的科学研究人员学会了以准机械(quasi-mechanical)方式应用统计检验,而没有注意到这些数值方法真正回答的问题是什么。

统计学"内部"给人的印象是多样化的。统计学文献中的某些引文有助于说明这一科学领域内的争议。例如,R.A.费舍尔(R.A. Fisher,1956:9)提出:"逆概率(inverse probability)理论建立在误差之上,必须完全予以拒绝。"而冯·米泽斯(von Mises,1951:188)在谈到费舍尔的"似然方法"(likelihood approach)时承认:"费舍尔和他的追随者用来证明似然理论合理性的许多优美语言对我来说是十分费解的,我无法理解他的主要论点。"A.伯恩鲍姆(A. Birnbaum)在一篇广为阅读的文章中将似然的概念发展为似然原则(likelihood principle),并以此作为统计推断的根本基础。他反对J.内曼和皮尔逊所提出的置信原则(confidence principle),理由是置信原则不符合似然原则(Birnbaum,1962;Neyman and Pearson,1928a,1928b,1933)。然而几年后,他又拒绝了似然原则,并且拒绝的原因正是该原则违背了置信原则。[①]施特格米勒(Stegmüller,1973:2)提到了内曼,后者声称费舍尔开发的测试方

1521

① 参见 Birnbaum,1962,1968,1977。

法“……从数学上来说,‘比无用更糟’……”①。布鲁诺·德菲内蒂(Brubo de Finetti, 1981)作为主观概率论的主要代表之一,深信费舍尔“……表现出了他对贝叶斯形式结论的必要性的看法[试图用模糊的‘基准概率’(fiducial probability)这一概念来定义贝叶斯形式],并希望以一种与贝叶斯方法相反的方式来呈现问题(本质上与内曼一样)”。L.J.萨维奇(L.J. Savage, 1954)是主观主义方法的另一位重要捍卫者,他希望将其开发的传统统计推断方法(conventional statistical inference methods)作为主观主义学说公理系统的一部分,纳入他颇有影响力的著作《统计学基础》(*The Foundations of Statistics*)中。该书的第二版写道:“仅弗洛伊德就能解释为何如此草率和未实现的承诺(早在第一版中提出,以表明个人主义概率如何证明频率主义观点)经过如此多次手稿修订而未被改正。”②O.肯普索恩(O. Kempthorne, 1971)最后以一种方式描述了各种推断概念,使得J.W.普拉特(J.W. Pratt, 1971: 496)将他的论文观点总结如下:“基准概率和结构方法是无稽之谈。杰弗里(Jeffrey)的贝叶斯方法和主观贝叶斯方法(subjective Bayesian methods) * 是无稽之谈。似然方法也是无稽之谈。他没有直接说正统方法(orthodox methods)是毫无逻辑可言的,但是他在评论里暗含了这种观点……简而言之,他认为所有的方法都难以成立,因此应使用正统方法。”还有许多观点未被列出,不过上述这些观点足以表明其争议性。

统计概率和统计推断

首先,我们要对核心概念是如何发展起来的进行概括性的描述。③下表

---

① 楷体为原作者标注。

② 引自 DuMouchel, 1992: S.527。第一版于1954年出版。参见 Savage, 1954。

③ 有关本章主题的详细说明,请参见 Rahlf, 1998; Gigerenzer, Swijtink, Porter, Daston, Beatty and Krüger, 1989。

* 主观贝叶斯方法是R.O.杜达(R.O. Duda)等人于1976年提出的一种不确定性推理模型,并成功地应用于地质勘探专家系统PROSPECTOR。主观贝叶斯方法是以概率统计理论为基础,将贝叶斯公式与专家及用户的主观经验相结合而建立的一种不确定性推理模型。——译者注

标志了最重要的几个阶段。

表 1.1　统计推断领域的历史里程碑

1700—1730 年	术语“概率”和“机会”的首次系统定义[G. W. 莱布尼茨(G. W. Leibniz)、J.伯努利(J. Bernoulli)],以及从概率论中得到统计推断(作为结论)的尝试(J.伯努利)。
1750—1775 年	与拉普拉斯误差函数相关的概率概念的反演。 与贝叶斯二项分布有关的概率概念的反演。
1810 年前后	P.S.拉普拉斯(P.S. Laplace)和 C.F.高斯(C.F. Gauss)综合了误差函数和概率。
1820—1840 年	统计推断概念的进一步发展(误差定律、大数定律)及其与 A.凯特尔(A. Quetelet)的“社会物理学”(social physics)的结合。
1870—1885 年	相关性和回归的概念基础,F.高尔顿(F. Galton)将凯特尔的概念纳入生物学。
1840—1870 年	对概率概念的哲学研究(作为并行发展)。
1880—1895 年	F.Y.埃奇沃思(F.Y. Edgeworth)和卡尔・皮尔逊(Karl Pearson)使统计推断概念系统化和形式化。
1895—1900 年	这些系统化的统计推断概念在社会科学数据中的应用以及由 G.U.尤尔(G.U. Yule)推动的在多元回归中的发展。 皮尔逊和尤尔试图阐明相关性、虚假相关性和因果关系的概念。
1900 年前后	皮尔逊提出显著性检验的概念。
1929/1930 年	费舍尔提出了“良好”估值的标准,并使用基准原则对这些估值的质量进行了定量评估。
1933 年	根据内曼和皮尔逊提出的置信原则而发展的“经典”测试理论和置信度推断。
1926—1954 年	主观主义贝叶斯方法的提出,例如 F.P.拉姆齐(F.P. Ramsey)、德菲内蒂、哈罗德・杰弗里斯(Harold Jeffreys)和萨维奇的方法。
1955 年	客观主义贝叶斯方法的提出,例如 H.罗宾斯(H. Robbins)的方法。
1949/1962 年	费舍尔提出似然原理,并由 G.巴纳德(G. Barnard)和伯恩鲍姆扩展。

概率论在 17 世纪中叶以前一直被当作纯组合学意义上的“脑筋急转弯”。得出投掷骰子出现某一点数的概率,抛掷一枚硬币出现正面或反面的概率,或者从一副牌中抽取出特定纸牌的概率,并不需要对概率的本质进行任何深刻的哲学思考。例如,抛 10 次硬币,出现 4 次“正面”和 6 次“反面”的概率可以由纯粹的数学思考得出,因为抛硬币的“实验”可以基于完全明确的理论模型:事件是相互独立的,因此它们的和为二项式,参数为 $\pi=0.5$。

然而,此时社会经济背景下的问题显然只是看上去具有相同性质。即使是诸如总体性别比、预期寿命、婴儿死亡率、可供服兵役的人口比例等变量问题，也被认为是合理的。但是，如何评估所得结果的可靠性呢？

具有决定性意义的是，J.格朗特[J. Graunt，1662(1939)]对伦敦死亡人数的研究和E.哈雷(E. Halley，1693)对布雷斯劳[Breslau，今弗罗茨瓦夫(Wroclaw)]的出生和死亡人数的研究引起了莱布尼茨、伯努利和棣美弗(A. de Moivre)等数学家的关注，迫使统计学研究人员考虑推断问题。如果无法针对给定(子)群体计算拥有相关特征的人口比例，那么拥有此特征的总人口比例就无从知晓。二项式模型是可以使用的，但显然没有理论能够假设待验证的参数值。此外，该值只能根据数据和指示的测量值(通过区间)确定，以确保"估计"的准确性。因此，即使伯努利和棣美弗都无法完成这一步骤，我们也无法否认反概率是必要的。在这一点上，我们遵循S.斯蒂格勒(S. Stigler)的观点，同时假设只有绕过误差函数才能克服概念上的困难。这一困难最终还是被T.贝叶斯(T. Bayes)和拉普拉斯克服了。理论统计发展中的这次"哥白尼革命"①与伯努利的意图有关。然而奇怪的是，这个概念如今与贝叶斯联系在一起，拉普拉斯却被忽略了。虽然贝叶斯提出了一个开创性的想法，但这个想法同时也由拉普拉斯独立地提出。不仅如此，拉普拉斯还构建了系统的概率理论，该理论在多年后成为许多应用的基础。随后，主要的统计学家(高斯、高尔顿和埃奇沃思)遵循了贝叶斯的主要观点。例如，高斯认为，最可能的参数值是似然函数的最大值，因为它是源于基于不充分原因原则，因而也源于先验均匀分布，这与拉普拉斯观点一样。然而，与此同时，皮尔逊采用了一种(主要是)基于抽样的方法，尤尔在相同的框架内研究，对于推断问题并未给予多大重视。②

K.皮尔逊和G.U.尤尔

皮尔逊的著作对于统计推断的进一步发展具有重要意义。他在统计领域的第一项独立贡献是他的频率分布(frequency distribution)系统，这也是他后来成名的基础。频率分布系统被收入《皇家学会哲学学报》(*Philosophical*

① Stigler，1986：122.

② 例如，参见Yule，1895，1896a，1896b；Pearson，1898。

Transactions of the Royal Society)广为流传的论文《对进化论的数学贡献》(Contributions to the Mathematical Theory of Evolution)及其续篇(Pearson, 1894, 1895)中,他由此当选为学会会员。自18世纪末以来,频率分布形式一直是一个基本问题。一般认为,从受相互独立且不显著相关的众多变量影响的角度来看,独立现象是同质的,必须服从正态分布。然而,并非所有人都认同正态分布的普遍有效性,多年积累的数据也表明存在一系列的"偏态"(skewed)分布。皮尔逊首先将这一事实视为一个挑战,最终开发了一个曲线"族",其中每条曲线都基于4个参数。通过改变这些参数的前4个矩,可以形成不同类型的曲线。 1524

皮尔逊不仅提供了公式,还提供了大量的实例(气压的分布、学童的身高、甲壳类动物的大小,以及贫困率和离婚率等),并表明通过他的频率分布系统,在很大程度上可以解释这些数据。在这方面,他甚至比凯特尔更进一步。他所使用的不仅有遵循统一分布规律的正态分布数据(不需要隔离数据组或主要影响因素),还有许多其他实际上偏态但在此意义上依然成立的分布数据。如果是这样的话,那么寻求"病因"(causative factors)——由高尔顿引入,作为生物学一部分的——是无效的。

> 频率定律是建立在对原因完全无知的假设基础上的,但我们很少完全无知,只要我们有一点相关知识,就应将其纳入考量。①

皮尔逊方法在并非严格遵守常数分布定律的领域中的进一步应用引发了批评②:

> ……我看到有很多带有明显"偏态"分布的案例:但是他给出的所有例子都是从现象中提取出来的,而这种现象的变化速度无疑比螃蟹或此类生物的器官的变化速度快得多。贫穷、离婚等统计只是以它们现有的形式被临时创造的。而正如皮尔逊本人所言,最大频率只需十年就会改

① 高尔顿于1893年11月18日给皮尔逊的信,转引自Stigler, 1986:336。
② 尽管存在批评,但皮尔逊的频率曲线很快成为标准的统计学的一部分。

变位置。①

但对此最重要的反驳是，适用皮尔逊频率曲线（Pearson's frequency curves）的各种形式都不过是纯粹的经验，缺乏理论基础。如果一个频率分布不符合正态分布，那么基于大量随机原因的因果关系概念也将无效。然而，根据斯蒂格勒（Stigler，1986：339）的论述，这一点也并非皮尔逊的意图，他认为皮尔逊体现了以康德唯名论（Kantian nominalism）为指导的科学哲学观点。在此基础上，皮尔逊只将频率曲线视为总结经验证据的思维架构，而并不阐述其可能的原因。尽管如此，在这方面，皮尔逊还是找到了评估其频率曲线的经验分布偏差的正式标准——卡方检验（χ^2），并于1900年公之于众。

1525 皮尔逊在相关性领域中为现代统计学作出了另一项重要贡献：他考虑了具有正态二元分布的两个变量，推导相关系数和后验分布②（基于经验标准差），并将所获得的结果系统化。在理论推导之后，他从高尔顿那里引用了一系列应用实例。他认为这并不能应用于社会现象：

> 就我个人而言，我认为将精确科学的方法与描述性科学问题（无论是遗传问题还是政治经济学问题）相结合存在很大的风险。描述性科学家往往着迷于数学过程的优雅和逻辑准确性，因为他们致力于寻找适合其数学推理的社会学假设，而不是首先确定其假设的依据是否与将要运

---

① W.F.R.韦尔登（W.F.R. Weldon）于1895年1月27日给高尔顿的信，转引自Stigler，1986：337。

② K.皮尔逊明确拒绝了"逆概率"的概念，尽管E.S.皮尔逊（E.S. Pearson）认为他至少有一次暗中采用了这种方法。参见Pearson，1898。戴尔（Dale，1991：379）引用了皮尔逊的话："这里使用的方法的基本原理有点晦涩，并且在逆概率的经典概念中有点含蓄。"（Pearson，1967：347）皮尔逊在他的论文《实践统计的基本问题》（*The Foundamental Problem of Practical Statistics*）（Pearson，1920）中最广泛地表达了自己的观点，这一问题引起了不同的解释。然而，费舍尔（Fisher，1922：311）相信他已经得出贝叶斯定理的证明方法，戴尔（Dale，1991：388）则认为这是"完全不正确的观察结果"。更详细的解释参见Dale，1991：377—391。根据斯蒂格勒（Stigler，1986：345）的观点，皮尔逊曾多次"……（含蓄地）在贝叶斯框架下开展研究"。

用这一理论的人类生活一样广泛。[1]

最终，皮尔逊的学生尤尔在一系列关于《济贫法》(Poor Law)的立法研究中应用了这一方法。这方面的一个重要问题是，特定地区的贫困人口比例在多大程度上与其社会保障的结构有关。尤尔(Yule，1895，1896b)发现了一个"显著"的联系，但他仍然将其描述为"不显著"的联系，因为两个变量的分布都明显地显示出了偏态。在随后的步骤中，他以该直线与相关数据之间最小化的距离，在两个变量之间建立了一条"回归线"。他认为这种方法很容易扩展到更高维度，从而可以引入高斯在几十年前就已在天文学领域引入的"正规"方程组。从这里开始，将变量扩大到两个以上只是技术问题，不再需要任何概念上的进步。

尽管皮尔逊和尤尔在这方面对相关性和因果关系的概念持有不同的观点，但是围绕这些观念尚存的问题是：推断是否适用于人口或法律研究？皮尔逊的观点很清楚：研究生物数据的目的就是调查其是否符合自然规律，这一观念在随后的费舍尔的案例中也很明显。当涉及由尤尔进行的社会经济数据调查，以及诸如戈塞特(Gosset)关于癌症发病率与苹果摄入量之间相关性(包括至少一个探索性变量)的研究时，情况就更加困难了。[2]根据尤尔的观点，对相关系数的解释只能是假设性的，因为通常类似解释有很多，而统计学无法分辨这些解释的区别。这个问题后来被证明是社会科学领域中运用统计推断进行解释的基础。

1526

R.A.费舍尔

至少从卡尔·皮尔逊和R.A.费舍尔的时代起，生物学领域中统计方法的进一步发展就是以将其应用于自然科学的可能性为特征的。费舍尔(Fisher，1955，1956，1959)试图通过他的《实验设计》(*Design of Experiments*)一书解决生物学中基于推断得出结论所面临的问题。这些问题是由于这些结论依赖于取样时普遍存在的条件而引起的。

---

① 参见Person，1898:1f，转引自Stigler，1986:304。

② 参见Stigler，1986:373。

费舍尔所定义的推断概念，其最初的特点是它明确拒绝逆概率，特别是针对皮尔逊在1922年提出的逆概率。费舍尔认为，逆概率导致理论参数(theoretical parameters)和估计值被混淆了：

> 在作者看来，相较于其他原因，这最后的混淆是导致逆概率基本悖论延续至今的最大原因，这种悖论就像一个不可穿透的丛林，阻止了统计概念精确性的发展。①

同时，他又对逆概率表示了某种程度的理解：

> 这些批评……在消除该方法上起了一些作用——至少在基础代数教科书中禁止了这种方法。然而，尽管我们可能完全认同……逆概率是一个错误(也许是数学界如此深刻地犯下的唯一错误)这一观点，但我们仍然会有这样一种感觉，即如果除了错误之外什么也没有，那这种方法就不会引起拉普拉斯和泊松(Poisson)的注意。②

尽管费舍尔坚持频率主义的概率观点，但他坚决反对将概率定义为无限次重复实验中相对频率的极限值(例如大多数频率论学派认同的冯·米泽斯的定义)③："对于费舍尔来说，概率是满足给定条件的、不可区分子集的集合的一部分。"④

1527

---

① 参见 Fisher，1922(1992)：13；也可参见 Fisher，1959：34。在费舍尔(Fisher，1956：9)看来，贝叶斯方法(或多或少)被明确拒绝。他强调说，他"个人坚信""逆概率理论是建立在误差之上的，必须完全予以拒绝"。

② 参见 Fisher，1922(1992)：13。诸如此类的歧义是费舍尔作品的特征。根据盖塞尔(Geisser，1992：4)的说法，费舍尔至少在1912年之前都赞成基于贝叶斯逻辑的方法。然后，费舍尔[Fisher，1922(1992)：26f]明确拒绝了贝叶斯定理的有效性。关于这个问题参见 Barnard，1988。

③ 参见萨维奇的佐证(Savage，1976：461)。费舍尔本人(Fisher，1959：32)则强调，比如，这种定义不能确定单个事件发生的概率。

④ 萨维奇(Savage，1976：461)有相应的佐证。萨维奇在这方面观察到："这样的概念很难用数学来表述，事实上，费舍尔的概率概念仍然非常不清楚，这在一定程度上促使他与许多其他统计理论家隔离开来。"(Savage，1976：462)

费舍尔作出了以下假设，即统计推断应采用假定无限总体的理论参数，因而也是固定参数，从而确定了接下来50年理论统计领域的研究方向。①否则，他的统计或“科学”推断的概念就不可能流行。在这里，他使用了“归纳逻辑”(inductive logic)这个名词，一部分目的在于使自己的概念与竞争对手内曼所提出的“归纳行为”(inductive behavior)相区分。②在具有无可争议的先验分布的情况下指出某事件的概率是可能的，这个概率就是基准概率。③用以表示估计的不确定性的区间往往被解释为基准区间。

“显著性检验”(significance test)的问题与使用区间表示估计准确性的问题紧密相关。在20世纪的前20年中，显著性检验的逻辑变得越来越重要。④这一逻辑一直维持至今，最早可以追溯到费舍尔，并且其有效性与内曼和皮尔逊提出的假设检验概念的有效性一样(见下文)。对于费舍尔而言，检验的显著性水平是对证据的度量，既不应先验地定义它，也不应将其视为恒定变量，还不应将其确立为指导原则：

> 当显著性达到1%或更高水平时，如果一个人习惯性地拒绝假设，那他犯错误的概率不超过1%。因为当假设正确时，他只会有那1%的可能性犯错误。当假设不正确时，他拒绝假设就永远不会出错。因此，可以得出这种不平等的结论。然而，这种计算是荒谬的学术性计算，因为实际上没有哪一位科学工作者始终有一个固定的显著水平，在任何情况下，他都会依此拒绝假设。科学工作者宁愿根据自己的证据和想法来

1528

① 参见Geisser, 1992。直到今天，我们仍在使用诸如“平均数”“标准差”或“相关系数”等部分模棱两可的术语，根据情况，它们可以表示理论变量或这些理论变量的估计量。

② 相关佐证参见Savage, 1976:S.462。

③ 参见萨维奇(Savage, 1976:466)的论述：“没人知道它们的意思……。总之，费舍尔希望通过某种过程——基准论证——达到贝叶斯论证中后验分布的等价形式，而无需引入先验分布……”正如门杰斯(Menges, 1972:275)所观察到的：“基准概念认为观察的结果在这方面是无可争辩的事实，并且是进行推理的基础。**从原则上讲，它可以对社会现象的历史特征进行公正处理**”(楷体为原作者标注)尽管我们认为这也适用于贝叶斯逻辑。

④ 例如，皮尔逊于1900年进行的卡方拟合优度检验，1908年出现并由费舍尔正式制定的Student's t 检验，或费舍尔应用于方差分析的 F 检验。

考虑每一个具体的案例。①

这种批评针对的是由J.内曼和E.S.皮尔逊于20世纪30年代传播并迅速成为当时主流的观点。

J.内曼和E.S.皮尔逊

J.内曼和E.S.皮尔逊同样被公认为理论统计学史上的里程碑。费舍尔希望在假设检验方面仅允许“拒绝”和“不可能陈述”(no statement possible)两个选项,而内曼和皮尔逊提出的封闭检验理论(closed test theory)引入了不同的拒绝和接受水平,还有诸如检验的“功效”、第一类错误和第二类错误,以及“一致最大功效检定”(uniformly most powerful test)等概念。直到19世纪末,假设检验应用于满足大样本和直觉理性(intuitive reason)两种属性的检验统计量分布。W.S.戈塞特(W.S. Gosset, 1908)引入了 t 分布。费舍尔区分了 t 分布、χ^2 分布、F 分布和正态分布中的某些相关系数,这意味着当时至少可以克服大样本的问题。解决这一问题后,剩下的问题就是需要一个形式上令人满意的检验理论。E.S.皮尔逊在一篇评论中指出,他从戈塞特的意见中产生了对这一理论的想法:

> 我一直在尝试寻找一些超越权宜之计的原则,以证明使用 t 比值 $\left(z=\frac{-m}{s}\right)$ 来检验样本平均值 m 这一假设的合理性。戈塞特(针对皮尔逊在信中……所提问题)的回复对我后续工作的方向产生了巨大影响,因为信中第一段包含了这个思想的萌芽,这为内曼和我后续的所有联合研究奠定了基础。这是一个简单的建议,即拒绝统计假设的唯一有效理由是某些替代假设以较高的概率解释了观察到的事件。②

① 参见Fisher, 1959:41f。费舍尔未能在其著名的教科书《研究者的统计方法》(*Statistics Methods for Research Workers*)中收录 p 值表(他收录的是显著性值表)的原因是皮尔逊对前者拥有版权。参见Watson, 1983:714。

② 来自皮尔逊在1939年发表的一篇论文,转引自莱曼(Lehmann, 1992:68)对内曼和皮尔逊(Neyman and Pearson, 1933)的评论。

戈塞特在这封信中指出，即使概率值小至 0.000 1，这件事本身也不会拒绝随机样本的原假设，而只有当将原假设与其他假设进行比较，且后者“以更合理的概率，比如 0.05 来解释样本现象的发生时（例如它属于不同的总体，或者样本不是随机的，或者任何能解释这个现象的原因），我们才能更倾向于认为原始假设是不正确的”①。

1529

这一观点随后由内曼和皮尔逊（Neyman and Pearson, 1928a, 1928b）在发表于《生物统计学》（*Biometrika*）上的一篇关于似然比检验概念的两部分论文中联合提出。虽然皮尔逊如今在这一观点中找到了他们一直在寻求的统一方法，但内曼对此显然仍然不满意。

> 在他看来，似然比原理（likelihood ratio principle）本身就是缺乏充分逻辑基础的临时观点。寻找更坚实的基础的过程（该基础作为三个步骤中的第三步）最终使他提出了一个新的构想：最理想的检验将通过使检验功效（power of the test）* 最大化来获得，这一想法的前提是假设拒绝概率具有预先指定的值（检验水平）。②

最后结果体现在内曼和皮尔逊的文章（Neyman and Pearson, 1933）中，其中还包括著名的内曼-皮尔逊原理。这说明在所有具有概率 α 的检验类型中，似然比检验的判别函数在所有检验的判别函数中最具有优势（也就是说，每个其他检验都有更大的概率犯第二类错误）。内曼和皮尔逊使用了一系列事例来论证该原理的实用性，从而为被广泛认可的通用检验理论（该理论今天仍被视为经典）以及同样由内曼（Neyman, 1937）提出的“置信区间”理论奠定了基础。根据莱曼（Lehmann, 1992:69f）的观点，基于内曼-皮尔

---

① Lehmann, 1992:68.

② 参见 Lehmann, 1992:68。内曼-皮尔逊理论的这一非常重要的方面通常没有被考虑到。正如博罗维茨尼克（Borovcnik, 1992:92）正确指出的那样：“……频率解释在检验过程中过分强调了 α 误差，而这种方法的真正诀窍是使 β 误差最小。”

* 检验效能，又称假设检验的功效，用 $1-\beta$ 表示，其意义是，当所研究的总体与 H_0 确有差别时，按照检验水准 α 能够发现它（拒绝 H_0）的概率。——译者注

逊逻辑的方法可以通过以下四个步骤来描述：

(1) 详细描述使用产生数据的参数分布规范模型。

(2) 详细描述关于假设参数 H_0 的原假设：$\theta=\theta_0$，以及一类备择假设 H_1，例如 $\theta\leqslant\theta_0$。

(3) 指定显著性水平 α，表示第一类错误的最大允许概率。

(4) 通过使 β 误差最小化来选择针对 H_1 和 H_0 进行检验的最佳方法。①

莱曼最后添加了一个非常基础的第五项，相较于程序，这一项更像是一个先决条件：

(5) 必须在"看到任意观察结果之前"完成所有(上述四个)步骤。

1530 内曼和皮尔逊假定的方法实际上只相当于一套准则。以下是两位作者所表达的其理论背后的信念：

> 在不知道每个单独的假设是对还是错的情况下，我们会寻找规则来规范我们的行为，遵循这些规则，我们就可以确保我们不会经常出错。②

因此，推断陈述是假设推理，并且只能在事件发生之前作出。它们并非针对某个具体假设，而是针对长远的未来行动。因此，A.沃尔德(A. Wald, 1950)将这种方法扩展为一个纯粹的决策理论，内曼在他后来的研究中反复强调了行为理论的这一方面。

然而，正是费舍尔对此提出了激烈的批评。费舍尔可能在已有永久性结论的情况下会承认内曼-皮尔逊理论，但决不愿意从科学意义上接受基于统计推断的评估。另一个争论涉及"从同一总体中重复抽样"的说法。费舍尔继承了J.维恩(J. Venn)的观点。他指出，给定的样本可能来自任意可能的总体："因此……'从同一总体的重复抽样'这一说法无法使我们确定哪个总体将被用来定义概率水平，因为其中没有一个是客观现实的，所有这些都是

---

① 我们不打算在这里讨论相应的技术，而是参考有关该主题的教材。

② 参见 Neyman and Pearson, 1933(1992):74。凯伯格(Kyburg, 1985:119)在评论中总结了他们的意图："这并不说明我们面前的情况，但它能让我们感觉更好。"

统计学家想象力的产物。”①

关于这些方法还有一些保留意见：一方面，实践中通常会基于数据选择模型，同时经常使用相同的数据检查几个（而非一个）假设。因此在许多情况下，最终将推断简化为非此即彼的决定是不合适的。

此外，已经证明最优检验（即一致最大功效检验）仅存在于有限的情况下，或者说它们过于复杂（当使它们的最小功效最大化时），以至于它们的应用存在很大的问题。但是，应该强调的是，这些保留意见只是少数，绝大多数人——特别是在应用统计领域的研究者——都无条件地接受内曼-皮尔逊理论。尽管今天的统计学家仍在争论内曼-皮尔逊理论与费舍尔的检验概念之间的确切差异，但不可否认的是，前者已经成为一种范例。②

如果将这种方法与费舍尔的方法进行比较，则第（5）点（请参见上文）变得尤为重要。由此可知，遵循内曼-皮尔逊理论的方法是严格演绎的，而费舍尔的方法是（至少也是）归纳的——因为评估只能在获得基于数据的证据之后进行。最重要的是，不考虑备择假设。内曼和皮尔逊显然不打算推行普遍和恒定的显著性水平，而是将其限定在这种意义上，即不同的情况对应不同的水平，我们必须在实验之前或者获得任何数据证据之前确定显著性水平。第二个基本区别在于推断的方向。在这方面，费舍尔的检验概念以及皮尔逊的逻辑上等效的显著性检验概念，适用于已经存在或严格来说已经过去的状态。另一方面，内曼和皮尔逊的概念适用于推断未来：如果我们基于检验的基础在将来以上述不同方式采取行动，那么我们犯错误的频率可能有多高？目前的做法实际上是将这两个概念结合起来。③

1531

现在，统计推断被简化为制定长期行为准则。内曼-皮尔逊理论没有解

---

① Fisher, 1955: S.71.

② 例如，参见 Lehmann, 1993。

③ 约翰斯通（Johnstone, 1986: 6）恰当地描述了一种流行的方法：“一般来说，实践中对显著性的检验在形式上遵循内曼，但从哲学上讲遵循费舍尔。在形式上，提到了‘备择’假设、‘第二类错误’和检验的‘功效’，这些都是内曼（和他的同事皮尔逊）提出的。但从哲学上讲，检验的结果，例如显著性水平 p 等于 0.049，或者 p 小于或等于 0.05 的结果，被解释为一种证据度量，这遵循了费舍尔的解释，但被内曼一再否认。”

决有争议的认识论问题，它只涉及一个明确的陈述。它的成功在于其他人（皮尔逊和费舍尔）的观点缺乏这种明确阐述。

从那时起，尽管现代的贝叶斯统计推断继续并行发展，但主流方法一直是假定的客观频率理论和基于推断的观点。值得注意的是，现代主观主义概率论并不是由社会科学家建立的（他们认为就长期实验推断而言，其个别前提条件或含义是有问题的），而是由数学家（拉姆齐、德菲内蒂、萨维奇）和地球物理学家（杰弗里斯）共同建立的，无一例外。数学家和地球物理学家在主流的基于频率理论的方法中发现了逻辑问题。

贝叶斯统计推断方法的发展经历了三个阶段：由拉姆齐、德菲内蒂、杰弗里斯和萨维奇重新建立贝叶斯概率理论；巴纳德和伯恩鲍姆（尤其是伯恩鲍姆）扩展了各种基于似然性的方法以形成似然性原理；最后，将两部分内容结合起来以创建现代贝叶斯推断，这种推断已经以多种形式存在。下一部分首先讨论主观主义概率论的发展。

贝叶斯概率

根据豪森（Howson，1995：2）的观点，这些概念基于以下三个基本假设：

1532

（1）假设A在极端情况下肯定正确或肯定错误。且允许对A具有中等程度的置信度。

（2）这些置信度可以用数字表示。

（3）如果它们是合理的，并且以封闭的单位区间进行度量，则它们满足有限可加公理。

拉姆齐、德菲内蒂、杰弗里斯和萨维奇的主观主义贝叶斯概念是相继发展但彼此独立的。笔者现在按时间顺序简要讨论这些问题。

第一个“现代”主观主义概率论由拉姆齐于1926年与1928年在其撰写的相关论文中提出，这两篇论文于1931年他去世后发表。[①]众所周知，从伯努利到拉普拉斯，他们对概率的认识都较为主观，高斯、高尔顿和埃奇沃思的看法也是如此：C.惠更斯（C. Huygens）根据投注赔率来解释“概率”，而“频率”则被看作无知。不充分理由原则意味着先验均匀分布，且这一分布通过

① Ramsey，1931a，1931b.

贝叶斯定理与给定参数值的后验概率形式的数据证据相联系。

拉姆齐以约翰·梅纳德·凯恩斯(John Maynard Keynes, 1921)的《概率论》(*Treatise on Probability*)为出发点,提出了相似观点,但对基于频率理论的逻辑解释提出了批评。对于凯恩斯而言,概率意味着通过"置信度"构建两组不同命题之间的逻辑关系:

> 假设我们的前提由任意命题h的任意集合组成,且我们的结论由命题a的任意集合组成,那么,如果对h的了解证明对a的合理置信度为A,则我们可以说a与h之间存在置信度为A的概率关系。①

然而,凯恩斯并不要求所有置信度都能用数字来衡量或比较。拉姆齐则假设概率应表示为理性的(即一致且连贯的)投注赔率。布鲁诺·德菲内蒂(Bruno de Finetti, 1937)在一篇著名的论文中指出,拉姆齐的观察纯属哲学性质,并不构成推断的概念。德菲内蒂则意识到所有概率的基础在本质上都是主观的。②贝叶斯定理在这方面至关重要:主观评估/概率必须根据所获得的数据和知识按贝叶斯定理不断改进。这意味着随着证据的积累,主观主义概率将收敛于相对频率。德菲内蒂并不是因为经典统计学的错误结果,而是因为其错误的依据对经典统计学进行批判:

> 实际上,绝大多数现代统计学方法在实践中是完全正常的,但其基础是错误的。然而,统计学家的直觉帮助他们避免了犯错。我的观点是,贝叶斯方法证明了他们一直以来所做的事情是正确的,并且他们正在开发正统方法中缺少的新方法。③

1533

哈罗德·杰弗里斯(Jeffreys, 1939)持相似观点,他将概率论与归纳论相结合,(像德菲内蒂一样)强调科学的基本问题在于从经验中学习:

---

① 参考凯恩斯(Keynes, 1921:S.4)的论述,转引自 Kyburg and Smokler, 1964:9。

② 参考 de Finetti, 1937。

③ De Finetti, 1981:657.

> 以这种方式获得的知识一部分只是对我们已经观察到的内容的描述，而另一部分则是根据过去的经验进行推断，以预测未来。后一部分是最重要的部分，可以称为“概括”或“归纳”；而那些仅仅被描述且与其他事件没有明显关系的事件通常会被遗忘。①

综上所述，概率不是频率，而是“满足某些一致性规则，并因此最终可以由数字正式表示的合理的置信度”②。对观察到的事件作出假设性解释后，研究人员可以确定该假设“可能正确”。这意味着他对该假设设有高置信度，从而该假设有以下两条性质：(1)可量化；(2)基于经验和信息。③贝叶斯定理规定认知运作过程：在我们赋予一个假设的每一种可能概率中，这个假设都受到我们所能获得的信息的制约，如果信息(不断)发生变化，则必须相应地修改与假设相关的概率。这种方法构成从经验中学习的基础，而贝叶斯定理将这种方法形式化，即后验概率是通过似然函数对基于数据证据的先验概率进行评估得出的结果。

L.J.萨维奇是现代贝叶斯概率论的另一个重要先驱。在20世纪40年代末50年代初，他在米尔顿·弗里德曼(Milton Friedman)和约翰·冯·诺依曼(John von Neumann)的影响下，根据效用理论提出了贝叶斯理论的概率概念。1954年，他的开创性著作《统计学基础》出版发行，在书中他试图根据不确定性下的决策理论，将费舍尔和内曼-皮尔逊构建的一组(在他看来)较为“松散的技术”放在统一的框架内。然而，对细节的审查表明这项事业注定要失败。H.E.罗宾斯(H.E. Robbins，1955)则另辟蹊径，他假设概率不是认知的，而是客观的和先验的。他首先提出了一个问题：如果一个参数的先验概率未知但仍然“存在”，那么是否还能应用贝叶斯方法？大多数贝叶斯主义者并不接受这一先验概率客观存在的假设，不过从积极意义上讲，也确实不需要这种假设。

1534

① Jeffreys，1939：8.

② Jeffreys，1939：401.

③ 尽管就规则(4)而言，假设仍可能是错误的。

贝叶斯推断

在上文对贝叶斯定理的引用中，我们把概率问题放在了最前面。但还有第二种贝叶斯推断：似然理论。似然方法最初是独立于贝叶斯概念而出现的，费舍尔提出的似然思想主要通过巴纳德得到进一步发展。[①]而伯恩鲍姆的开拓性研究为这些思想奠定了理论基础，并将它们发展为似然原理(likelihood principle, LP)。[②]此时，统计领域已经由内曼-皮尔逊方法及沃尔德基于决策理论对其的发展所主导。

似然原理带来根本性的变化。所有来自数据的证据都包含在似然函数中，这使得样本空间在获得数据之后变得无关紧要。这意味着，在创建数据之后，涉及所有可能的数据空间(即概率或参数空间)——例如 p 值或置信度水平——的证据度量与推断无关。这是对频率论者所持观点的驳斥，而不必诉诸贝叶斯论证。

现在我们将目光转向先验概率、似然推断与贝叶斯推断的联系。从实践层面来讲，W.爱德华兹、H.林德曼和 L.J.萨维奇(W. Edwards, H. Lindman and L.J. Savage, 1963)论文的发表，标志着贝叶斯理论取得了突破和成功，并得到了更广泛的应用。[③]

爱德华兹、林德曼和萨维奇讨论了影响贝叶斯推断的主要保留意见。例如，如果不同的科学家持有不同的先验观点，从而产生不同的先验概率(和概率分布)，那么科学的客观性应如何实现？[④] 他们没有引入拉普拉斯和埃奇沃思[⑤]提出的论点(数据范围的增加会导致先验分布的影响逐渐减小，直到最终完全消失)，而是选择讨论这一问题，即先验分布是否可以假定为均匀分布，或者说先验分布形式是否对于后验分布而言并不重要。他们提出：

---

① 参见 Barnard, 1947, 1949。关于历史发展，请参见 Berger and Wolpert, 1988: 22ff。

② 参见 Birnbaum, 1962。后续问题也可参考比约恩斯塔(Bjornstad, 1992)。关于这一主题的“标准”著作是博格尔和沃尔珀特的著作(Berger and Wolpert, 1988)。

③ 参见 Edwards, Lindman and Savage, 1963(1992)。我们此处的意图是仅讨论某些观点，而不涉及技术细节。

④ Edwards, Lindman and Savage, 1963(1992):534—540.

⑤ 例如，Laplace, 1812; Edgeworth, 1884。

"实际先验密度只需在数据支持区域中缓缓变化且本身并不偏向其他区域即可。"①这些模糊的指示随后被赋予了数学形式,从而表明这种方法在有些弱假设下确实是合理的。②

1535

然而另一方面,他们也确实承认,在某些情况下,先验分布的确切形式是决定性的。③

以下内容包括"贝叶斯假设检验"的一部分。如果要提供一种替代主流经典统计学的方法(这就是他们的主张),那么这一方法必须包括诸如检验科学假设之类的主要方面。④他们首先澄清了"几率"和"似然比"两个术语,然后以检查骰子是否"公平"为例,将贝叶斯意义上的似然比的应用与内曼-皮尔逊的经典方法进行了比较(见上文)。他们特别注意澄清一个问题,而在这方面,经典统计学倾向于在检验变量的基础上考虑第一类和第二类错误:

> 有趣的是,只要似然比足够大,贝叶斯假设检验就可以为零假设提供有力的证据支持。经典检验只能拒绝假设,目前还不清楚什么样的证据可以被经典统计视为对零假设的有力证实。⑤

我们希望避免陷入这方面的(主要是高度技术性的)细节问题。同时,我们也已经找到了许多针对个体问题和基本问题的解决方案,例如基于频率理论观点的贝叶斯解释、纯经验贝叶斯方法,甚至还有贝叶斯数据分析理论。

在这种情况下,一个重要的问题就是对显著性检验和置信区间的评

---

① 参见 Edwards, Lindman and Savage, 1963(1992):541。这被称为"稳定估计"。

② 迪穆谢尔(DuMouchel, 1992:521)指出,这种方法与其他贝叶斯主义者随后提出的"先验参照"密切相关,后者用于先验信息很少的情况,这是经典统计学家也可以接受的。

③ Edwards, Lindman and Savage, 1963(1992):546.

④ 关于检验理论的需要,贝叶斯理论的相关文献没有采取统一的立场。

⑤ 参见 DuMouchel, 1992:523。参考其附录 A3 中的示例 No.3 和附录 A4 中的示例 No.2。

价。①作为一种启发式工具，基于频率理论意义的显著性检验的使用得到了许多贝叶斯理论研究者的广泛支持，而其他人则反对这种方法。如果缺少先验信息，则经典统计的置信区间和贝叶斯概率区间在数值上几乎完全相同。然而，这两个区间应以完全不同的方式被解读。②在经典频率论的解释中，置信区间为95%意味着，在指定样本范围 $n[n\in(m,\ +\infty)$，其中 m 是样本数]中，95%的区间覆盖了真实的、未知的、固定的参数，而剩下的5%则没有。而我们不知道所涉及的特定区间是否覆盖该参数，只能希望如此。相比之下，贝叶斯分析则假设未知参数是先验分布的(通常是主观的)。在这种情况下，即使数据获得后仍然存在不确定性，不确定性也比前一种情况要小。此不确定性仍然以概率表示，但解释却完全不同：95%的置信区间表示参数 θ 位于 C_u 和 C_o 两个值之间的概率为95%。然而就经典的统计推断而言，这种解释是不大可能的③，但尽管如此，我们至今仍可以在有关该主题的经典文献中找到这种贝叶斯认识论的误导性解释。

1536

不考虑个别的表述，概率概念的替代定义是十分重要的。为了更好地突出与经典方法的对比，我们首先应该讨论经典的概率概念及其不足。

W.施特格米勒针对由冯·米泽斯定义而提出的频率理论，在有关文献中提出八项反对理由④。他认为至少最后一项意见是“致命的”：冯·米泽斯混淆了实践中的确定性与逻辑上的必然性。⑤这种概率概念有一个特别的弱点，即它拒绝个体概率。例如，根据冯·米泽斯的定义，不可能预先确定在投掷某一特定骰子时出现特定点数的概率。

K.R.波普尔(K.R. Popper, 1990)是贝叶斯主观主义最强烈的反对者之一，他利用这个问题发展了自己的概率概念(主要与物理学问题有关)，数年后演变成所谓的倾向理论。

到目前为止，学者们还没有就概率的最终定义达成共识(近期也不可能

---

① 在这方面，一般性资料请参见 Hodges, 1990。

② 下文的依据是 Iversen, 1984:31。

③ 参见艾弗森(Iverson, 1984:31)的论述：“这是许多使用置信区间的研究者想要解释置信区间的方式，但在经典的统计推断中，这种解释是不可能的。”

④ Iverson, 1984:86f.

⑤ 参见 Stegmüller, 1973:32ff，特别是第37页。

达成这样的共识)，正如C.豪森所说：

> 试图预言哲学意义上的概率已经进入了最终的稳定阶段是很愚蠢的，因为对该领域的调查往往要花费一个人十年，乃至二十年之久。然而在不久的将来，关于概率的解释哪些是可行的理论，哪些是死胡同，对这一问题达成共识是不太可能的。①

然而，贝叶斯推断的概念并不局限于形式化先验概率的主观因素，而是通过贝叶斯定理将主观因素与“数据证据”联系起来，这一联系又在似然函数中得以形式化，而似然函数已经在伯努利、拉普拉斯和高斯的研究中发挥了重要作用。伯恩鲍姆特别强调了似然函数作为统计推断的核心要素的重要性，他在这一背景下引入了似然原理的概念。②似然原理和频率原理之间的主要区别可以表述为一个问题：是否可以基于特定数据(即“样本”)获得有关参数的证据？频率概念的拥护者(特别是内曼)强调，只有当程序被重复执行，并且在长期平均数的基础上被度量时，我们才能评估该过程的性能。

1537

然而，如果不能进行实验，并且只能使用尚未审查的现有可重复数据得出结论(例如，计量史学就是如此)，则必须严肃质疑这一概念的相关性。即使可重复性纯粹是假设性的，也应明确地将其也定义为主观信念而不是客观可能性。因此，在这种情况下，将概率定义为置信度，然后赋予其参数值是更为合理的。在我们看来，通过应用似然函数获得现有非假设数据，从而对这种信念进行的评估和修正在逻辑上也是一致的，特别是因为它不依赖于渐近概括。在这方面，我们赞同D.林德利(D. Lindley)的意见。

> 从历史上看，统计推断的现状十分有趣。多数实践者都使用完善的方法，例如最小二乘法、方差分析法、最大似然法和显著性检验法。这些方法都大致可归类于费舍尔学派，并且由于行之有效(而非逻辑上的连

① Howson, 1995:27.

② Howson, 1995:99.

贯性)而被使用。如果问及实践者们使用这些方法的严格理由,大多数人会提到NPW[内曼-皮尔逊-沃尔德假设检验理论(Neyman-Pearson-Wald, T.R.)]理论下的观点;最小二乘估计是最优的、线性无偏的;F检验高度有效,并且最大似然值渐近最佳。然而,这些理由远远不能令人满意:唯一在逻辑上一致的系统是贝叶斯系统,它反对NPW观点,主要是由于NPW观点违反了似然原理。①

计量经济学推断

现在让我们转向计量经济学推断。经济统计和计量经济学可以分为两个阶段:第一阶段是初始阶段,主要描述和探索经济序列或经济过程;第二阶段则进行推断和建模。

第一阶段以采纳高尔顿(Galton, 1888)和皮尔逊提出的相关概念为特征。但是其中有一个关键的差异:经济学中确实存在一套理论体系,但这套理论既不统一也不完备,因而不可以直接用于实证研究。②所以在这方面,探索性特征从一开始就占主导地位。诸如"贸易周期"之类的现象既不是仅需测量的物理变量,也不是能以任意精度确定其分布的生物变量,更不是能够通过实验分析得出的影响因素。相反,这些数据有以下三个特点:(1)本质上被动的,不适合复制;(2)必须被精确定义;(3)不服从普遍稳定分布。

1538

相关性计算的运用理论上以高尔顿的理论为根据。例如,由于观察数据来自二元正态分布,因此它们之间的关系可以用一个相关系数表示。然而,这种理论推理在尤尔第一次将其运用于社会科学领域时就已经被放弃了。③由于计算处理的原因,函数关系被认为是线性的,参数也通过最小二乘法确

① Lindley, 1991:493.

② 从L.瓦尔拉斯(L. Walras)到A.马歇尔(A. Marshall)的经济理论是从均衡状态开始的,这些均衡状态独立于历史背景,与人类行为的永恒动机相适应。这些理论中所包含的经济规律是永恒的。

③ 见前文尤尔的有关论述,参见Yule, 1895, 1896b。

定。尤尔的权威(他是当时的主要统计学家之一)使得大多数人认可计量生物学技术的应用是合理的,尽管这种方法的理论依据令人怀疑。

在这种情况下,有两个方面特别重要:第一,不需要深入的统计知识就能理解,社会经济结构与决定植物生长或生物体大小关系的结构是不同的。第二,随着研究者的注意力转向对代表时间序列的数据的分析,第一点变得更加明确。

时间维度

在经济理论中,对经济事件的过程性分析没有发现任何关于贸易周期的持续时间、形式或相互关系的具体陈述。因此,实证先驱者们各行其是,亨利・勒德韦尔・穆尔(Henry Ludwell Moore)和威廉・斯坦利・杰文斯(William Stanley Jevon)在天文学领域中寻找替代方案。他们不仅使用天文现象,比如太阳黑子的周期性变化或金星严格的周期路径轨迹(太阳和地球之间的 8 年周期),还使用天文学技术,比如采用周期图分析的方法。这一方法的优点是能够使"隐藏"的周期显现出来。然而,他们很快就脱离了最初使用周期图分析所产生的喜悦,清醒地意识到这一应用缺乏一个重要的先决条件:被检查对象的稳定性。贸易周期与行星运转不同,后者持续不断的运动可以用固定的误差范围来计算,而前者是一种现象,其长度和强度随时间流动和干扰因素的强度变化而变化。

1539

甚至远不只是如此,因为经济数据通常会受趋势的影响。因此,它们的长期发展不以稳定的平均分布为基础。在经济事件中,没有永恒的平衡状态——在这些平衡状态下(最多)可能出现瞬时偏差——却有不可逆转的发展。

但是,解决该问题的方法并不在于以这种不可逆转性为契机,采纳一套完全不同的观点,而在于两种备选方案。第一种是假设哪怕在长期发展中,也存在一种实用的、以测量误差为条件的情境,其形式是多项式函数或其他趋势函数(如果长期曲线显得足够光滑)。这种趋势由最小二乘法确定。这种方案已经有了自己的发展历程,其进程几乎是不可阻挡的。第二种是反对长期发展模型,即通过观察移动平均值的偏差将其排除在外。然而,在这两种情况下,目的都不是对(历史)发展的全面分析,而是"排除"无法纳入同一永恒结构体系的方法。[①]

至此，基于分量的概念显然主导了进一步的研究。相互独立的解释因素确定了长期、中期和短期曲线，从这些曲线中我们可以发现，趋势分量与其短期“残差”对应物一样具有破坏性。从而在这种情况下，我们很难回答相关性问题。一方面对趋势和周期进行研究，而另一方面对相关性进行研究，二者不是独立的认知兴趣，而是相互关联的因素。根据统计学家的观点，必须首先排除趋势以便检验相关性，而相关性分析的目的是检验中期（即周期）曲线的一致性。

但我们也不能忽视，正是在这种阐述的过程中，经济结构的历史变化这一论点存在重大问题。如果存在长期趋势的“分量”，那么经济变量之间的相互联系为什么不受长期变化的影响呢？因此，霍尔（Hall，1925）、库兹涅茨（Kuznets，1928a，1928b）、伊齐基尔（Ezekiel，1928）和弗里施（Frisch，1931）顺理成章地将现有概念扩展到时变模型，或者至少指出了常规形式的不足之处。

我们只能推测这一路径没有继续深入的原因，其中一个可能是建模技术难度太大。然而，这些论文在任何情况下都几乎不涉及统计推断，因此另一种解释似乎更为合理：斯卢茨基（Slutzky，1937）的论文最明确地揭示了贸易 1540 周期中经济指数与一系列计算出的随机变量之间惊人的相似性。随后不久，库兹涅茨（Kuznets，1929）将其介绍给了英语世界。这种相似性是否意味着，即使是贸易周期也完全依赖于随机变量？

尤尔和斯卢茨基的研究逐渐奠定了现代随机过程理论的概念基础。尽管他们描述了不同模型，例如尤尔（Yule，1927）的自回归过程和斯卢茨基（Slutzky，1937）的所谓“移动平均”过程，但这两种模型的结构具有共同的关键因素。两位学者将时间序列视为随机微分方程的实现形式。尤尔从可以表示为微分方程的三角函数开始——尽管这一微分方程误差项会对方程的函数形式产生完全不同的影响，而斯卢茨基构造了乍看之下非常随意的各种随机变量的总和。在这方面，较之随机变量可能会产生周期性现象这个

① 库兹涅茨是为趋势指定独立重要性的少数例外之一。尤其参见 Kuznets，1930a，1930b。

令人震惊的事实，对所选模型类型的深入论证（例如，为什么给一定数量的随机变量提供不同的权重并一次或多次求和）显得并不那么重要。

令人惊讶的是，在这种概念化的情况下，对随机但合理的过程的认同显然比横截面回归分析存在更大的问题。因此，时间序列要么根据其基本分量（分量模型）有着确定的结果，要么纯粹是巧合，而由此产生的周期没有任何意义。然而，关键的一点被忽略了：解释（伪）循环特征的不是随机变量，而是机制（即模型）。

这些模型的内在逻辑仍未被库兹涅茨找出，随后的 G.廷特纳（G. Tintner）、J.熊彼特（J. Schumpeter）和约翰·梅纳德·凯恩斯同样没有发现。①因此，数学背景较弱的科学家不再愿意或不能遵循与此类模型相关的概念观点，这也就不足为奇了。

然而，具有物理背景的计量经济学家朗纳·弗里施（Ragnar Frisch, 1933）清楚地认识到了这些模型的内在逻辑，甚至在他关于传播问题的著名论文中提出了经济学论证。在经济动态模型中，某些不受干扰因素影响的参数值可能会导致阻尼振动（damped oscillations）*。而"振荡"（shock）可能会造成最初由尤尔提及的不规则周期。②

1541 随着这些模型在经济学中的不断应用，两种方法不断产生分歧。库兹涅茨（Kuznets, 1934）向《社会科学百科全书》（*Encyclopedia of the Social Sciences*）投稿的《时间序列》（Time Series）仅描述了分量模型，没有任何随机含义——既没有提及具有可变参数的模型，也没有提及尤尔和斯卢茨基模型的重要意义。③熊彼特以及伯恩斯和米切尔（Burns and Mitchell, 1946）的论文

① 就连廷贝亨（Tinbergen）也认识到，他"不像弗里施那样理解振荡的作用"（廷贝亨的论述转引自 Magnus and Morgan, 1987：125）。

② 对于计量经济学的发展来说，机制的作用和振荡的作用之间的分离是非常重要的，尽管廷贝亨在回顾时批判地看待它："……我认为，经济学最感兴趣的不是振荡，而是产生内生周期的机制，很可能是我们高估了机制的作用。也许是振荡真的要重要得多。这个问题从来没有被解决，因为战争发生了，战后我们对商业周期不再感兴趣了。"（廷贝亨的论述转引自 Magnus and Morgan, 1987：125）

③ 参见 Kuznets, 1934。

* 阻尼振动是指，由于振动系统受到摩擦和介质阻力或其他能耗而使振幅随时间逐渐衰减的振动，又称减幅振动、衰减振动。——译者注

也采取了类似思路。实际上,熊彼特确实写了1933年出版的《计量经济学》(*Econometrica*)第一期的开篇文章,但在计量经济学的发展中并没有进一步发挥作用。

对计量经济学发展至关重要的是计量经济学的科学倾向在很大程度上取决于具有物理学教育背景的研究人员,如扬·廷贝亨、朗纳·弗里施、加林·库普曼斯(Tjaling Koopmans)、查尔斯·鲁斯(Charles Roos)和哈罗德·T.戴维斯(Harold T. Davis)。①这些思想家对经济学的看法与"传统"经验主义研究者的看法不同,他们将严谨的数学模型思维带入实证研究。其中一个例子是库普曼斯对其职业生涯的描述:

> 为什么我在1933年底离开物理学?在全球经济萧条的深渊中,我感到物理科学远远领先于社会和经济科学。然而,一种完全不同的、十分口语化的、对我来说几乎难以消化的社会科学写作风格阻碍着我进入社会经济科学的领域。后来,我从一个朋友那里得知,有一个名为"数理经济学"的领域,且保罗·埃伦费尔斯特(Paul Ehrenfest)的学生扬·廷贝亨已经离开物理学,投身于经济学。廷贝亨诚挚地接待了我,并以他自己独特的方式引导我进入了这个领域。于是我搬到了阿姆斯特丹,那里的大学有经济学系。这种转变并不容易,我发现坐在那里听关于经济政策问题的讨论,比阅读理论巨著更能让我受益。此外,由于我的阅读障碍,我开始尝试根据问题的性质或其对于数学工具的需要来选择与物理学有相似性的问题。②

在这种环境下,存在下述两种方法:(1)以微分方程的形式对经济世界进行建模;(2)一个严格的随机过程。不过乍看起来似乎很奇怪,库普曼斯

① 见 Epstein, 1987:75 note 39; Mirowski, 1989:234;特别是 Boumans, 1993。即使是专门从事时间序列分析及时间序列分析这种方法在经济学中的潜在应用的统计学家尤尔,也是从电波研究开始他的学术生涯的。

② 引自 Mirowski, 1991:152。矩阵微积分在多元回归分析的背景下,于20世纪20年代中期在物理学中得到了广泛传播,弗里施和库普曼斯将其应用到了计量经济学领域,从而使经济学家很难理解相关文章。参见 Mirowski, 1989:231。

竟然使用费舍尔的理论来扩展他的方法,并且不像弗里施那样将物理类推中的测量误差看作使用随机方法的理由,而是从生物学的类推出发,假设现有数据从具有恒定概率的假定无限样本中产生。在此种情况下,随机概念可能并不重要,重要的是费舍尔已经发展了一种全面的统计估计理论,并且他已被认为是统计学的开拓者。

1542

在这种情况下,单变量时间序列分析变成了一个次要问题,而从"完整"模型角度出发的思考则成为主流。①尽管这些模型考虑的是计量经济学的最初目标,但它们从一开始就与理论经济模型不完全也不始终一致。廷贝亨已经发现自己被迫作出一系列妥协,因为他那个时代的既有经济理论还没有具体到可以进行直接实证检验的程度。

廷贝亨的无约束迭代方法违反了弗里施和库普曼斯刚采用不久的随机概念的原理。在这个意义上,对凯恩斯或弗里德曼的一些批评是合理的。然而,这一方法还是进一步被弗里施的学生特吕格弗·哈韦尔莫(Trygve Haavelmo)遵循并予以宣扬。

"澄清":特吕格弗·哈韦尔莫

哈韦尔莫的论点引领了计量经济学未来的发展趋势。和库普曼斯一样,哈韦尔莫呼吁采取严格随机方法。但与库普曼斯不同的是,他并不依赖弗里施的观点,而是遵循内曼和皮尔逊的理论。如果我们审视该理论基础,那么该理论在(宏观)经济发展中的应用就必然会出现问题。

我们已经看到,接受内曼-皮尔逊的方法带来了一个针对行为准则的概念。甚至应用费舍尔的假定无限总体的概念(从中抽取随机样本)也可能显得很奇怪。但是,内曼-皮尔逊的"从同一总体重复抽样"的应用更是问题。在将这种概念应用于宏观经济时间序列时,将面临如下问题:"……在重复抽样的情况下,计量经济学家要应对的问题是决定性问题的情况有多频繁?"②

---

① 然而,随着计量经济学的发展,研究仍继续沿用"旧"的传统。例如,参见 Hotelling, 1934; Schultz, 1934; Greenstein, 1935; Regan, 1936。

② Keuzenkamp and Magnus, 1995:18.

为什么哈韦尔莫要以这种方法作为基础?[①] 一种合理的解释是,在20世纪40年代初,费舍尔方法与内曼-皮尔逊方法竞争的结果是后者的胜利,从而体现了库恩意义上的"范式"。另外还有一个私人原因:哈韦尔莫本人称,他有幸在"世界著名统计学家"J.内曼的带领下学习了数月之久。这向当时"年轻又天真"的他展示了"……解决计量经济学方法论问题的方法,比以前那些造成如此多困难和失望的方法更具希望"[②]。

1543

哈韦尔莫确实看到了存在于内曼-皮尔逊概念的简单应用中的问题,因此从工具主义的立场进行了论证。他的著作中反复出现诸如"已发现其成果丰硕"之类的言论。此外,他的大部分解释完全基于"希望":

> ……我们可能希望找到经济生活中的不变性要素,并据此建立永久性法则……。我们在经济理论和研究中的希望是:有可能建立恒定和相对简单的关系……。我们对经济学简单定律的希望基于以下假设,即我们可以继续这样做,就好像相关因素的数量存在着自然限制一样。[③]

以这样的立场从客观推断出发是否合理呢?即使我们排除了存在问题的理论基础,但仍有一系列问题是内曼-皮尔逊方法无法回答的。正如赫克曼指出的那样,哈韦尔莫没有考虑到模型结构和选择这一重要方面:

> 即使对大样本进行分析,这些说法也从未得到严格证实。没有选择经验模型的"正确"方法,并且有关归纳、推理和模型选择的问题都是非常开放的。……哈韦尔莫和考尔斯(Cowles)委员会拥护的内曼-皮尔逊理论对科学的看法很狭隘。根据其规则,假设是在了解数据之前预先构建的,而实证研究的作用是检验假设。大约在1944年,这一模型构建和模型验证的严格分离是经典统计的基石。即使在那时,有影响力的学者

① 赫克曼(Heckman, 1992:881)在对摩根(Morgan, 1990)的批评中也提出了这方面的问题:"为什么采用内曼-皮尔逊理论作为经济体统计推理的范式?为什么费舍尔和哈罗德·杰弗里斯的竞争性理论不那么成功?"

② Haavelmo, 1994:75.

③ Haavelmo, 1944:13, 22f, 24.

(主要是如哈罗德·杰弗里斯这样的贝叶斯主义者)也反对这种经验科学的观点。自那时起,经典统计的垄断地位已经不复存在。①

尽管如此,哈韦尔莫对内曼-皮尔逊范式的应用仍然是此后数十年计量经济学研究的基础。甚至库普曼斯也不再引用费舍尔的观点,并捍卫了哈韦尔莫关于 R.维宁(R. Vining)的方法,物理学观点因此得以巩固。库普曼斯将结构方程的"完整"系统与牛顿万有引力理论的解释力进行了比较,考尔斯委员会主席 J.马沙克(J. Marshak, 1950)甚至明确地把这个问题视为"社会工程学"。但这难道不会使我们联想到当时被强烈拒绝的凯特尔的"社会物理学"吗?

1544

备择方案

自 20 世纪 70 年代以来,人们一直在寻求其他方法。C.西姆斯(C. Sims)②提出了向量自回归时间序列模型,以对抗基于联立方程的传统系统。这些模型最初只提供了对现有时间序列中存在的延迟相关结构的描述。原则上,人们可以将向量自回归模型视为计量史学的理想形式。但是,它们与单变量 ARIMA 模型③存在相同的问题:因为"正确的"模型必须建立在数据基础之上,而这反过来又违反了经典推断的假设。而且,由于这些模型的高度复杂性,不可能将博克斯(Box)和詹金斯(Jenkins)开发的工具用于单变量时间序列分析。因此,西姆斯建议限制此类模型所产生的大量参数,从而最终提倡贝叶斯方法。

贝叶斯方法的使用标志着 20 世纪 60 年代计量经济学中结构方程模型的诞生,但从技术上讲,它仍然比经典的统计推断面临更大的困难。然而,这些技术上的困难不应掩盖这样一个事实,即从概念上看,贝叶斯主义的代

---

① 参见 Heckman, 1992:882。他解释了摩根高估哈韦尔莫的方法——在我们看来是正确的——的原因,他的观点可以追溯到亨德里(Hendry)的影响,即认为这些问题通常可以在内曼-皮尔逊方法的背景下解决。马兰沃(Malinvaud, 1991:635)和泽尔纳(Zellner, 1992:220)也提到了这种高估。

② 例如,参见 Sims, 1980。

③ 它们还受到同样的统计限制,如平稳性和线性。

表者认为贝叶斯观点是一种单一方法：

> 对于计量经济学和其他科学领域的推断问题，有一个应该得到重视的基本观点是：存在一种统一的、可操作的方法。无论我们是分析时间序列、回归模型还是“联立方程”模型，其方法和原理都是相同的。这与涉及针对不同问题的特殊技术和原则的其他推断方法形成了鲜明的对比。①

E.利默尔（E. Leamer）发展了最为一致的贝叶斯计量经济学方法。②我们认为，对利默尔的主要批评似乎在于有关建模问题的部分。利默尔正确地指出，将模型视为既定的经典理论要求计量经济学采用几乎“奥威尔”式的方法：

> 在这样一个异想天开的世界中，关于个人的不确定性和公众对于数据解释的分歧将提前得到彻底解决。新数据集根本不会落入公众手中，而是会通过精心设计的安全措施被传送到一个集中的仓库，在那里，预编程的计算机会仔细研究这些数字并将结论传递给公众。一旦进行了分析，数据将被完全破坏，以防止有人对数据进行新的研究。③

计量经济学的非实验性质禁止这种想法。与一个国家的国民生产总值 1545 的发展等因素有关的数据仅提供一次，但需要反复评估。如果模型存在不确定性，并且（考虑到相关变量的选择）(1)数据不是中立的；同时(2)科学家的个人信念发挥了作用（例如，保守派或自由派的研究人员对犯罪决定因素的不同选择、货币主义者或凯恩斯主义者对通货膨胀决定因素的不同选择），那么在我们看来，贝叶斯观点是唯一合理的。在这方面，不同假设、不同的选定变量，或者“敏感性分析”带来的影响似乎提供了一种有希望的方

① Zellner，1971：11.

② 参见拉尔夫论文（Rahlf，1998）中的参考文献。

③ Leamer，1994：9.

法，但在未来其可靠性必须得到更多应用的支持。

D.亨德里(D. Hendry，2001)制定了第三种方法。与利默尔不同，亨德里坚信可以通过经典推断方法证明基于对数据集进行深入分析的模型结构是正确的。他的方法的一个突出例子是根据M.弗里德曼和A.施瓦茨(A. Schwartz)对英国和美国的货币趋势进行的综合研究，对选定的模型进行了重新分析——即使所涉及的建模过程的各个步骤仍然有些模糊。因此，在有关该主题的文献中，人们质疑了采用基于内曼和皮尔逊理论的经典"检验"进行验证的可能性。①

从弗里德曼自己的说法来看，他是不相信正式的统计标准的。在批评廷贝亨对经济理论的思考时，他已经正确地指出，在分析数据之后，再对其重要性或假设进行传统检验，会使该检验变得没有意义。因此，他自己的 t 检验也更有可能被理解为是务实的。

如果我们将这些方法论和方法作为一个整体系统来考虑，那么自然科学的世界观将主导计量经济学的研究。大多数方法首先基于恒定不变的参数。尽管考虑参数恒定性是亨德里检验组合的一部分，但除了虚拟变量以外，很少有其他变量被模型化。弗里德曼和施瓦茨(Friedman and Schwartz，1991)确实指出了分析历史意义上统一的时期的重要性，但他们反过来又使这些时期受到严格的约束。复杂性通常被简化为反映时不变结构(time-invariant structure)的参数矩阵，无论它涉及的是短期关系还是长期关系。

计量史学的推断

1949年，A.P.厄舍(A.P. Usher)再次提出了实证研究对经济史和经济学的重要性的问题。厄舍提供了许多哲学、心理学和科学的方法，以证明现代实证主义是合理的，并强调了实证主义与经济史的相关性。然而，他对哲学

1546

① 因此，对于亨德里而言，科岑坎普(Keuzenkamp，1995:243)使用了更贴切的术语"诊断检查"，而不是"诊断检验"。

概率论方法的参考是孤立的。[①]从整体上看，即使在美国，20 世纪上半叶的经济史学科也更倾向于定性而非定量的方法。[②]

计量史学推断的贝叶斯起源

计量史学推断概念的当前立场是什么？如果我们通过以下两种方法来定义一般意义上的计量史学——(1)应用明确由理论驱动的、新古典主义导向的经济史研究；(2)使用大量数据和基于这些数据来验证理论的规范方法——那么就出现了这一问题：计量经济学的内在概念存在什么区别？《新帕尔格雷夫经济学大辞典》(*New Palgrave*)将“计量史学”一词定义为“诞生于历史问题和高级统计分析的结合，并由经济学理论与计算机相伴左右的方法混合体”[③]。《美国传统词典》(*American Heritage Dictionary*)将其列为“运用先进的数学方法来处理和分析数据的历史研究”[④]。

如果计量史学的主要特征由此变为对这些方法[⑤]的使用，那么令人惊讶的是，计量史学在“传统”经济史研究中引起的批评，并没有将严格意义上的方法论问题作为讨论的主题。讨论的主题是，理论模型的应用及其验证是不是经济史关于特定时间和地点的认知目标(如果有的话)，以及历史数据是否符合应用精细统计方法的条件。然而，这些方法本身并未引起讨论。

可以说，就方法论而言，计量史学遵循了计量经济学的“范式”，从而考虑了该领域所描述的问题。[⑥]如果我们像 E.赫克歇尔(E. Heckscher, 1939)所做的那样，假设经济史的目的与经济学(或计量经济学)的目的没有本质　1547

---

① 参考 Usher, 1949:148 and 155 note 29。

② 福格尔(Fogel, 1995:S.49)指出：“即使在经济史上，领先的历史杂志最初也拒绝接受带有复杂表格的文章，即使在此类文章开始被接受之后，方程式也是绝对禁止的。”

③ 参见 Fogel and Elton, 1983:S2，转引自 Floud, 1991:452。

④ Floud, 1991:5.

⑤ 另请参见福格尔关于此主题的论述(Fogel, 1995:52)：“到 20 世纪 80 年代初期，计量史学的方法在某些历史领域已经如此根深蒂固，以致这些领域的学者都无法忽视它们。”

⑥ 计量史学确实是一个独立的思想流派，一群计量史学创始人加入计量经济学会的申请被驳回，足以证明这一事实。参见 Hughes, 1965。

区别，那么显而易见，到20世纪60年代初期，经济史上可用的计量经济学工具已经得到了很好的发展和不加批判的接受，因为当时计量经济学对它的整个发展史有着最完整的印象。

因此，令人惊讶的是，在这种发展背景下，被公认为计量史学“发令枪”的A.康拉德和J.迈耶(A. Conrad and J. Meyer, 1957, 1958)的论文，却朝另一个完全不同的方向发展。在1957年由经济史协会和美国国家经济研究局联合举行的会议上，这两位经济学家发表了论文《美国内战前南方的奴隶制经济学》(The Economics of Slavery in the Antebellum South)，这篇论文基于统计学方法，从第二代文献汇编的数据和理论经济分析模型阐述了这一论点：美国内战前购买奴隶对美国南部奴隶主来说是一笔不错的投资。他们的作品于次年出版，引发了一场抗议浪潮(不仅仅因为他们的“计量经济学”方法)。[1]然而，我们的意图并不是关注此话题的后续讨论[2]，而是着重考察他们的研究方法。他们在1957年的一篇关于经济理论、统计推断和经济史之间关系的纲领性文章中也谈到了这一点，该观点令人惊讶地遵循了贝叶斯观点。[3]

康拉德和迈耶由此出发，着重强调了理应支撑所有历史叙事的因果顺序概念的重要性。而许多哲学家对此持否定观点，认为历史事件是独特的、复杂的且不可量化的。[4]康拉德和迈耶正确地认为，计量经济模型预先决定了因果顺序，这个因果顺序只对模型中包含的变量有效[5]：“因果顺序是可操作的，不需要任何隐性力量或内部需求介入。”[6]尽管历史事件是独特的，但将因果解释与实验的基本可重复性联系起来的主张同样不正确。首先，实验本质上也是第一次发生的事件；其次，这样一来，诸如天文学之类的科学就

① 参见Conrad and Meyer, 1958。两位作者当时是哈佛大学经济学的助理教授。因此，“发令枪”和“分水岭”的说法是合理的，因为这是计量经济学方法第一次应用于历史现象，而没有参考当前情况。

② 参见Conrad and Meyer, 1964。

③ Conrad and Meyer, 1957.

④ 参见Conrad and Meyer, 1957:527。

⑤ 他们在这里参考西蒙(Simon, 1957)给出的一个示例，该示例涉及天气、小麦收获量和小麦价格变量可能产生的不同影响。

⑥ Conrad and Meyer, 1957:147.

不能作因果关系的陈述了，因为这种因果关系处理的是非重复性现象。①这就是贝叶斯推理发挥作用之处：它不是基于事件的可重复性，而是关注对概率陈述的主观把握。 1548

> 显然，形式检验根据观察到的结果为假设的正确性附加了一个实际的数值概率。这将相对合理性的问题引入了实证过程，从而帮助研究者衡量假设应在多大程度上包含信念——这至少是一个内在的有序概念。总之，在历史假设的评估中引入更多形式程序既有实质的优点，也有缺点。因此产生了一个问题：是否有一个令人满意的折中方案，能够在使缺点最小化的前提下实现优点最大化？理想情况下最好的程序似乎是对形式检验进行调整抑或更改，以实现最大限度地考虑先验信息。诚然，这指向了贝叶斯方法的统计推断。②

他们认为，在缺乏先验概念和概率的情况下，贝叶斯方法正陷入"主观主义的泥潭"。但是，他们确信这可以为制定指导方针和简化科学结果之间的交流奠定基础。

论文发表后的讨论（其中在场的经济学家表示反对将计量经济模型和统计检验应用于历史数据）并未表明贝叶斯方法（与之后计量史学的论文态度相同）与现行计量经济学方法相关的根本差异。③随后的发展并不影响计量经济学本身，而是倾向于遵循计量经济学所"规划的道路"。

自20世纪60年代以来，计量史学的演变（或革命）加快发展，随后取代了计量经济学的方法及相关概念。基于逻辑，这种方法就像计量经济学采用"经典"统计推断一样令人勉强信服。康拉德和迈耶的论文标志着计量史学的开端，他们遵循了贝叶斯的观点，但随后的计量史学本身及其批评者都

---

① 在这种情况下，他们寻求杰弗里斯论点的支持。

② 参见 Conrad and Meyer，1957：544。具体例子见 Conrad and Meyer，1964。

③ 直到几年后，贝叶斯方法才在计量经济学领域找到沃土。然而，必须强调的是，康拉德和迈耶主张的论点包含了各种术语和概念（在谈到假设的概率和"主观主义的泥沼"之前，他们谈论客观检验和显著差异），这些术语和概念始终不能清晰地区分开来。

没有考虑到这一点。计量经济学的课程实际上是由物理学家以"社会工程师"的身份设立的,他们含蓄地(或者可以说是明确地)追溯到了牛顿。在结束我们的概述时,我们想引用一些对计量史学领域的统计推断非常有启发意义的批评:数学家鲁道夫·卡尔曼(Rudolf Kalman)的批评。

1549

重要批评:鲁道夫·卡尔曼

鲁道夫·卡尔曼在20世纪80年代初期对计量经济学领域的模型结构和推断问题进行了研究,并在此背景下从系统理论的角度对此提出了重要批评。①他认为,计量经济学主要遵循以下两条路径:

(1) 根据牛顿定律,经济定律和关系被公式化为动态方程。

(2) 这些方程的系数是通过从实际数据中提取统计上相关的信息来定量确定的。

考虑到这一发展,他认为即使与牛顿以来的250年相比,沿着这两条路径在知识方面取得的进步也少得令人失望。以下为他的论点(在他看来,不需要从"硬"科学角度讨论):

> ……经济学与物理学完全不同,因此物理学中的成功方法在经济学中并不可行。经济知识并非如物理一般受绝对的、普遍的和恒定不变的法则支配,而是强烈依赖于系统(环境)。当经济见解脱离了时间、政治、社会或地理情境时,它们就变成了信息含量很少的碎片化陈述。……由于经济"法则"不具备物理定律的属性,因此像物理学那样写下等式以将经济表述转化为数学,并不是一个有富有成效的方法。……系统理论提供了一个简单但困难的建议:不要写表达假定关系的方程式,而是从真实数据推导方程。……换句话说,经济学中永远不会有牛顿,遵循的路径也必定是不同的。②

---

① 在这方面,我们主要参考Kalman, 1982a, 1982b。因此,我们不关心所谓的卡尔曼滤波器在计量经济学中的应用。

② 参见Kalman, 1982a:19f。

他对“唯一参数的统计测定”的看法更加负面。在他看来，只有当具体的、可明确测量的参数（例如欧姆定律中的电阻）存在时，这一步骤才有意义：

> 经济学家往往梦想效仿欧姆定律那样的简单情况，希望定律真的存在，例如，假设通货膨胀和失业之间存在定律（菲利普斯曲线）。但是从任何定量的角度来看，失业和通货膨胀之间的关系都是模糊的，这是一种带有政治偏见的、用（无意义的）数字代替复杂情况的企图。因此，任何希望将两个概念通过一个系数相互联系起来的想法都是无知的、一厢情愿的。①

例如，天文学中就存在这种唯一关系，它们的参数具有独立于任何系统的直接意义，比如根据力矩和角度确定物体的位置。在这一背景下，卡尔曼对哈韦尔莫方法的批判也就不足为奇了：“（在作者看来）哈韦尔莫想通过概率论的教条应用来奠定计量经济学坚实基础的愿望尚未实现，毫无疑问，这是因为概率论无法解释基础的系统理论问题。”②同时，他呼吁严格应用系统理论。系统理论并没有从输入和输出之间的直接可测量关系出发：“系统理论不是仅仅确定单个参数，例如电阻，而是关注更为普遍的问题——确定一个系统。”③根据卡尔曼的观点，系统中包含的参数与迄今为止的计量经济学家所假设的意义完全不同，因此它们只能被局部定义。对于卡尔曼来说，统计分析的认知目标在于获得常数（这绝不是不言而喻的），例如应用最大似然估计或最小二乘法：“……常识告诉我们，只有对数据施加附加假设以抵消其内在的不确定性，这样的奇迹才是可能的。”④因此，在这些术语中，最小二乘法非常流行，因为它提供了一个清晰（“唯一”）的回答。然而，与这种方法相关的假设通常是不合理的。 1550

① 参见 Kalman, 1982a:20。

② 这句话本应引自 Kalman, 1982c。此处应编辑要求删除，转而引用 Kalman, 1982b:194。

③ 参见 Kalman, 1982a:23。线性和有限度可能是此类系统的合理假设。

④ 参见 Kalman, 1982b:162。

对他来说，使用显示方差的数据来确定一个揭示最大似然性或最小化偏差（从而使其优于所有其他值）的特定值的常见方法“本质上是错误的，这种方法对科学进步极其有害”①。这种方法暗含以下假设（或“偏见”）：

（1）数据是使用概率机制生成的。

（2）这种概率机制很简单；它在时间方面是恒定的，分布函数可以解释一切。

（3）有一个“真实”值，可以将其视为假设分布函数的“特别显著特征”，例如预期值、中位数或模态值。

（4）单个数字即为基于不证自明假设的演绎过程的结果。

1551 长期以来，在类似牛顿物理学的概率现象中，像物理学那样存在完全符合自然定律的假设早已被证明是一种幻觉。除了诸如大数定律之类的“数学制品”外，再没有任何随机现象的普遍定律，甚至在物理学中，也只有围绕特定系统的定律。②这种观点具有深远的影响：

> 这种情况对计量经济方向的影响是毁灭性的。由于问题是要识别系统，而系统一般无法通过全局可定义的参数来描述，因此参数的整个概念都失去了其（非关键性假定的）意义。……计量经济学的最初目标是通过经济学理论提供的动态方程式，从实际数据中确定具有经济意义的参数，结果却是一种错觉。③

据我们所知，卡尔曼的批评至今尚未对计量经济学产生任何影响。即使人们不希望沿着这条路径走到最后，仍应审视将物理学方法应用于经济发展的根本合理性。对计量史学领域的推断陈述而言，这无疑非常有前景。

---

① Kalman，1982b：171.

② 参见 Kalman，1982b：172。

③ 参见 Kalman，1982a：26，27。他将常数参数的计算（例如，在菲利普斯曲线的背景下）描述为“概念上的荒谬”（同上）；因此，卡尔曼也拒绝任何因果解释。例如，参见 Kalman，1982b：177。

参考文献

Barnard, G. (1947) "The Meaning of a Significance Level", *Biometrika*, 34:179—182.

Barnard, G. (1949) "Statistical Inference (with Discussion)", *J R Stat Soc B*, 11:115—149.

Barnard, G. (1988) "R. A. Fisher-A True Bayesian?", *Int Stat Rev*, 55:183—189.

Berger, J., Wolpert, R. (1988) *The Likelihood Principle*, vol. 6, 2nd edn., Lecture notes-monograph series. Institute of Mathematical Statistics, Hayward.

Birnbaum, A. (1962) "On the Foundations of Statistical Inference (with Discussion)", *J Am Stat Assoc*, 57:269—306.

Birnbaum, A. (1968) "Likelihood", in Sills, D. (ed) *International Encyclopedia of the Social Sciences*. Macmillan, New York, pp.299—301.

Birnbaum, A. (1977) "The Neyman-Pearson Theory as Decision Theory and as Inference Theory: With a Criticism of the Lindley-Savage Argument for Bayesian Theory", *Synthese*, 36: 19—49.

Bjornstad, J. (1992) "Introduction to Birnbaum (1962) on the Foundations of Statistical Inference", in Kotz, S., Johnson, N. (eds) *Breakthroughs in Statistics. Bd. I. Foundations and Basic Theory*. Springer, New York, pp.461—477.

Borovcnik, M. (1992) *Stochastik im Wechselspiel von Intuitionen und Mathematik*. Spektrum Akademischer Verlag, Mannheim.

Boumans, M. (1993) "Paul Ehrenfest and Jan Tinbergen: A Case of Limited Physics Transfer", in de Marchi, N. (ed) *Non-natural Social Sciences: Reflecting on the Enterprise of "More Heat than Light", vol.25, Supplement to History of Political Economy*. Duke University Press, Durham/London, pp. 131—156.

Burns, A. F., Mitchell, W. C. (1946) *Measuring Business Cycles*. National Bureau of Economic Research, New York.

Conrad, A., Meyer, J. (1957) "Economic Theory, Statistical Inference, and Economic History", *J Econ Hist*, 17:524—544.

Conrad, A., Meyer, J. (1958) "The Economics of Slavery in the Antebellum South", *J Polit Econ*, 66:95—130.

Conrad, A., Meyer, J. (eds) (1964) *The Economics of Slavery. Studies in Econometric History*. Aldine, Chicago.

Dale, A. (1991) *A History of Inverse Probability. From Thomas Bayes to Karl Pearson, vol.16, Studies in the History of Mathematics and Physical Sciences*. Springer, New York.

de Finetti, B. (1937) "La Prévision: Ses Lois Logiques, Ses Sources Subjectives", *Ann V Institut Henri Poincaré*, 1:1—68.

de Finetti, B. (1981) *Wahrscheinlichkeitstheorie. Einführende Synthese mit kritischem Anhang*. Oldenbourg, Wien/München.

DuMouchel, W. (1992) "Introduction to Edwards, Lindman, Savage (1963) Bayesian Statistical Inference for Psychological Research", in Kotz, S., Johnson, N. (eds) *Breakthroughs in Statistics. Bd. 1. Foundations and Basic Theory*. Springer, New York, pp.519—530.

Edgeworth, F.Y. (1884) "The Philosophy of Chance", *Mind*, 9(34):223—235.

Edwards W, Lindman, H., Savage, L. (1963) "Bayesian Statistical Inference for Psychological Research", *Psychol Rev*, 70: 193—242[Reprinted in Kotz, S., Johnson, N. (1992) (eds) *Breakthroughs in Statistics. Bd.1. Foundations and Basic Theory*, New York].

Epstein, R.J. (1987) *A History of Econometrics*. North Holland, Amsterdam.

Ezekiel, M. (1928) "Statistical Analysis and the Law of Price", *Q J Econ*, 42: 199—227.

Fisher, R. [1922(1992)] "On the Mathematical Foundations of Theoretical Statistics", *Philos Trans R Soc Lond A*, 222: 309—368

[Reprinted in Kotz, S., Johnson, N. (1992) (eds) *Breakthroughs in Statistics. Bd.1. Foundations and Basic Theory*, New York].

Fisher, R. (1955) "Statistical Methods and Scientific Induction", *J R Stat Soc B*, 17:69—78.

Fisher, R. (1956) *Statistische Methoden für die Wissenschaft, 12 Aufl.* Oliver and Boyd, Edinburg.

Fisher, R. (1959) *Statistical Methods and Scientific Inference, 2nd edn.* Oliver and Boyd, London.

Floud, R. (1991) "Cliometrics" in Eatwell, J., Milgate, M., Newman, P. (eds) *The New Palgrave. A Dictionary of Economics. Bd.1, 2nd edn.* Macmillan, London/New York/Tokyo, pp.452—454.

Fogel, R. (1995) "History with Numbers: The American Experience", in Etemad, B., Batou, J., David, T. (eds) *Pour une Histoire Économique et Sociale Internationale.* Ed. Passé Présent. Genf, Genéve, pp.47—56.

Fogel, R., Elton G (1983) *Which Road to the Past? Two Views of History.* Yale University Press, New Haven/London.

Friedman, M., Schwartz, A. (1991) "Alternatives Approaches to Analyzing Economic Data", *Am Econ Rev*, 81(1):39—49.

Frisch, R. (1931) "A Method of Decomposing an Empirical Series into Its Cyclical and Progressive Components", *J Am Stat Assoc*, (Suppl) 26:73—78.

Frisch, R. (1933) "Propagation Problems and Impulse Problems in Dynamic Economics", in *Essays in Honour of Gustav Cassel.* Allen & Unwin, London.

Galton, F. (1888) "Co-relations and Their Measurement", *Proc R Soc Lond Ser*, 45: 135—145.

Geisser, S. (1992) "Introduction to Fisher (1922) on the Mathematical Foundations of Theoretical Statistics", in Kotz, S., Johnson, N. (eds) *Breakthroughs in Statistics. Bd.1. Foundations and Basic Theory.* Springer, New York, pp.1—10.

Gigerenzer, G., Swijtink, T., Porter, T., Daston, L., Beatty, J., Krüger, L. (1989) *The Empire of Chance: How Probability Changed Science and Everyday Life.* Cambridge University Press, Cambridge/New York.

Gosset, W.S. (1908) "The Probable Error of a Mean", *Biometrika*, 6:1—25.

Graunt, J. [1662(1939)] *Natural and Political Observations Made upon the Bills of Mortality.* Edited with an introduction by Willcox WF John Hopkins University Press, Baltimore.

Greenstein, B. (1935) "Periodogram Analysis with Special Application to Business Failure in the U.S. 1867—1932", *Econometrica*, 3: 170—198.

Haavelmo, T. (1944) "The Probability Approach in Econometrics", *Econometrica*, 12 (Suppl):1—115.

Haavelmo, T. (1994) "Ökonometrie und Wohlfahrtsstaat. Nobel-Lesung vom 7. Dezember 1989", in Grüske K-D(ed) *Die Nobelpreisträger der ökonomischen Wissenschaft. Bd.3. 1989—1993.* Wirtschaft und Finanzen, Düsseldorf, pp.71—80.

Hall, L. (1925) "A Moving Secular Trend and Moving Integration", *J Am Stat Assoc*, 20: 13—24.

Halley, E. (1693) "An Estimate of the Degrees of Mortality of Mankind Drawn from Curious Tables of the Births and Funerals at the City of Breslau; With an Attempt to Ascertain the Price of Annuities upon Lives", *Philos Trans R Soc*, 17:596—610. Electronic reprint: http://www.pierre-marteau.com/editions/1693-mortality.html.

Heckman, J. (1992) "Haavelmo and the Birth of Modern Econometrics: A Review of the History of Eeconometric Ideas by Mary Morgan", *J Econ Lit*, 30:876—886.

Heckscher, E. (1939) "Quantitative Measurement in Economic History", *Q J Econ*, 53: 167—193.

Hendry, D.F. (2001) *Econometrics: Alchemy or Science? 2nd edn.* Oxford University

Press, Oxford.

Hodges, J. (1990) "Can/may Bayesians do Pure Tests of Significance?", in Geisser, S., Hodges, J., Press, S., Zellner, A. (eds) *Bayesian and Likelihood Methods in Statistics and Econometrics. Essays in Honor of George A. Barnard, vol.7, Studies in Bayesian Econometrics and Statistics*. North Holland Publishing, New York, pp.75—90.

Hotelling, H. (1934) "Analysis and Correlation of Time Series", *Econometrica*, 2:211.

Howson, C. (1995) "Theories of Probability", *Br J Philos Sci*, 46:1—32.

Hughes, J. (1965) "A Note in Defense of Clio", *Explor Entrep Hist*, 3:154.

Iversen, G. (1984) *Bayesian Statistical Inference*. Sage, Newbury Park.

Jeffreys, H. (1939) *Theory of Probability*. The Clarendon Press, London/New York.

Johnstone, D. (1986) "Tests of Significance in Theory and Practice (with Discussion)", *Statistician*, 35:491—504.

Kalman, R. (1982a) "Dynamic Econometric Models: A System-theoretic Critique", in Szegö, G. (ed) *New Quantitative Techniques for Economic Analysis*. Academic, New York, pp.19—28.

Kalman, R. (1982b) "Identification from Real Data", in Hazewinkel, M., Rinnooy Kan, A. (eds) *Current Developments in the Interface: Economics, Econometrics and Mathematics*. Reidel, Dordrecht, pp.161—196.

Kalman, R. (1982c) "Identifiability and Problems of Model Selection in Econometrics", in Hildenbrand, W. (ed) *Advances in Econometrics*. Cambridge University Press, Cambridge.

Kempthorne, O. (1971) "Comment on 'Applications of Statistical Inference to Physics'", in Godambe, V., Sprott, D. (eds) *Foundations of Statistical Inference. Holt, Rinehart and Winston of Canada*, Toronto, pp. 286—287.

Keuzenkamp, H. (1995) "The Econometrics of the Holy Grail—A Review of Econometrics: Alchemy or Science? Essays in Econometric Methodology", *J Econ Surv*, 9:233—248.

Keuzenkamp, H., Magnus, J. (1995) "On Tests and Significance in Econometrics", *J Econ*, 67:5—24.

Keynes, J. (1921) *A Treatise on Probability*. Macmillan, London.

Koopmans, T. (1941) "The Logic of Econometric Business-cycle Research", *J Polit Econ*, 49:157—181.

Kuznets, S. (1928a) "On Moving Correlation of Time Sequences", *J Am Stat Assoc*, 23:121—136.

Kuznets, S. (1928b) "On the Analysis of Time Series", *J Am Stat Assoc*, 23:398—410.

Kuznets, S. (1929) "Random Events and Cyclical Oscillations", *J Am Stat Assoc*, 24:258—275.

Kuznets, S. (1930a) *Secular Movements in Production and Prices*. Houghton Mifflin, Boston/New York.

Kuznets, S. (1930b) *Wesen und Bedeutung des Trends. Zur Theorie der säkularen Bewegung, Veröffentlichungen der Frankfurter Gesellschaft für Konjunkturforschung*. Schroeder, Bonn.

Kuznets, S. (1934) "Time Series", in Seligman, E., Johnson, A. (eds) *Encyclopedia of the Social Sciences. Bd.13*. Macmillan, New York, pp.629—636.

Kyburg, H. (1985) "Logic of Statistical Reasoning", in Kotz, S., Johnson, N. (eds) *Encyclopedia of Statistical Sciences. Bd.5*. Wiley, New York, pp.117—122.

Kyburg, H., Smokler, H. (eds) (1964) *Studies in Subjective Probability*. Wiley, New York.

Laplace, P-S. (1812) *Théorie Analytique des Probabilités*. Courcier, Paris. https://archive.org/details/thorieanalytiqu01laplgoog.

Leamer, E.E. (1994) "Introduction", in Leamer, E.E. (ed) *Sturdy Econometrics*. Elgar, Aldershot, pp.ix—xvi.

Lehmann, E. (1992) "Introduction to Neyman and Pearson(1933) on the Problem of the

Most Efficient Tests of Statistical Hypotheses", in Kotz, S., Johnson, N. (eds) *Breakthroughs in Statistics. Bd.1. Foundations and Basic Theory*. Springer, New York, pp.67—72.

Lehmann, E.L. (1993) "The Fisher, Neyman-Pearson Theories of Testing Hypotheses: One Theory or Two", *J Am Stat Assoc*, 88: 1242—1249.

Lindley, D. (1991) "Statistical Inference", in Eatwell, J., Milgate, M., Newman, P. (eds) *The New Palgrave. A Dictionary of Economics, vol. 4, 2 Aufl.* Macmillan, London/New York/Tokyo, pp.490—493.

Malinvaud, E. (1991) "Review of Morgan, Morgan, M. (1990) the History of Econometric Ideas", *Econ J*, 101:634—636.

Magnus, J., Morgan, M. (1987) "The ET Interview: Professor J. Tinbergen", *Econ Theory*, 3:117—142.

Marshak, J. (1950) "Statistical Inference in Economics", in Koopmans, T. (ed) *Statistical Inference in Dynamic Economic Models*. Wiley, New York.

Menges, G. (1972) *Grundriß der Statistik. 1. Theorie, 2nd edn.* Westdeutscher Verlag, Opladen.

Mirowski, P. (1989) "The Probabilistic Counter Revolution, or How Stochastic Concepts Came to Neoclassical Economic Theory", *Oxf Econ Pap*, 41:217—235.

Mirowski, P. (1991) "The When, the How and the Why of Mathematical Expression in the History of Economic Analysis", *J Econ Perspect*, 5:145—157.

Morgan M(1990) *The History of Econometric Ideas*. Cambridge University Press, Cambridge.

Neyman, J. (1937) "Outline of a Theory of Statistical Estimation Based on the Classical Theory of Probability", *Philos Trans R Soc Lond Ser A Math Phys Sci*, 236(767):333—380.

Neyman, J., Pearson, E.S. (1928a) "On the Use and Interpretation of Certain Test Criteria for Purposes of Statistical Inference. Part I", *Biometrika*, 20A:175—240.

Neyman, J., Pearson, E.S. (1928b) "On the Use and Interpretation of Certain Test Criteria for Purposes of Statistical Inference. Part II", *Biometrika*, 20A:263—294.

Neyman, J., Pearson, E.S. (1933) "On the Problem of the Most Efficient Tests of Statistical Hypotheses", *Philos Trans R Soc Lond Ser A*, containing papers of a mathematical or physical character 231: 289—337[Reprinted in Kotz, S., Johnson, N. (eds) *Breakthroughs in Statistics. Bd. I. Foundations and Basic Theory*, New York].

Pearson, K. (1894) "Contributions to the Mathematical Theory of Evolution", *Philos Trans R Soc Lond*, 85:71—110.

Pearson, K. (1895) "Contributions to the Mathematical Theory of Evolution. II. Skew Variation in Homogeneous Material", *Philos Trans R Soc Lond*, 186:343—414.

Pearson, K. (1898) "Mathematical Contributions to the Theory of Evolution: On the Law of Ancestral Heredity", *Proc R Soc Lond*, 62: 386—412.

Pearson, K. (1920) "The Fundamental Problem of Practical Statistics", *Biometrika*, 13(1):1—16.

Pearson, E.S. (1967) "Some Reflections on Continuity in the Development of Mathematical Statistics, 1885—1920", *Biometrica*, 52:3—18.

Popper, K. (1990) *A World of Propensities*. Thoemmes, Bristol.

Pratt, J. (1971) "Comment on:'Probability, Statistics and Knowledge Business' by O. Kempthorne", in Godambe, V., Sprott, D. (eds) *Foundations of Statistical Inference*. Holt, Rinehart and Winston, Toronto.

Rahlf, T. (1998) *Deskription und Inferenz Methodologische Konzepte in der Statistik und Ökonometrie, vol. 9, Historical Social Research Supplement*. Zentrum für Historische Sozialforschung, Köln.

Ramsey, F. (1931a) "Truth and Probability(1926)", in Braithwaite, R. (ed) *The Foundations of Mathematics and Other Logical Es-*

says by Frank Plumpton Ramsey. International Library of Psychology, Philosophy and Scientific Method, London [Reprinted in Kyburg, Smokler(1964)].

Ramsey, F. (1931b) "Further Considerations(1928)", in Braithwaite, R. (ed) *The Foundations of Mathematics and Other Logical Essays by Frank Plumpton Ramsey*. International Library of Psychology, Philosophy and Scientific Method, London, pp.199—211.

Regan, F. (1936) "The Admissibility of Time Series", *Econometrica*, 4:189.

Robbins, H. (1955) "An Empirical Bayes Approach to Statistics", in Neyman, J. (ed) *Proceedings of the 3rd Berkeley symposium on mathematical and statistical probability, University of California*. Statistical Laboratory: University of California Press, vol.1, pp.157—163[Reprinted in Kotz/Johnson(1992)].

Sasuly, M. (1936) "A Method of Smoothing Economic Time Series by Moving Averages", *Econometrica*, 4:206.

Savage, L. (1954) *The Foundations of Statistics*. Wiley, New York.

Savage, L. (1976) "On Rereading R. A. Fisher(with Discussion)", *Ann Stat*, 4:441—500.

Schultz, H. (1934) "Discussion of the Question 'Is the Theory of Harmonic Oscillations Useful in the Study of Business Cycles?'", *Econometrica*, 2:189.

Sims, C. (1980) "Macroeconomics and Reality", *Econometrica*, 48:1—48.

Simon, H. (1957) *Models of Man*. Wiley, New York.

Slutzky, E. (1937) "The Summation of Random Causes as the Source of Cyclic Processes", *Econometrica*, 5: 105—146 (originally published in Russian 1927).

Stegmüller, W. (1973) *Personelle und Statistische Wahrscheinlichkeit. Erster Halbband: Personelle Wahrscheinlichkeit und Rationale Entscheidung. Zweiter Halbband. Statistisches Schließen, Statistische Begründung, Statistische Analyse. Probleme und Resultate der Wissenschaftstheorie und Analytischen Philosophie IV*. Springer, Berlin/Heidelberg/New York.

Stigler, S. (1986) *The History of Statistics: The Measurement of Uncertainty before 1900*. Belknap Press of Harvard University Press, Cambridge, MA.

Usher, A. (1949) "The Significance of Modern Empiricism for History and Economics", *J Econ Hist*, 9:131—155.

von Mises, R. (1951) *Wahrscheinlichkeit, Statistik und Wahrheit*. Springer, Wien.

Wald, A. (1950) *Statistical Decision Functions*. Wiley, New York.

Watson, G. (1983) "Hypothesis Testing", in Kotz, S., Johnson, N. (eds) *Encyclopedia of Statistical Sciences. Bd.3*. Wiley, New York, pp.712—722.

Yule, G.Y. (1895) "On the Correlation of Total Pauperism with Proportion of Put-relief, I: All Ages", *Econ J*, 5:603—611.

Yule, G.Y. (1896a) "Notes on the History of Pauperism in England and Wales from 1850, Treated by the Method of Frequency-curves; with an Introduction on the Method", *J R Stat Soc*, 59(2):318—357.

Yule, G.Y. (1896b) "On the Correlation of Total Pauperism with Proportion of Out-relief, II: Males over Sixty-five", *Econ J*, 6: 613—623.

Yule, G.Y. (1927) "On a Method of Investigating the Periodicities of Disturbed Series, with Special Reference to Wolfer's Sunspot Numbers", *Philos Trans R Soc A*, 226(1927): 267—298.

Zellner, A. (1971) *An Introduction to Bayesian Statistics in Econometrics*. Wiley, New York.

Zellner, A. (1992) "Review of Morgan, Morgan, M. (1990) the History of Econometric Ideas", *J Polit Econ*, 100:218—222.

推荐阅读

最佳的入门读物依然是 Gigerenzer et al.，1989。详见本章引用的文献。以下是另一些有用的综述。

Cohen，I. B.（2005）*The Triumph of Numbers*：*How Counting Shaped Modern Life*. W.W. Norton，New York.

Kotz，S.，Johnson，N.（eds）*Breakthroughs in Statistics. Bd. I. Foundations and Basic Theory. 2. Methodology and Distribution*，Springer series in statistics. Springer，New York.

Lenhard，J.（2006）"Models and Statistical Inference：The Controversy between Fisher and Neyman-Pearson"，*Br J Philos Sci*，57：69—91.

Salsburg，D.（2001）*The Lady Tasting Tea*：*How Statistics Revolutionized Science in the Twentieth Century*. Freeman，New York.

Sprenger，J.（2014）"Bayesianism vs Frequentism in Statistical Inference"，in Hájek，A.，Hitchcock，C.（eds）*Handbook of the Philosophy of Probability*. Oxford University Press，Oxford.

Sprenger，J.，Hartmann，S.（2001）"Mathematics and Statistics in the Social Sciences"，in Jarvie，I. C.，Bonilla，J. Z.（eds）*The SAGE Handbook of the Philosophy of Social Sciences*. Sage，London，pp.594—612.

Stigler，S.M.（1999）*Statistics on the Table*：*The History of Statistical Concepts and Methods*. Harvard University Press，Cambridge，MA.

第二章

计量史学中的趋势、周期和结构突变

特伦斯 · C.米尔斯

摘要

周期和趋势及趋势增长率的计算是计量史学的重要领域。估计趋势的方法一般有简单的未加权移动平均法和时间回归法，后者通常与处理稳态转换或结构突变的手段结合使用。在这两种方法中，周期都是由残差决定的。同时，由于趋势是(很可能是局部)确定性的，周期分量占据了所观察序列中的大部分波动。在过去的大约 25 年里，宏观经济学和时间序列计量经济学、统计学都在趋势和周期建模方面取得了重大进展。这些模型的分量全部是随机的，或者可能由观测到的时间序列的统计特性所决定。本章概述了这些进展。

关键词

周期　滤波器　分段趋势　结构模型

引　言

1558

周期和趋势及趋势增长率的计算是计量史学的重要领域。估计趋势的方法一般有简单的未加权移动平均法(moving averages)和时间回归法,后者通常与处理稳态转换(regime shifts)或结构突变(structural breaks)的手段结合使用。在这两种方法中,周期都是由残差决定的。同时,由于趋势是确定性的,周期分量主要表现为数据的波动。

然而,在过去的大约25年里,宏观经济学和时间序列计量经济学以及统计学都在趋势和周期建模方面取得了重大进展。克拉夫茨等人(Crafts et al., 1989a)的计量史学论文可能是第一篇使用这些新技术的论文。自此以后,克拉夫茨和米尔斯(Crafts and Mills, 1994a, 1994b, 1996, 1997, 2004; Mills and Crafts, 1996a, 1996b, 2000, 2004)又在计量史学的技术和应用两个方面进行了多种拓展。本章概述了这些发展,也可以看作对米尔斯(Mills, 1992, 1996, 2000)在该领域所获成果的进一步研究。

"经济学中趋势和周期建模的历史"和"经济史中的趋势与周期建模"两个部分分别简要描述了趋势和周期建模及其在经济史中的传统应用。"分段趋势模型"部分介绍了分段和突变趋势模型,而"提取趋势和周期的滤波器"部分则讨论了现代滤波器提取趋势和周期的方法。这些滤波器和结构时间序列模型之间的联系在"滤波器和结构模型"部分中被进一步阐述,它们与ARIMA模型之间的联系在"基于模型的滤波器"部分中得到说明。"结构趋势和周期"部分介绍了结构时间序列模型的最新概要,而"具有相关分量的模型"部分则讨论了放宽对模型的识别约束(即分量不相关)的可能后果。"结构模型的多元化扩展"部分介绍了结构模型的多元扩展,"结构模型估计"部分简要考虑了使用内曼滤波器通过状态空间框架进行的估计。"跨序列结构突变"部分探讨了一系列序列中共同突变(即共同突变现象)的可能性,而"结语"部分则提供了有关趋势性质的结论性意见。

本章通过例子展示了本章提及的方法,这些例子使用了布罗德贝里等人(Broadberry et al., 2011)最近提供的英国人均国内生产总值序列,并通过商业软件 Econometric Views 8 和 STAMP 8 完成计算部分。

1559

经济学中趋势和周期建模的历史

经济时间序列周期性分析始于19世纪70年代威廉·斯坦利·杰文斯的太阳黑子周期理论和亨利·勒德韦尔·穆尔的金星理论。随后不久,克莱芒特·朱格拉尔(Clément Juglar)提出了更为传统的信贷周期理论(参见Morgan, 1990:Chap.1)。科学家们对长期趋势运动的研究则较晚,"趋势"这一术语在1901年雷金纳德·胡克(Reginald Hooker, 1901)分析英国进出口数据时才被创造出来。谈及早期趋势变化的分析,克莱因(Klein, 1997)使用过简单的移动平均法或图像插值法来进行趋势分离,而下一代研究者米尔斯(Mills, 2011:Chap.10)研究的加权移动平均法则通常是基于局部多项式的精算修匀公式(actuarial graduation formulae)。

米尔斯(Mills, 2009a)曾在书中提及,描述性和理论性的趋势和周期建模在20世纪上半叶都取得了很大的进步,不过建模技术的发展尚需数十年,在适当的时候,技术变革将会带来趋势和周期在建模和提取方式上的一场革命。这场革命的种子在1961年——米尔斯(Mills, 2009a)所说的趋势和周期建模的"奇迹年"——被种下,当时克莱因和科索布德(Klein and Kosobud, 1961)、考克斯(Cox, 1961)、莱塞(Leser, 1961)以及卡尔曼和布西(Kalman and Bucy, 1961)发表了四篇截然不同的论文。其中,米尔斯的论文(Mills, 2009b)和考克斯在米尔斯(Mills, 2009a)主编的书籍中的论文,详细讨论了克莱因和科索布德两个人对宏观经济时间序列趋势(即宏观经济的"大比率")建模的影响——这是最新的两篇主要关注此问题的论文。正如"提取趋势和周期的滤波器"部分所述,莱塞在论文中使用加权移动平均法从观察序列中提取趋势,并使用惩罚最小二乘法(penalized least squares)原理导出权重,这为当今最为流行的趋势提取方法之一——霍德里克-普雷斯科特(Hodrick-Prescott, H-P)滤波器铺平了道路。卡尔曼和布西以及卡尔曼的另一篇论文(Kalman, 1960)阐述了卡尔曼滤波算法的细节——该算法是许多趋势和周期提取技术的重要计算分量[参见"结构模型估计"部分;相关历史观点和使用递归估计技术算法进行的现代综合这两个方面可参见扬的研究(Young, 2011)]。

经济史中的趋势与周期建模

一些经济史学家在他们的文章(如 Aldcroft and Fearon, 1972; Ford, 1981)中明确提出,从经济时间序列的长期趋势中分离周期性波动是很困难的。然而究其本质,他们使用的趋势和周期分解的方法十分特殊——其设计主要是为了便于计算,而没有真正考虑到所分析时间序列(或序列集)的统计特性。有关支持该立场的陈述,请参见阿尔德克罗夫特和费伦(Aldcroft and Fearon, 1972:7)以及马修斯等人(Matthews et al., 1982:556)的论文。

此类分析中的基本模型是对时间段 $t=1, 2, \cdots, T$ 上观察到的序列 x_t 进行加法分解,其中 μ_t 为趋势,ψ_t 为周期(通常假定是相互独立的),即: 1560

$$x_t=\mu_t+\psi_t \quad E(\mu_t\psi_s)=0 \quad \text{对于所有的 } t \text{ 和 } s \tag{2.1}$$

观测序列 x_t 通常取每年观测一次的数据序列的对数。

显然,趋势和周期分量是不可以通过观察得到的,因此需要进行估计。由于经济史学家采用的传统估算方法并非来自对 x_t 或其分量的任何正式统计分析,因此上文称其"特殊"。μ_t 最简单的模型可能是线性时间趋势 $\mu_t=\alpha+\beta t$,此时,如果 x_t 确实是序列的对数,则可假定此线性增长趋势是恒定的。估计的回归模型为:

$$x_t=\alpha+\beta t+u_t \tag{2.2}$$

接下来使用普通最小二乘法(ordinary least squares, OLS)进行渐近有效的 α 和 β 估计。给定估计值 $\hat{\alpha}$ 和 $\hat{\beta}$,则趋势分量为 $\hat{\mu}_t=\hat{\alpha}+\hat{\beta}t$,且通过残差获得周期分量为 $\hat{\psi}_t=x_t-\hat{\mu}_t$。

只有小样本趋势分量才能得到有效估计,这是一个重要的限制条件,因为历史的时间序列上可用的观测值通常是有限的,尤其是当周期分量序列不相关时,更是如此。如果数据中实际存在一般定义为"膨胀和收缩交替变化"(Aldcroft and Fearon, 1972:4)的周期,那么上述说法很可能不成立,在这种情况下，要么采用广义最小二乘法（generalized least squares, GLS）或使用等效的估算技术，要么将纽韦和韦斯特（Newey and West, 1987）式的一致方差与普通最小二乘法估计一起使用。

尽管线性模型 2.2 曾在特定的情况下（尤其是 Frickey, 1947；Hoffmann, 1955）被使用过，但经济史学家通常拒绝趋势增长是恒定不变的这一观点，而倾向于采用允许趋势增长率可变的模型。线性趋势模型通常很容易进行调整，以便于趋势增长率在不同周期（有时被称为“增长阶段”）之间发生变化——因为增长阶段的终止年份是通过先验考虑选择的。因此，如果 T_1 和 $T_2=T_1+k$ 是两个连续周期的终止年，则横跨 T_1 和 T_2 的周期的趋势增长由回归中 β_k 的普通最小二乘法估计得出：

$$x_t=\alpha_k+\beta_k t+u_{kt} \quad t=T_1, T_1+1, \cdots, T_2 \tag{2.3}$$

范斯坦等人（Feinstein et al., 1982）使用了上述方法的一种变体，他们更倾向于通过连接所选最终年份中序列的实际值来估计 β_k。该估计值由 $k^{-1}(x_{T_2}-x_{T_1})$ 大致给出，但是克拉夫特塞特等人（Craftset et al., 1989b）证明，这种估计法并未比使用普通最小二乘法估计的 $\hat{\beta}_k$ 更有效。

1561 这类线性趋势模型的共同特征是，它们跨周期的趋势增长被视为确定性的，因此 x_t 中的所有波动都必须归因于周期分量。此外，来自趋势的任何波动都只能是暂时性的：由于周期分量是由回归残差估计的，因此它必须均值为零且平稳，这也就意味着迫使其偏离趋势路径的 x_t 的振荡必须能够随时间消失。等式 2.3 这类模型的另一个缺点是，周期最终年份的选择可能会具有主观偏差。

考虑到这些缺点，许多经济史学家倾向于使用另一种趋势估计方法，即移动平均法。分离年度宏观经济时间序列趋势的典型移动平均法以 9 年为一个周期（使用这一方法的例子包括 Aldcroft and Fearon, 1972；Ford, 1969, 1981）。形式上，可以使用滞后算子 B 将 x_t 的 $(2h+1)$ 年移动平均值估计的趋势分量定义为：

$$\hat{\mu}_t=M(B)x_t=\frac{1}{2h+1}\left(\sum_{j=-h}^{h}x_{t-j}\right)=\frac{1}{2h+1}\left(\sum_{j=-h}^{h}B^j\right)x_t \tag{2.4}$$

其中 $B^j x_t \equiv x_{t-j}$，因此设 $h=4$ 作为上述一单位（9 年）的移动平均值。使用移动平均数来估算趋势分量除了计算上明显简单这一好处之外，还可以使趋势变得随机——尽管也变得“平滑”，它受到 x_t 的局部情况影响，因此 x_t 的波动带来的影响不完全分配给周期分量。

移动平均线的一个特性是，$(2h+1)$年的移动平均线使数据中 $2h+1$ 年的周期变得更加平滑。由于许多经济史学家认为商业周期的持续时间为 7 年到 11 年，因此设置 $h=4$ 更为合理——至少在先验观念上是如此。

移动平均法的一个明显缺点是，在样本期的开始和结束时平均分配的 $2h$ 趋势观测值必然会丢失。正如阿尔德克罗夫特和费伦（Aldcroft and Fearon, 1972）指出的，有限可用的观测数量可能会造成很大的困难。这方面的一个重要例证是对两次世界大战期间趋势的估计，当时只有不到 20 个年度观测值，因此阿尔德克罗夫特和费伦不得不采用线性趋势对此时间段进行分析。使用等式 2.4 的移动平均法的一个鲜为人知的缺点是，尽管它们消除了线性趋势（这当然是必需的），但它们也常常导致趋势过于平滑，进而潜在地扭曲了周期分量。

分段趋势模型

等式 2.3 的自然概括是将各个周期的模型合并到一个复合模型中，并假定周期的终点位于 T_1，T_2，…，$T_{m+1}=T$：

$$x_t = \alpha + \beta t + \sum_{i=1}^{m+1} \gamma_i d_{it} + \sum_{i=1}^{m+1} \delta_i t d_{it} + u_t \qquad (2.5)$$

1562

其中 d_{it}，$i=1, 2, \cdots, m+1$，是取值为 0 或 1 的虚拟变量，即如果在第 i 个周期中取值为 1，则在其他周期中取值为 0。由于第 i 个周期的趋势增长由 $\beta+\delta_i$ 给出，因此整个样本期内恒定趋势增长速率的假设为 $\delta_1=\delta_2=\cdots=\delta_{m+1}=0$，而进一步假设 $\gamma_1=\gamma_2=\cdots=\gamma_{m+1}=0$ 将 x_t 限制为单个趋势路径。但是，如果第二个假设被拒绝，则非零 γ_i 的存在将导致趋势的水平移动，因此等式 2.5 的模型被称为“突变趋势”。如果认为趋势函数应该是平滑的，则可以通过分段趋势模型的类别来增加连续性。分段线性趋势模型可以写为：

$$x_t = \alpha + \beta t + \sum_{i=1}^{3} \theta_i D_{it} + u_t \tag{2.6}$$

其中，

$$D_{it} \begin{cases} t - T_i & t > T_i \\ 0 & t \leqslant T_i \end{cases}$$

因此，第 i 个分段的趋势增长由 $\beta + \theta_1 + \cdots + \theta_i$ 得出。高阶趋势多项式的扩展很简单，例如，米尔斯和克拉夫茨（Mills and Crafts，1996b）拟合了一个分段的二次趋势，对 1700—1913 年英国工业产值（的对数）进行了三次趋势突变：

$$x_t = \beta_0 + \beta_1 t + \beta_2 t^2 + \sum_{i=1}^{3} \theta_i D_{it}^{(2)} + u_t \tag{2.7}$$

其中，

$$D_{it}^{(2)} \begin{cases} (t - T_i)^2 & t > T_i \\ 0 & t \leqslant T_i \end{cases}$$

其中突变选定在 1776 年、1834 年和 1874 年。

作为分段趋势模型的示例，图 2.1 为 1855—2010 年英国人均国内生产总值的对数曲线，以及在该对数上叠加了 1918 年和 1920 年两次突变的分段线性趋势。拟合的模型如下：

$$x_t = \underset{(0.018\,4)}{0.701\,6} + \underset{(0.000\,6)}{0.009\,6}\,t - \underset{(0.023\,9)}{0.097\,5}\,D_{1t} + \underset{(0.024\,3)}{0.106\,8}\,D_{2t} + \hat{u}_t \qquad R^2 = 0.992\,7 \tag{2.8}$$

括号中的数字是异方差性和自相关校正的标准误差，这是一个重要的附加条件，因为估计周期 $\hat{u}_t$ 无疑是序列相关的。1919 年之前的年增长率估计为 0.96%，而在 1920 年以后，年增长率估计值为 $0.009\,6 - 0.097\,5 + 0.106\,8 = 1.89\%$，同时，1919 年和 1920 年的国内生产总值下降幅度约为 15%。

1563

例如，在拟合等式 2.6 的模型时，可以检验各种假设。最后一次突变结束后，模型将变为：

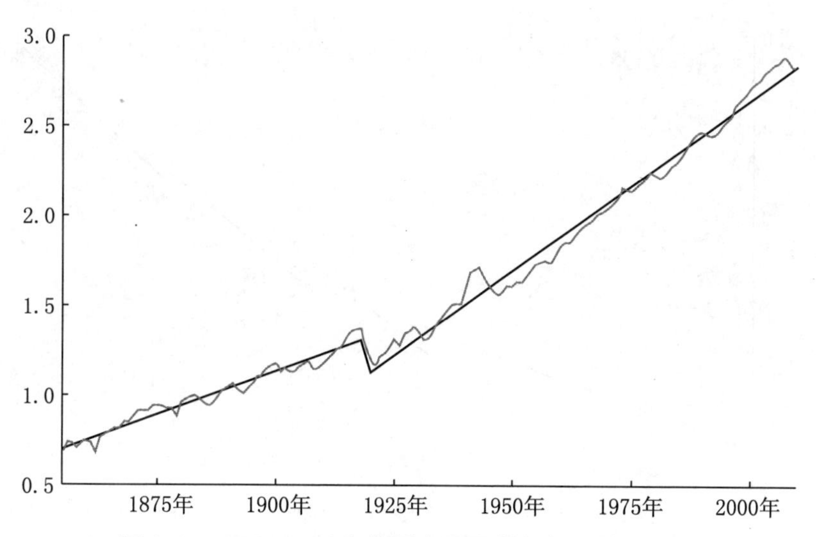

图 2.1　1855—2010 年英国人均国内生产总值的对数，拟合的线性趋势在 1918 年和 1920 年出现突变

$$x_t = \alpha + \beta t + \sum_{i=2}^{m} \theta_i (t - T_i) + u_t \tag{2.9}$$

也可以写作：

$$x_t = \alpha + \beta t + (\sum_{i=2}^{m} \theta_i) t - \sum_{i=2}^{m} \theta_i T_i + u_t \tag{2.10}$$

如果 $\sum \theta_i = 0$ 且 $\sum \theta_i T_i = 0$，则 T_m 处的最终突变后，x_t 的时间路径将与从 T_1 处推断的路径相同。米尔斯和克拉夫茨(Mills and Crafts, 1996)将其称为“杰诺西假说”，因为杰诺西(Janossy, 1969)认为，当世界大战和随后的重建带来的振荡消失后，增长也将恢复到历史上的正常路径。如果这些限制中只有第一个保持不变，则增长将返回其原始速度(即 T_1+1 之前的速度)，这样，T_m 之后 x_t 的路径将与从 T_1 处推断的路径相似(克拉夫茨和米尔斯称之为“修正的杰诺西假设”)。假设 $\theta_1+\theta_2=0$ 在等式 2.8 中被明确拒绝，则两条杰诺西假设都不适用于英国，如图 2.1 所示。

当然，由于等式 2.8 中的突变点是事先选定的，因此可能会存在主观偏差，而且趋势中可能会有两个以上的突变。

米尔斯和克拉夫茨(Mills and Crafts, 1996b)通过选择突变最可能出现的时间范围，然后使用基于替代的突变日期组合的回归拟合作为拟合优度　1564

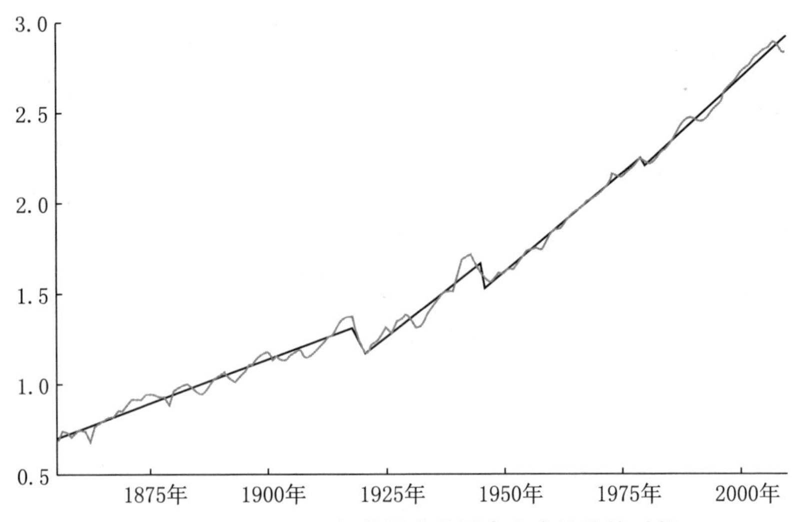

图 2.2　1855—2010 年英国人均国内生产总值的对数，拟合的线性趋势在 1918 年、1946 年和 1979 年出现突变

标准，在等式 2.7 中“内生地”选择三个突变日期。自那以后，如何在此类模型中选择突变点这一课题一直引起人们的广泛关注和研究，现在有多种方法可以确定趋势突变点的数量和日期。（若要对这一领域进行详细调查，则主要参考文献包括 Bai，1997；Bai and Perron，1998，2003a，2003b；Perron，2006）。

图 2.2 显示了符合英国人均国内生产总值的突变线性趋势，其中包含 1919 年、1945 年和 1979 年的三个突变，其数目和年代由现有的几个程序内生确定。拟合的模型如下：

$$x_t = \underset{(0.0095)}{0.7039} + \underset{(0.0006)}{0.0095}\,t - \underset{(0.1311)}{0.2112}\,d_{1t} - \underset{(0.0538)}{0.4353}\,d_{2t} - \underset{(0.1158)}{0.7703}\,d_{3t}$$

$$+ \underset{(0.0017)}{0.0210}\,td_{1t} + \underset{(0.0005)}{0.0216}\,td_{2t} + \underset{(0.0008)}{0.0239}\,td_{3t} + \hat{u}_t \qquad R^2 = 0.9967$$

1920 年前的趋势增长率为 0.95%，1920 年至 1945 年为 2.10%，1946 年至 1979 年为 2.16%，1980 年以后为 2.39%。在这里，杰诺西假设为 $\gamma_3 = \delta_3 = 0$ 和 $\delta_3 = 0$，两者都被明确拒绝了。然而，假设检验 $\delta_1 = \delta_2$ 是不显著的（边际水平 0.74），因此可以接受趋势增长在 1920 年至 1979 年期间保持不变这一假设。

图 2.3 显示了从分段趋势模型中通过残差获得的“周期”，它有一个有趣

的特征：尽管它可以充分建模为二阶自回归模型，但 $\psi_t = 1.060\psi_{t-1}$，$t =$ $1.060\psi_{t-1} - 0.220\psi_{t-2} + e_t$，该自回归的平方根 0.78 和 0.28 都是真实的，因此不存在真实的“周期性”行为（就平均周期可以计算的意义而言）。 1565

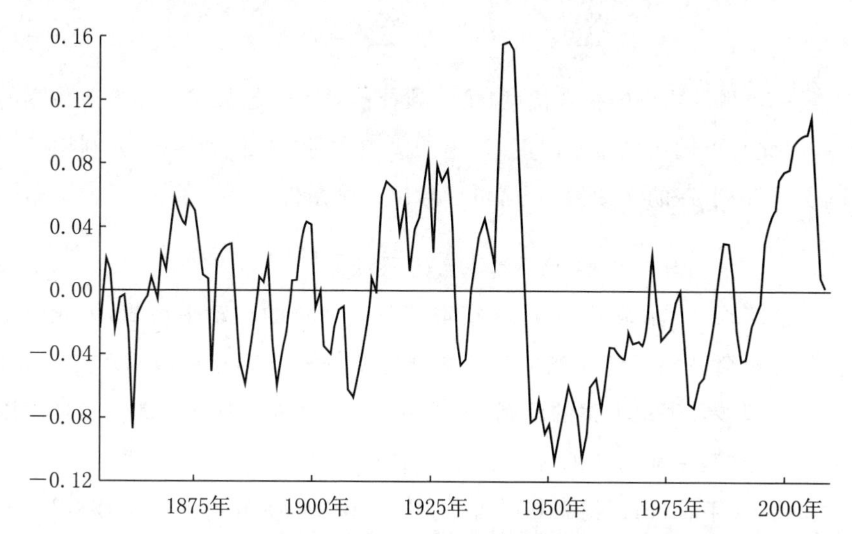

图 2.3　通过分段趋势模型中的残差获得的英国 1855—2010 年人均国内生产总值的周期分量

所有的突变分段趋势模型均有如下假设，即由等式 2.5、等式 2.6 和等式 2.7 中的回归误差 u_t 得出的周期分量 ψ_t 是平稳的，因此也不包含单位根。因此，在模型可以被接受之前，我们需要对存在突变趋势的单位根进行检验。近期，时间序列计量经济学的这一领域引起了很多研究者的关注，金和佩龙（Kim and Perron，2009）以及哈里斯等人（Harris et al.，2009）是这一领域的杰出贡献者，但这不是本章考虑的主题。

提取趋势和周期的滤波器

对使用预选跨度的未加权移动平均法来提取趋势的不满最终导致学者们开始使用更灵活的移动平均法——它们的发展可以追溯到莱塞（Leser，1961），而较早的原型在 20 世纪 20 年代就已被提出（参见 Mills，2011：

Chap.10)。

莱塞(Leser, 1961)考虑了加法分解等式 2.1,并使用惩罚最小二乘法原理,根据 μ_t, $t=1, 2, \cdots, T$,将拟合指标最小化:

$$\sum_{t=1}^{T}(x_t-\mu_t)^2+\lambda\sum_{t=3}^{T}(\Delta^2\mu_t)^2 \tag{2.11}$$

1566 第一项测量趋势的拟合优度,第二项补偿第二个趋势差异的方差与零的偏差,因此它可用于度量平滑度,这里的 λ 被称为“平滑度参数”。利用等式 2.11 关于序列 μ_t 的连续偏微分,可以导出一阶条件:

$$\Delta^2\mu_{t+2}-2\Delta^2\mu_{t+1}+\Delta^2\mu_t=(\lambda-1)(x_t-\mu_t)$$

给定 T 和 λ, μ_t 将成为 x_t 的权重随时间变化的移动平均值,因此样本在极值处不会丢失任何观测值。莱塞创造了一种计算这些权重的方法,并提供了许多涉及解决方案的示例,不过不得不说,其中细节非常烦琐且难以理解,这不可避免地削弱了这篇论文在当时的影响。

大约 20 年后,霍德里克和普雷斯科特(Hodrick and Prescott, 1997)对等式 2.11 使用了非常不同的求解方法。他们将等式 2.11 以 $(\boldsymbol{x}-\boldsymbol{\mu})'(\boldsymbol{x}-\boldsymbol{\mu})+\lambda\boldsymbol{\mu}'\boldsymbol{D}^{2\prime}\boldsymbol{D}^2\boldsymbol{\mu}$ 的矩阵形式表示,其中 $\boldsymbol{x}=(x_1, \cdots, x_T)'$, $\boldsymbol{\mu}=(\mu_1, \cdots, \mu_T)'$, $\boldsymbol{D}$ 是 $T\times T$“第一差分”矩阵,元素 $d_{t,t}=1$, $d_{t-1,t}=-1$,其他元素为零,因此 $\boldsymbol{D}_{\boldsymbol{\mu}}=(\mu_2-\mu_1, \cdots, \mu_T-\mu_{T-1})'$,那么关于 $\boldsymbol{\mu}$ 的微分的一阶条件可以写为:

$$\boldsymbol{\mu}=(\boldsymbol{I}+\lambda\boldsymbol{D}^{2\prime}\boldsymbol{D}^2)^{-1}\boldsymbol{x} \tag{2.12}$$

逆矩阵的行包含 H-P 滤波器权重,用于估计每个 t 处的趋势 μ_t。当从年度序列中提取趋势时,通常建议设置 $\lambda=100$,其他选择在例如拉文和乌利希(Ravn and Uhlig, 2002)以及马拉韦尔和德尔里奥(Maravall and del Rio, 2007)的论文中也有讨论。

在滤波器术语中,等式 2.12 的 H-P 滤波器是低通滤波器(low-pass filter)。为了理解这个概念,我们需要使用过滤理论中的一些基本概念。将观测序列 x_t 的线性滤波器(linear filter)定义为双侧加权移动平均值。

$$\begin{aligned} y_t &= \sum_{j=-n}^{n}a_jx_{t-j} = (a_{-n}B^{-n}+a_{-n+1}B^{-n+1}+\cdots+a_0+\cdots+a_nB^n)x_t \\ &= a(B)x_t \end{aligned}$$

前人们通常对滤波器 $a(B)$ 施加两个条件：(1)滤波器权重，要么(a)和为 0，且 $a(1)=0$，要么(b)和为单位 1，且 $a(1)=1$；(2)这些权重是对称的，即 $a_j=a_{-j}$。如果条件 1a 成立，则 $a(B)$ 是一个“趋势消除”滤波器，而如果条件 1b 成立，则它将是“趋势提取”滤波器。如果前者成立，则 $b(B)=1-a(B)$ 将是相应的趋势提取滤波器，除了中心值 $b_0=1-a_0$ 因而确保 $b(B)=1$ 外，它的权重与趋势消除滤波器 $a(B)$ 相同，但符号相反。

对于频率 $0\leqslant\omega\leqslant 2\pi$，滤波器的频率响应函数(frequency response 1567 function)应定义为 $a(\omega)=\sum_j e^{-i\omega j}$。功率传递函数(power transfer function)应定义为：

$$|a(\omega)|^2=(\sum_j a_j\cos\omega j)^2+(\sum_j a_j\sin\omega j)^2$$

增益(gain)定义为 $|a(\omega)|$，测量 x_t 的 ω 频率分量的振幅通过滤波操作改变的程度。一般来说，$a(\omega)=|a(\omega)|e^{-i\theta(\omega)}$，其中，

$$\theta(\omega)=\tan^{-1}\frac{\sum_j a_j\sin\omega j}{\sum_j a_j\cos\omega j}$$

θ 是相移(phase shift)，表示 x_t 的 ω 频率分量随时间变化发生位移的程度。如果滤波器确实是对称的，即 $a(\omega)=a(-\omega)$，则有 $a(\omega)=a|(\omega)|$ 且 $\theta(\omega)=0$，称为“相位中性”。

按照这些概念，“理想的”低通滤波器应具有如下频率响应函数：

$$a_{\mathrm{L}}(\omega)=\begin{cases}1, & \omega<\omega_c\\ 0, & \omega>\omega_c\end{cases}\tag{2.13}$$

因此，$a_{\mathrm{L}}(\omega)$ 仅通过低于截止频率 ω_c 的频率，保留 x_t 的慢速低频分量。低通滤波器也是相位中性的，以免滤波引起时间偏移。理想的低通滤波器将采用以下形式：

$$a_{\mathrm{L}}(B)=\frac{\omega_c}{\pi}+\sum_{j=1}^{\infty}\frac{\sin\omega_c j}{\pi j}(B^j+B^{-j})$$

实际上，低通滤波器在等式 2.13 的 $a_{\mathrm{L}}(\omega)$ 中不会具有完美的“跳跃”。H-P 趋势提取滤波器，即提供趋势分量 $\hat{\mu}_t=a_{\mathrm{H\text{-}P}}(B)x_t$ 的估计值的滤波器

(其中权重由等式 2.12 得出)的频率响应函数如下：

$$a_{\text{H-P}}(\omega)=\frac{1}{1+4\lambda(1-\cos\omega)^{2}} \tag{2.14}$$

而 H-P 趋势消除滤波器可提供周期估计 $\hat{\psi}_t=b_{\text{H-P}}(B)x_t=(1-a_{\text{H-P}}(B))x_t$，其频率响应函数为：

$$b_{\text{H-P}}(\omega)=1-a_{\text{H-P}}(\omega)=\frac{4\lambda(1-\cos\omega)^{2}}{1+4\lambda(1-\cos\omega)^{2}}$$

1568 除了将平滑参数设置为诸如 $\lambda=100$ 的先验值之外，还可以将其设置为使增益 $|a(\omega)|$ 等于 0.5 的值，也就是使与趋势最相关的频率和与周期最相关的频率分开的值。由于 H-P 权重确实是对称的，因此增益可由等式 2.14 得出。故而将其赋值为 0.5 会得到 $\lambda=1/4(1-\cos\omega_{0.5})^{2}$，其中 $\omega_{0.5}$ 是增益为 0.5 的频率(想了解有关此做法的更多信息，请参见 Kaiser and Maravall，2005)。

理想的低通滤波器可以在保留低频分量的同时去除高频分量，而高通滤波器(high-pass filter)的作用与此恰好相反。因此与等式 2.13 互补的高通滤波器应满足：如果 $\omega<\omega_c$，则有 $a_{\text{H}}(\omega)=0$；如果 $\omega\geqslant\omega_c$，则 $a_{\text{H}}(\omega)=1$。理想的带通滤波器(band-pass filter)仅通过 $\omega_{c,1}\leqslant\omega\leqslant\omega_{c,2}$ 范围内的频率，因此可以将其构造为两个截止频率为 $\omega_{c,1}$ 和 $\omega_{c,2}$ 的低通滤波器之差，此时其频率响应函数为 $a_{\text{B}}(\omega)=a_{c,2}(\omega)-a_{c,1}(\omega)$，其中 $a_{c,2}(\omega)$ 和 $a_{c,1}(\omega)$ 是两个低通滤波器的频率响应函数，这将使频率响应在频带 $\omega_{c,1}\leqslant\omega\leqslant\omega_{c,2}$ 中为单位 1，而在其他地方为 0。因此，带通滤波器的权重将由 $a_{c,2,j}-a_{c,1,j}$ 给出，其中 $a_{c,2,j}$ 和 $a_{c,1,j}$ 分别为两个低通滤波器的权重，因此：

$$a_{\text{B}}(B)=\frac{\omega_{c,2}-\omega_{c,1}}{\pi}+\sum_{j=1}^{\infty}\frac{\sin\omega_{c,2}j-\sin\omega_{c,1}j}{\pi j}(B^{j}+B^{-j}) \tag{2.15}$$

商业周期的传统定义强调波动在 1.5 年至 8 年之间(参见 Baxter and King，1999)，故而 $\omega_{c,1}=2\pi/8=\pi/4$，$\omega_{c,2}=2\pi/1.5=4\pi/3$。因此，仅通过这些周期频率的带通滤波器为 $y_t=a_{B,n}(B)x_t$，其权重如下：

$$a_{B,0}=a_{c,2,0}-a_{c,1,0}=\frac{4}{3}-\frac{1}{4}-(\zeta_{c,2,n}-\zeta_{c,1,n}) \tag{2.16}$$

$$a_{B,j}=a_{c,2,j}-a_{c,1,j}=\frac{1}{\pi j}\left(\sin\frac{4\pi j}{3}-\sin\frac{\pi j}{4}\right)-(\zeta_{c,2,n}-\zeta_{c,1,n})\qquad j=1,\cdots,n$$

其中，

$$\zeta_{c,i,n}=-\frac{\sum_{j=-n}^{n}a_{c,i,n}}{2n+1}\qquad i=1,2$$

等式2.15中的无限长滤波器已被截断为仅具有 n 个超前和滞后的滤波器，并且 $\zeta_{c,i,n}$ 项的出现确保滤波器权重总和为0，因此 $a_{B,n}(B)$ 是趋势消除(即周期)滤波器。等式2.16中的滤波器被称为“巴克斯特-金(Baxter-King，B-K)滤波器”，克里斯蒂亚诺和菲茨杰拉德(Christiano and Fitzgerald，2003)对此作了进一步扩展。

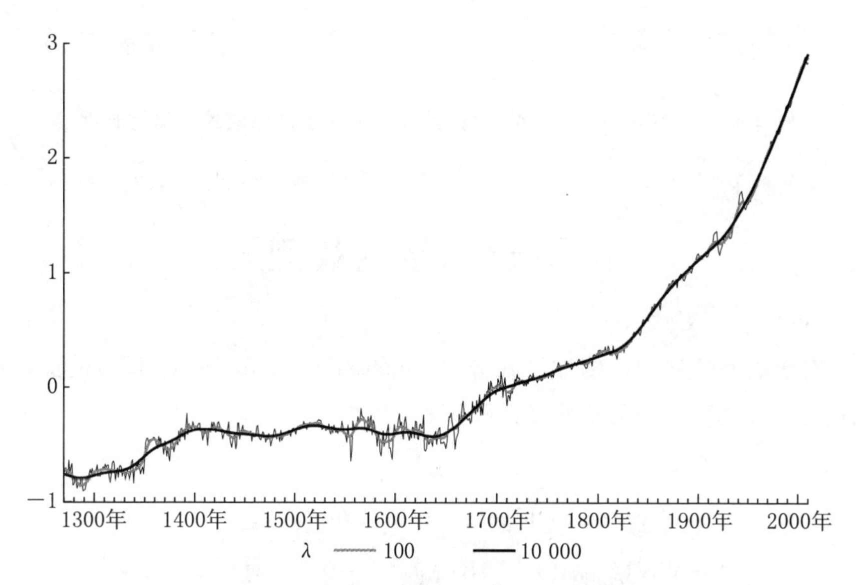

图2.4　1270—2010年英国人均国内生产总值的对数，H-P趋势为λ=100，λ=10 000

图2.4显示了1270—2010年英国人均国内生产总值的对数。该序列上叠加了λ=100和λ=10 000时的H-P趋势。图2.5显示了这两个H-P变体的趋势增长率。平滑参数λ的值越大，趋势越平滑，这在增长率中表现得尤为明显，其中λ较大的值会比“传统”选择λ=100拥有更稳定的增长率，因

1569

此可能更合适用于检查较长历史时间段内的趋势增长。

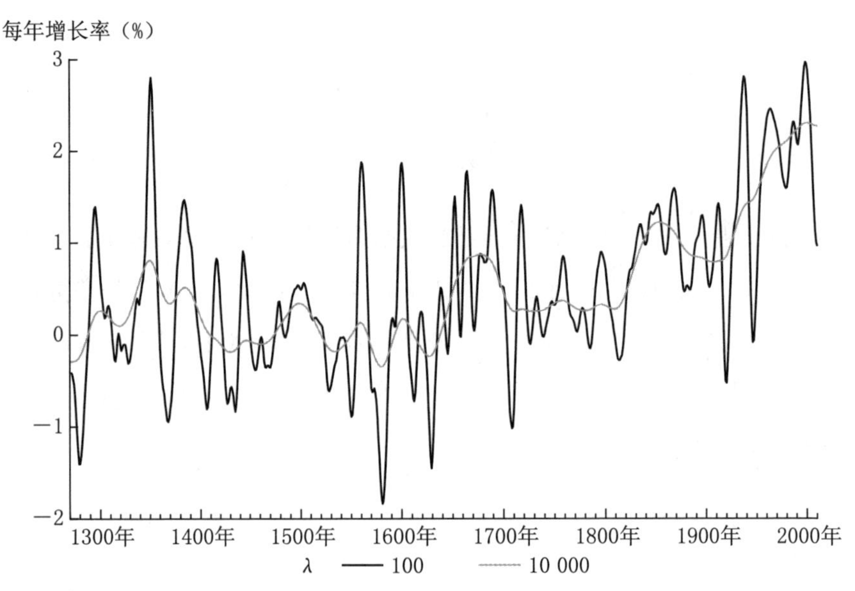

图 2.5　λ=100，λ=10 000 时英国人均国内生产总值的趋势增长率

滤波器和结构模型

对于以下类型的结构性潜在分量(unobserved component，UC)模型，可以证明下述几种常用的滤波器是最佳的：

$$x_t=\mu_t+\psi_t$$

$$\Delta^m\mu_t=(1+B)^r\xi_t \qquad \xi_t\sim WN(0,\ \sigma_\xi^2)$$

$$\psi_t\sim WN(0,\ \lambda\sigma_\xi^2) \qquad E(\xi_t\psi_{t-j})=0 \qquad \text{对于所有 } j$$

在这里，符号 $y_t\sim WN(0,\ \sigma_y^2)$ 被解释为表示变量 y_t 是具有零均值和方差 σ_y^2 的白噪声序列(即独立同分布)。对于(双)无限样本，变量的最小均方误差(minimum mean square error，MMSE)估计是 $\hat{\mu}_t=a_\mu(B)x_t$，$\hat{\psi}_t=x_t-\hat{\mu}_t=(1-a_\mu(B))x_t=a_\psi(B)x_t$，其中，

$$a_\mu(B)=\frac{(1+B)^r}{(1+B)^r+(1-B)^m}$$

且

$$|a_{\mu}(B)|=\frac{|1+B|^{2r}}{|1+B|^{2r}+\lambda|1-B|^{2m}} \quad (2.17)$$

使用标记$|\alpha(B)|=\alpha(B)\alpha(B^{-1})$。该结果应用了威纳-科尔莫戈罗夫(Wiener-Kolmogorov)过滤理论，其推论可以在普罗耶蒂的论述(Proietti, 2009a)中找到。因此，该滤波器由趋势的积分阶数m定义，m可以通过参数r(尼奎斯特频率下的单位极点数可以调节$\Delta^m\mu_t$的平滑度)以及测量噪声分量相对方差的参数λ来调节滤波器的灵活性。

当$m=2$且$r=0$时，可以得到H-P滤波器，因此$\Delta^2\mu_t=\xi_t$。如果$m=1$且$r=0$，则$\Delta\mu_t=\xi_t$，且滤波器与具有平滑参数$((1+2\lambda)+\sqrt{1+4\lambda})/2\lambda$的两侧指数加权移动平均值相对应(令人想起Cox, 1961)。如果$r=0$，则设置m为任何值都会定义一个巴特沃思(Butterworth)滤波器；同样，设置$m=r$也将定义一个巴特沃思方波(square-wave)滤波器(Gómez, 2001)。设定$m=r=1$和$\lambda=1$会得到多分辨率哈尔(Haar)缩放和子波(wavelet)滤波器(Percival and Walden, 1999)。

1571

根据等式2.17，通过选择使增益为0.5的截止频率(如上所述)，我们可以确定平滑参数为：

$$\lambda=2^{r-m}\frac{(1+\cos\omega_{0.5})^r}{(1-\cos\omega_{0.5})^m}$$

在本部分和上一部分中讨论的模型和技术的详细发展可以在波洛克(Pollock, 2009)和普罗耶蒂(Proietti, 2009a)的论述中找到。

基于模型的滤波器

上一部分充满了假设，还说明了观测序列是按照如下形式产生的：

$$\Delta^m x_t=(1+B)^r\zeta_t+(1-B)^m\psi_t=\theta_q(B)a_t$$

即一个受严格限制的ARIMA(0, m, q)过程，其中$\theta_q(B)=1-\theta_1 B-{}_q(B)$

$=1-\theta_1 B-\cdots-\theta_q B^q$，且 $q=\max(r, m)$（为简化表示法，将适当删除表示多项式阶数的下标 q）。一个限制性较小的方法是假设观测到的序列具有差分整合移动平均自回归模型（p, d, q）表示：

$$\phi_p(B)(\Delta^d x_t-c)=\theta_q(B)a_t \qquad a_t \sim WN(0, \sigma_a^2)$$

其中 $\phi_p(B)$ 具有 p 个固定根，$\theta_q(B)$ 是可逆的，我们可以从该表示中导出具有所需属性的滤波器。这是通过将 a_t 分解为两个正交平稳过程来实现的（有关技术的详细信息，请参见 Proietti，2009a，2009b）。

$$a_t=\frac{(1+B)^r\zeta_t+(1-B)^m\kappa_t}{\phi_{q^*}(B)} \tag{2.18}$$

其中 $q^*=\max(r, m)$，$\zeta_t \sim WN(0, \sigma_a^2)$，$\kappa_t \sim WN(0, \lambda\sigma_a^2)$，并且

$$|\phi_{q^*}(B)|^2=|1+B|^{2r}+\lambda|1-B|^{2m} \tag{2.19}$$

给定等式 2.18 和 2.19，则正交趋势周期分解 $x_t=\mu_t+\psi_t$ 可以定义为：

1572

$$\phi(B)\varphi(B)(\Delta^d\mu_t-c)=(1+B)^r\theta(B)\zeta_t \tag{2.20}$$

$$\phi(B)\varphi(B)\psi_t=\Delta^{m-d}\theta(B)\kappa_t$$

趋势或低通分量的积分阶数与 x_t 相同，与 m 无关，而只要 $m \geqslant d$，周期或高通分量就是平稳的。趋势和周期的最小均方误差估计值由等式 2.17 给出。带通滤波器可以通过分解等式 2.20 中的低通分量构成（参见 Proietti，2009a）。

H-P 滤波器和 B-K 滤波器通常被认为是临时的，在这个意义上，它们与实际生成 x_t 的过程无关。这样就导致了潜在的风险——此类滤波器可能会产生周期分量，并显示出所观测序列中不存在的周期性特征，这就是斯卢茨基-尤尔（Slutsky-Yule）效应。已经有充分的文献证明，当将 H-P 滤波器应用于显然不包含任何周期模式的随机游走时，去趋势的序列仍然可以显示虚假的周期行为。基于 ARIMA 模型的过滤器旨在克服这些局限性。

结构趋势和周期

趋势和周期建模的另一种方法是采用 UC 分解 $x_t=\mu_t+\psi_t$，并为分量假

设特定模型。结构模型构建的最通用方法是由哈维和特里博(Harvey and Trimbur, 2003)、特里博(Trimbur, 2006)以及哈维等人(Harvey et al., 2007)提出的方法。他们考虑了UC的分解:

$$x_t = \mu_{m,t} + \psi_{n,t}$$

这里假定分量互不相关。趋势分量定义为 m 阶随机趋势:

$$\mu_{1,t} = \mu_{1,t-1} + \zeta_t \qquad \zeta_t \sim WN(0, \sigma_\zeta^2)$$

$$\mu_{i,t} = \mu_{i,t-1} + \mu_{i-1,t} \qquad i = 2, \cdots, m$$

请注意,重复替换会产生 $\Delta^m \mu_{m,t} = \zeta_t$。因此,当 $m=1$ 时,得到随机游走趋势;当 $m=2$ 时,得到具有 $\mu_{1,t}$ 斜率的综合随机游走或"平滑趋势"。

分量 $\psi_{n,t}$ 是 n 阶随机周期,如果 $n>0$,则

$$\begin{bmatrix} \psi_{1,t} \\ \psi_{1,t}^* \end{bmatrix} = \rho \begin{bmatrix} \cos\tilde{\omega} & \sin\tilde{\omega} \\ -\sin\tilde{\omega} & \cos\tilde{\omega} \end{bmatrix} \begin{bmatrix} \psi_{i,t-1} \\ \psi_{i,t-1}^* \end{bmatrix} + \begin{bmatrix} \kappa_t \\ 0 \end{bmatrix} \qquad \kappa_t \sim WN(0, \sigma_\kappa^2) \quad (2.21)$$

$$\begin{bmatrix} \psi_{1,t} \\ \psi_{1,t}^* \end{bmatrix} = \rho \begin{bmatrix} \cos\tilde{\omega} & \sin\tilde{\omega} \\ -\sin\tilde{\omega} & \cos\tilde{\omega} \end{bmatrix} \begin{bmatrix} \psi_{i,t-1} \\ \psi_{i,t-1}^* \end{bmatrix} + \begin{bmatrix} \psi_{i-1,t} \\ 0 \end{bmatrix} \qquad i = 2, \cdots, n$$

这里的 $0 \leqslant \tilde{\omega} \leqslant \pi$ 是周期的频率,$0 < \rho \leqslant 1$ 是阻尼因子。周期的简化形式表示为:

$$(1 - 2\rho\cos\tilde{\omega}B + \rho^2 B^2)^n \psi_{n,t} = (1 - \rho\cos\tilde{\omega}B)^n \kappa_t$$

哈维和特里博(Harvey and Trimbur, 2003)指出,随着 m 和 n 的增加,趋势和周期的最佳估计分别接近理想的低通滤波器和带通滤波器。定义"信噪比"方差比 $q_\zeta = \sigma_\zeta^2 / \sigma_\varepsilon^2$ 和 $q_\kappa = \delta_\kappa^2 / \delta_\varepsilon^2$,低通滤波器($m \times n$ 阶)为:

$$\hat{\mu}_t(m, n) = \frac{q_\zeta / |1-B|^{2m}}{q_\zeta / |1-B|^{2m} + q_k |c(B)|^n + 1}$$

其中,$c(B) = (1 - \rho\cos\tilde{\omega}B) / (1 - 2\rho\cos\tilde{\omega}B + \rho^2 B^2)$。对应的带通滤波器是:

$$\hat{\psi}_t(m, n) = \frac{q_k |c(B)|^n}{q_\zeta / |1-B|^{2m} + q_k |c(B)|^n + 1}$$

哈维和特里博(Harvey and Trimbur, 2003)讨论了该通用模型的许多特

性。他们注意到，将 n 阶的带通滤波器应用于已被 m 阶低通滤波器去趋势化的序列，将无法获得与应用 $m\times n$ 阶广义滤波器相同的结果，这是因为联合指定的模型使趋势和周期能够被相互一致的滤波器提取。将高阶趋势与固定阶带通滤波器配合使用，可以消除周期中的较低频率。然而，设置 $m>2$ 会使趋势对短期运动的响应大于预期，这可能会被视为该模型在历史应用中的一个特殊缺陷。

用与 κ_t 不相关的白噪声替换等式 2.21 右侧的零分量以产生一个平衡周期（balanced cycle），其统计特性在特里博（Trimbur, 2006）的论述中得以说明。例如，对于 $n=2$，周期的方差为：

$$\sigma_{\psi}^{2}=\frac{1+\rho^{2}}{(1-\rho^{2})^{3}}\sigma_{\kappa}^{2}$$

与一阶情况下的 $\sigma_{\kappa}^{2}/(1-\rho^{2})$ 相反，其自相关函数为：

1574

$$\rho_{2}(\tau)=\rho^{\tau}\cos\tilde{\omega}\tau\left(1+\frac{1-\rho^{2}}{1+\rho^{2}}\tau\right)\qquad \tau=0,\ 1,\ 2,\ \cdots$$

与 $\rho_{1}(\tau)=\rho^{\tau}\cos\tilde{\omega}\tau$ 不同。哈维和特里博偏爱平衡形式，因为它似乎更适合应用于实证研究，并且与等式 2.21 相比具有计算优势。

特里博（Trimbur, 2006）表明，一个 n 阶随机周期可以通过 ARMA$(2n, 2n-1)$ 表示，其中 AR 多项式具有 n 对根，每对根由复共轭对 $\rho^{-1}\exp(\pm i\tilde{\omega})$ 给出。

如果周期分量不具有这种“周期性”行为的特征，则可以用简单的 AR(1) 或 AR(2) 过程来代替规范等式 2.21。最终，$m=2$ 且具有 AR(1) 周期的模型是描述 1270—2010 年英国人均国内生产总值的最佳结构模型：

$$x_t=\mu_{2,t}+\psi_t$$

$$\mu_{2,t}=\mu_{2,t-1}+\mu_{1,t}=\mu_{2,t-1}+\mu_{1,t-1}+\zeta_t\qquad \hat{\sigma}_{\zeta}^{2}=0.000\,58$$

$$\psi_t=0.396\psi_{t-1}+e_t\qquad \hat{\sigma}_{e}^{2}=0.002\,41$$

由该模型得到的趋势增长，以及由 $\lambda=10\,000$ 的 H-P 滤波器计算得到的趋势增长如图 2.6 所示。后者被视为前者的平滑版本，前者由于波动性过大而无法作为“长期”趋势增长的可行估计。

具有相关分量的模型

迄今为止介绍的所有模型都是确定性假设，即所有分量残差互不相关，因此分量都是正交的。该假设可以放宽，例如，莫利等人（Morley et al.，2003）讨论了与残差相关的 UC 模型 $x_t=\mu_t+\psi_t$：

$$\mu_t=\mu_{t-1}+c+\zeta_t \qquad \zeta_t \sim WN(0,\ \sigma_\zeta^2) \tag{2.22}$$
$$\psi_t=\phi_1\psi_{t-1}+\phi_2\psi_{t-2}+\kappa_t \qquad \kappa_t \sim WN(0,\ \sigma_\kappa^2)$$

其中，$\sigma_{\zeta_t}=E(\zeta_t\kappa_t)=r\delta_\zeta\delta_\kappa$，因此 r 是冲击之间的同时相关性。等式 2.22 的简化形式是 ARIMA(2，1，2)过程：

$$(1-\phi_1B-\phi_2B^2)(\Delta x_t-c)=(1-\theta_1B-\theta_2B^2)a_t \tag{2.23}$$

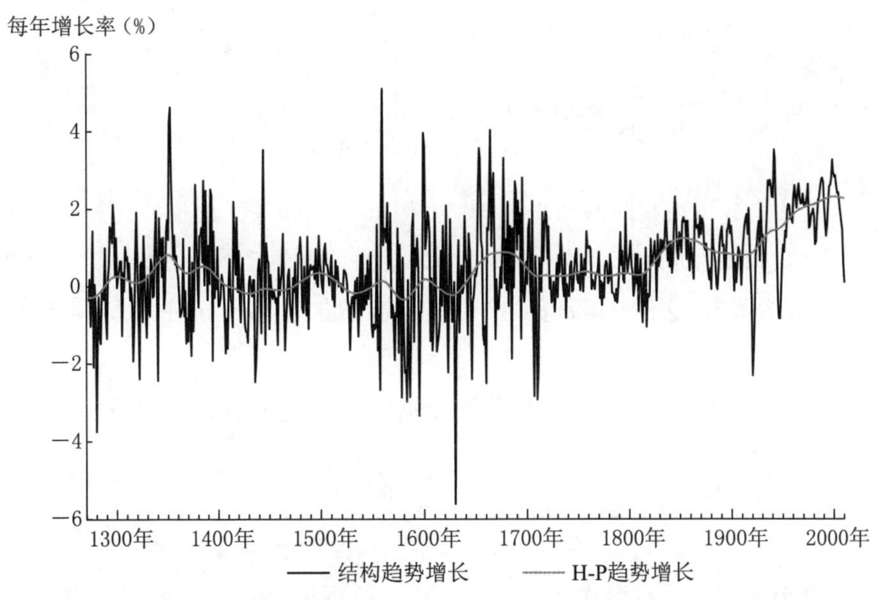

图 2.6　根据结构模型计算得出的 1270—2010 年英国人均国内生产总值的趋势增长与 H-P 趋势增长的对比

莫利等人的研究（Morley et al.，2003）表明，结构形式是完全确定的，因此可以估计冲击之间的相关性，并检验正交假设 $\sigma_{\zeta\kappa}=0$。 1575

相关模型将 ARIMA(p, 1, q)过程 $\phi(B)(\Delta x_t - c) = \theta(B) a_t$ 分解为随机游走趋势：

$$\mu_t = \mu_{t-1} + c + \frac{\theta(1)}{\phi(1)} a_t = \frac{\theta(1)}{\phi(1)} \frac{\theta(B)}{\phi(B)} x_t$$

和周期（或暂时的）分量：

$$\psi_t = \frac{\phi(1)\theta(B) - \theta(1)\phi(B)}{\phi(1)\phi(B)\Delta} a_t = \frac{\phi(1)\theta(B) - \theta(1)\phi(B)}{\phi(1)\phi(B)} x_t$$

它具有固定的 ARMA(p, max(p, q)−1)表示。因此，对于 ARIMA(2, 1, 2)过程（等式 2.23），随机游走趋势为：

$$\mu_t = \mu_{t-1} + c + \left(\frac{1-\theta_1-\theta_2}{1-\phi_1-\phi_2}\right) a_t$$

而 ARMA(2, 1)周期为：

1576

$$(1-\phi_1 B - \phi_2 B^2)\psi_t = (1+\vartheta B)\left(\frac{\theta_1+\theta_2-(\phi_1+\phi_2)}{1-\phi_1-\phi_2}\right) a_t$$

$$\vartheta = \frac{\phi_2(1-\theta_1-\theta_2)+\theta_2(1-\phi_1-\phi_2)}{\theta_1+\theta_2-(\phi_1+\phi_2)}$$

这两个分量由相同的冲击 a_t 驱动，因此完全相关。此相关性是正相关性还是负相关性取决于持久性 $\theta(1)/\phi(1)$：如果持久性小于（大于）1，则相关性为正（为负）。这种分解被称为“贝弗里奇-纳尔逊(Beveridge-Nelson, B-N)分解”(Beveridge and Nelson, 1981)。

下面的 ARIMA(1, 1, 2)模型充分拟合英国人均国内生产总值数据：

$$\Delta x_t = \underset{(0.114)}{0.486} + \frac{(1-\underset{(0.037)}{0.277}B^2)}{(1-\underset{(0.037)}{0.303}B)} a_t$$

由于 $p=1$，结构形式 2.22 不再确定，但可以获得 B-N 分解。当 $\phi_1 = -0.303$，$\theta_2 = 0.277$ 且 $\phi_2 = \theta_1 = 0$ 时，B-N 随机游走趋势为：

$$\mu_t = \mu_{t-1} + 0.486 + 0.554 a_t$$

且 ARMA(1, 1)周期为：

$$(1+0.303B)\psi_t=(1+0.622B)(0.446a_t)$$

普罗耶蒂和哈维(Proietti and Harvey, 2000)将B-N“平滑”定义为：

$$\mu_t^{B-N}=\left[\frac{\theta(1)}{\phi(1)}\right]^2\frac{\phi(B)\phi(B^{-1})}{\theta(B)\theta(B^{-1})}x_t$$

即一个权重总和为单位1的对称的双侧滤波器。其模型为：

$$\mu_t^{B-N}=0.307\frac{(1+0.303B)(1+0.303B^{-1})}{(1-0.277B^2)(1-0.277B^{-2})}x_t$$

结构模型的多元化扩展

宏观经济序列的联动性是商业周期的关键方面，因此许多滤波器和结构模型都已扩展到多元设置(可参见 Kozicki, 1999)。卡瓦略和哈维(Carvalho and Harvey, 2005)以及卡瓦略等人(Carvalho et al., 2007)引入了多元结构模型。他们假设向量 $\boldsymbol{x}_t=(x_{1t}, \cdots, x_{Nt})'$ 中包含了 N 个时间序列，并且可以将其分解为趋势 $\boldsymbol{\mu}_t$、周期 $\boldsymbol{\psi}_t$ 和随机变动 $\boldsymbol{\varepsilon}_t$，则有向量如下：

1577

$$\boldsymbol{x}_t=\boldsymbol{\mu}_t+\boldsymbol{\psi}_t+\boldsymbol{\varepsilon}_t \qquad \boldsymbol{\varepsilon}_t\sim MWN(\boldsymbol{0}, \boldsymbol{\Sigma}_\varepsilon)$$

其中 $MWN(\boldsymbol{0}, \boldsymbol{\Sigma}_\varepsilon)$ 表示零均值多元白噪声和 $N\times N$ 个正半定协方差矩阵 $\boldsymbol{\Sigma}_\varepsilon$。趋势定义为：

$$\boldsymbol{\mu}_t=\boldsymbol{\mu}_{t-1}+\boldsymbol{\beta}_{t-1}+\boldsymbol{\eta}_t \qquad \boldsymbol{\eta}_t\sim MWN(\boldsymbol{0}, \boldsymbol{\Sigma}_\eta) \tag{2.24}$$

$$\boldsymbol{\beta}_t=\boldsymbol{\beta}_{t-1}+\boldsymbol{\zeta}_t \qquad \boldsymbol{\zeta}_t\sim MWN(\boldsymbol{0}, \boldsymbol{\Sigma}_\zeta)$$

在 $\boldsymbol{\Sigma}_\zeta=\boldsymbol{0}$ 且 $\boldsymbol{\Sigma}_\eta$ 正定的情况下，每个趋势都是具有漂移(drift)的随机游走。另一方面，如果 $\boldsymbol{\Sigma}_\eta=\boldsymbol{0}$ 且 $\boldsymbol{\Sigma}_\zeta$ 是正定的，则趋势是综合随机游走，并且通常比漂移随机游走要平滑得多。

相似周期(similar cycle)模型为：

$$\begin{bmatrix}\boldsymbol{\psi}_t\\ \boldsymbol{\psi}_t^*\end{bmatrix}=\left[\rho\begin{pmatrix}\cos\tilde{\omega} & \sin\tilde{\omega}\\ -\sin\tilde{\omega} & \cos\tilde{\omega}\end{pmatrix}\otimes\mathbf{I}_N\right]\begin{bmatrix}\boldsymbol{\psi}_{t-1}\\ \boldsymbol{\psi}_{t-1}^*\end{bmatrix}+\begin{bmatrix}\boldsymbol{\kappa}_t\\ \boldsymbol{\kappa}_t^*\end{bmatrix}$$

其中，$\boldsymbol{\psi}_t$ 和 $\boldsymbol{\psi}_t^*$ 是 N 向量，$\boldsymbol{\kappa}_t$ 和 $\boldsymbol{\kappa}_t^*$ 是具有互不相关的零均值且具有相同协方差矩阵 $\boldsymbol{\Sigma}_\kappa$ 的多元白噪音 N 向量。由于所有序列的阻尼因子 ρ 和周期频率 $\tilde{\omega}$ 都相同，因此各个周期具有相似的特性，它们以相同的周期为中心并且同时相关，表明 $\boldsymbol{\psi}_t^*$ 的协方差矩阵为：

$$\boldsymbol{\Sigma}_\psi=(1-\rho^2)^{-1}\boldsymbol{\Sigma}_\kappa$$

假设等式 2.24 中 $\boldsymbol{\Sigma}_\zeta=\boldsymbol{0}$。如果 $\boldsymbol{\Sigma}_\eta$ 小于满秩，则该模型将具有共同的趋势。如果 $\boldsymbol{\Sigma}_\eta$ 的秩为 1，则将有单一的共同趋势，并且

$$\boldsymbol{x}_t=\boldsymbol{\theta}\mu_t+\boldsymbol{\alpha}+\boldsymbol{\psi}_t+\boldsymbol{\varepsilon}_t \tag{2.25}$$

其中，共同趋势为：

$$\boldsymbol{\mu}_t=\boldsymbol{\mu}_{t-1}+\boldsymbol{\beta}+\boldsymbol{\eta}_t \qquad \boldsymbol{\mu}_0=\boldsymbol{0} \qquad \boldsymbol{\mu}_t\sim WN(\boldsymbol{0},\ \boldsymbol{\sigma}_\eta^2)$$

$\boldsymbol{\theta}$ 和 $\boldsymbol{\alpha}$ 是常数的 N 向量。如果 $\boldsymbol{\Sigma}_\eta=\boldsymbol{0}$，则模型的共同趋势取决于 $\boldsymbol{\Sigma}_\zeta$ 的秩。当 $\boldsymbol{\Sigma}_\eta$ 的秩小于 N 时，该系列的某些线性组合将是平稳的。当 $\boldsymbol{\Sigma}_\eta$ 的秩等于 1 时，同样可以推出等式 2.25，但需要增加下列条件：

$$\boldsymbol{\mu}_t=\boldsymbol{\mu}_{t-1}+\boldsymbol{\beta}_{t-1} \qquad \boldsymbol{\beta}_t=\boldsymbol{\beta}_{t-1}+\boldsymbol{\zeta}_t \qquad \boldsymbol{\zeta}_t\sim WN(\boldsymbol{0},\ \boldsymbol{\sigma}_\zeta^2)$$

1578

当 $\boldsymbol{\theta}=\boldsymbol{i}$ 时（其中 $\boldsymbol{i}$ 是各维均赋值为 1 的 N 向量），将有平衡增长（balanced growth），并且 $\boldsymbol{x}_t$ 中任何一对序列之间的差都是平稳的。

通过特定分解，捕获公共增长路径的收敛机制可以合并为：

$$\boldsymbol{x}_t=\boldsymbol{\alpha}+\boldsymbol{\mu}_t+\boldsymbol{\psi}_t+\boldsymbol{\varepsilon}_t$$

其中，

$$\boldsymbol{\mu}_t=\boldsymbol{\Phi}\boldsymbol{\mu}_{t-1}+\boldsymbol{\beta}_{t-1} \qquad \boldsymbol{\beta}_t=\boldsymbol{\Phi}\boldsymbol{\beta}_{t-1}+\boldsymbol{\zeta}_t$$

其中，$\boldsymbol{\Phi}=\phi\boldsymbol{I}+(1-\phi)\boldsymbol{i}\bar{\phi}$ 和 $\bar{\phi}$ 是权重的向量。通过这种设置，可以定义一种收敛机制，以便对单个序列和共同趋势之间的差距，以及单个序列和共同趋势的增长率之间的差距进行操作。当 ϕ 小于但接近单位 1 时，收敛分量趋向于非常平滑，并且长期变动和周期会出现明显分离。尽管对每个序列的预测可能会出现暂时性的差异，但它们会收敛于一条公共增长路径。如果 $\phi=1$，则上述序列预测将不会收敛。

还可以考虑合并多元 m 阶趋势和 n 阶周期的扩展，正如多元低通滤波器和带通滤波器所做的。

结构模型估计

本部分介绍的所有结构模型都可以通过以状态空间形式进行重构来估算，因此可以使用卡尔曼滤波算法。它将根据过去的信息生成状态向量的最小均方误差估计及其均方误差矩阵，然后用其构建 $\boldsymbol{x}_t$ 的一步预测器和均方误差矩阵。可以通过预测误差分解来评估模型的似然性，然后使用一组递归方程来获得分量的滤波（实时）估计值和平滑（全样本）估计值。哈维和德罗西（Harvey and De Rossi，2006）以及普罗耶蒂（Proietti，2009a）提供技术细节的便利参考，而结构模型估计和分析的综合软件由 STAMP 软件包提供（请参阅 Koopman et al.，2009）。

跨序列结构突变

尽管“分段趋势模型”部分考虑了单个序列中的突变，但本部分的重点是最近由亨德里和马斯曼（Hendry and Massmann，2007）共同完成的跨时间序列的突变建模，即协突变（co-breaking）模型。他们对协突变的基本定义再次集中在向量 $\boldsymbol{x}_t=(x_{1t}, \cdots, x_{Nt})'$ 上，假设它对 $E(\boldsymbol{x}_0)=\boldsymbol{\beta}_0$ 的初始参数化有无条件期望，其中 $\boldsymbol{\beta}_0$ 仅取决于参数不变的确定性变量。例如 $\boldsymbol{\beta}_0=\boldsymbol{\beta}_{c,0}+\boldsymbol{\beta}_{t,0}t$。如果对于任何 t 值，$E(\boldsymbol{x}_t-\boldsymbol{\beta}_0)=\boldsymbol{\beta}_t$ 且 $\boldsymbol{\beta}_t \neq \boldsymbol{\beta}_{t-1}$，即 $\boldsymbol{x}_t$ 在一个时间段内的初始参数化的期望值与上一期的期望值有偏差，则称 $\boldsymbol{x}_t$ 发生“位置偏移”（location shift）。（同时期均值）协突变被定义为变量线性组合中位置偏移的消除，其特征可能是存在秩 $r<n$ 的 $n\times r$ 阶矩阵 $\boldsymbol{\Omega}$，使得 $\boldsymbol{\Omega}'\boldsymbol{\beta}_t=\boldsymbol{0}$。得出 $\boldsymbol{\Omega}'E(\boldsymbol{x}_t-\boldsymbol{\beta}_0)=\boldsymbol{\Omega}'\boldsymbol{\beta}_t=\boldsymbol{0}$，因此 r 的参数化协突变关系 $\boldsymbol{\Omega}'\boldsymbol{x}_t$ 与位置偏移无关。

1579

同时期均值协突变存在各种扩展，例如方差共同协突变和跨期均值协突变，即对跨变量和时间周期内确定性位移的消除。协突变也可能与协整有关：向量修正误差模型（VECM）中包含的“共同趋势”可以被证明是均衡均值的协突变，而协整向量本身就是漂移协突变。

要正式确定协突变回归方法，考虑以下 $\boldsymbol{x}_t$ 回归模型：

$$\boldsymbol{x}_t=\boldsymbol{\pi}_0+\boldsymbol{\kappa d}_t+\boldsymbol{\delta w}_t+\boldsymbol{\varepsilon}_t \tag{2.26}$$

其中 $\boldsymbol{w}_t$ 是外生变量的向量，$\boldsymbol{d}_t$ 是 $k>n$ 的所有确定性移位变量的集合。假设矩阵 $\boldsymbol{\kappa}$ 的秩为 $n-1$，则可以将其分解为 $\boldsymbol{\kappa}=\boldsymbol{\xi\eta}'$，其中 $\boldsymbol{\xi}$ 为 $n\times(n-1)$ 阶矩阵，$\boldsymbol{\eta}$ 为 $k\times(n-1)$ 阶矩阵，此时 $\boldsymbol{\xi}$ 和 $\boldsymbol{\eta}$ 满秩均为 $n-1$。此时将存在一个 $n\times1$ 向量 $\boldsymbol{\xi}_{\perp}$，使得 $\boldsymbol{\xi}'_{\perp}\boldsymbol{\xi}=\boldsymbol{0}$，这意味着线性组合 $\boldsymbol{\xi}'_{\perp}\boldsymbol{x}_t=\boldsymbol{\xi}'_{\perp}\boldsymbol{\pi}_0+\boldsymbol{\xi}'_{\perp}\boldsymbol{\delta w}_t+\boldsymbol{\xi}'_{\perp}\boldsymbol{\varepsilon}_t$ 将不包含移位变量 $\boldsymbol{d}_t$。将 $\boldsymbol{x}_t$ 划分为 $(y_t \vdots \boldsymbol{z}_t)$，将 $\boldsymbol{\xi}_{\perp}$ 正态化并划分为 $(1 \vdots -\boldsymbol{\xi}'_{\perp,1})$，可定义如下无突变结构的协突变回归：

$$y_t=\boldsymbol{\xi}'_{\perp,1}\boldsymbol{z}_t+\tilde{\boldsymbol{\pi}}_0+\tilde{\boldsymbol{\delta}}\boldsymbol{w}_t+\tilde{\boldsymbol{\varepsilon}}_t \tag{2.27}$$

其中 $\tilde{\boldsymbol{\pi}}_0=\boldsymbol{\xi}'_{\perp}\boldsymbol{\pi}_0$，依此类推。协突变回归过程可以分两步实施：第一，通过估计等式 2.26 以及检验 $\boldsymbol{\kappa}$ 的显著性水平，检验 $\boldsymbol{x}_t$ 的 n 个分量是否每一个都实际存在 k 的移位变量 $\boldsymbol{d}_t$。第二，通过 $\boldsymbol{d}_t$ 叠加等式 2.27，并通过估计或叠加协突变矢量，来检验这些位移是否显著。亨德里和马斯曼（Hendry and Massmann, 2007）讨论了这一基本方法的各种扩展，他们还放宽了协突变关系数量已知的假设（假定协突变关系数量为一个以上），此时 $\boldsymbol{\kappa}$ 的秩为 $n-r$，其中 r 是待估计值。尽管这些程序仍处于起步阶段，但它们是协突变框架内的一个重要进展，其中 $\boldsymbol{\Omega}'\boldsymbol{x}_t$ 形式的线性组合的确定性分量对于突变的依赖性比 $\boldsymbol{x}_t$ 对其突变依赖性更小。

结　语

虽然周期的定义相对简单，但对于什么是趋势的实际构成，相关共识却少得多，而近期试图将其确定下来的做法也引起了一些关注，如菲利普斯（Phillips, 2005）所明确提出的，“没有人了解趋势，但是每个人都在数据中看到了趋势”，为了“捕获驱动趋势过程的随机变化，我们需要严谨的理论、适当的方法和相关的数据。在实践中，我们必须克服这些方法的不足”。本章

1580

所讨论的各种趋势估计方法支持了菲利普斯的观点。

怀特和格兰杰(White and Granger, 2011)提出了各种趋势的“有效定义”,该分类法有助于进一步开发趋势过程模型,他们强调“将明显的趋势与适当的潜在现象(包括经济的、人口统计的、政治的、法律的、技术的、物理的,等等)联系起来”。要做到这一点,就必然需要使用上一部分所讨论的协突变现象,从而为趋势和突变过程生成更丰富的多元模型。显然,未来一段时间内,趋势和周期的建模将继续作为时间序列计量经济学研究的关键领域,任何新的发展都可能成为计量史学家用于分析历史时间序列的工具。

参考文献

Aldcroft, D.H., Fearon, P. (1972) "Introduction", in Aldcroft, D.H., Fearon, P. (eds) *British Economic Fluctuations, 1790—1939*. Macmillan, London, pp.1—73.

Bai, J. (1997) "Estimating Multiple Breaks One at a Time", *Econom Theory*, 13: 315—352.

Bai, J., Perron, P. (1998) "Estimating and Testing Linear Models with Multiple Structural Changes", *Econometrica*, 66:47—78.

Bai, J., Perron, P. (2003a) "Computation and Analysis of Multiple Structural Change Models", *J Appl Econom*, 18:1—22.

Bai, J., Perron, P. (2003b) "Critical Values for Multiple Structural Change Tests", *Econom J*, 6:72—78.

Baxter, M., King, R.G. (1999) "Measuring Business Cycles: Approximate Band pass Filters for Economic Time Series", *Rev Econ Stat*, 81:575—593.

Beveridge, S., Nelson, C.R. (1981) "A New Approach to Decomposition of Economic time Series into Permanent and Transitory Components with Particular Attention to Measurement of the 'Business Cycle'", *J Monet Econ*, 7:151—174.

Broadberry, S., Campbell, B., Klein, A., Overton, M., van Leeuwn, B. (2011) *British Economic Growth, 1270—1870: An Output Based Approach*. LSE, London.

Carvalho, V., Harvey, A. C. (2005) "Growth, Cycles and Convergence in US Regional Time Series", *Int J Forecast*, 21:667—686.

Carvalho, V., Harvey, A.C., Trimbur, T. M. (2007) "A Note on Common Cycles, Common Trends and Convergence", *J Bus Econ Stat*, 25:12—20.

Christiano L, Fitzgerald, T. (2003) "The Band Pass Filter", *Int Econ Rev*, 44:435—465.

Cox, D.R. (1961) "Prediction by Exponentially Weighted Moving Averages and Related Methods", *J R Stat Soc Ser B*, 23:414—422.

Crafts, N.F.R., Mills, T.C. (1994a) "The Industrial Revolution as a Macroeconomic Epoch: An Alternative View", *Econ Hist Rev*, 47:769—775.

Crafts, N. F. R., Mills, T. C. (1994b) "Trends in Real Wages in Britain, 1750—1913", *Explor Econ Hist*, 31:176—194.

Crafts, N. F. R., Mills, T. C. (1996) "Europe's Golden Age: An Econometric Investigation of Changing Trend Rates of Growth", in van Ark, B., Crafts, N.F.R. (eds) *Quantitative Aspects of Europe's Postwar Growth*. Cambridge University Press, Cambridge, pp. 415—431.

Crafts, N.F.R., Mills, T.C. (1997) "Endogenous Innovation, Trend Growth and the British Industrial Revolution", *J Econ Hist*,

57:950—956.

Crafts, N.F.R., Mills, T.C. (2004) "After the Industrial Revolution: The Climacteric Revisited", *Explor Econ Hist*, 41:156—171.

Crafts, N.F.R., Leybourne, S.J., Mills, T.C. (1989a) "Trends and Cycles in U.K. Industrial Production: 1700—1913", *J R Stat Soc*, Ser A, 152:43—60.

Crafts, N.F.R., Leybourne, S.J., Mills, T.C. (1989b) "The Climacteric in Late Victorian Britain and France: A Reappraisal of the Evidence", *J Appl Econom*, 4:103—117.

Feinstein, C.H., Matthews, R.C.O., Odling-Smee, J.C. (1982) "The Timing of the Climacteric and its Sectoral Incidence in the UK", in Kindleberger, C.P., di Tella, G. (eds) *Economics of the Long View*, *volume 2*, *part 1*, Clarendon Press, Oxford, pp.168—185.

Ford, A.G. (1969) "British Economic Fluctuations, 1870—1914", *Manch Sch*, 37:99—129.

Ford, A.G. (1981) "The Trade Cycle in Britain 1860—1914", in Floud, R.C, McCloskey, D.N. (eds) *The Economic History of Britain since 1700*. Cambridge University Press, Cambridge, pp.27—49.

Frickey, E. (1947) *Production in the USA*, *1860—1914*. Harvard University Press, Cambridge, MA.

Gómez, V. (2001) "The Use of Butterworth Filters for Trend and Cycle Estimation in Economic Time Series", *J Bus Econ Stat*, 19:365—373.

Harris, D., Harvey, D.I., Leybourne, S.J., Taylor, A.M.R. (2009) "Testing for a Unit Root in the Presence of a Possible Break in Trend", *Econom Theory*, 25:1545—1588.

Harvey, A.C., De Rossi, P. (2006) "Signal Extraction", in Mills, T.C., Patterson, K. (eds) *Palgrave Handbook of Econometrics*: *volume 1*, *Econometric Theory*, *970—1000*, Palgrave Macmillan, Basingstoke, pp. 970—1000.

Harvey, A.C., Trimbur, T.M. (2003) "General Model-based Filters for Extracting Cycles and Trends in Economic Time Series", *Rev Econ Stat*, 85:244—255.

Harvey, A.C., Trimbur, T.M., van Dijk, H.K. (2007) "Trends and Cycles in Economic Time Series: A Bayesian Approach", *J Econom*, 140:618—649.

Hendry, D.F., Massmann, M. (2007) "Co-breaking: Recent Advances and a Synopsis of the Literature", *J Bus Econ Stat*, 25:33—51.

Hodrick, R.J., Prescott, E.C. (1997) "Postwar U.S. Business Cycles: An Empirical Investigation", *J Money Credit Bank*, 29:1—16.

Hoffman, W.G. (1955) *British Industry*, *1700—1950*. Blackwell, Oxford.

Hooker, R.H. (1901) "Correlation of the Marriage Rate with Trade", *J R Stat Soc*, 64:485—492.

Janossy, F. (1969) *The End of the Economic Miracle*. IASP, White Plains.

Kaiser, R., Maravall, A. (2005) "Combining Filter Design with Model-based Filtering (with an Application to Business Cycle Estimation)", *Int J Forecast*, 21:691—710.

Kalman, R.E. (1960) "A New Approach to Linear Filtering and Prediction Theory", *J Basic Eng Trans ASME Ser D*, 82:35—45.

Kalman, R.E., Bucy, R.E. (1961) "New Results in Linear Filtering and Prediction Theory", *J Basic Eng Trans ASME Ser D*, 83:95—108.

Kim, D., Perron, P. (2009) "Unit Root Tests Allowing for a Break in the Trend Function at an Unknown Time under Both the Null and Alternative Hypotheses", *J Econom*, 148:1—13.

Klein, J.L. (1997) *Statistical Visions in Time. A History of Time Series Analysis*, *1662—1938*. Cambridge University Press, Cambridge.

Klein, L.R., Kosobud, R.F. (1961) "Some Econometrics of Growth: Great Ratios in Economics", *Quart J Econ*, 75:173—198.

Koopman, S.J., Harvey, A.C., Doornik,

J. A., Shephard, N. (2009) *STAMP™ 8: Structural Time Series Analysis and Predictor*. Timberlake Consultants, London.

Kozicki, S. (1999) "Multivariate Detrending under Common Trend Restrictions: Implications for Business Cycle Research", *J Econ Dyn Control*, 23:997—1028.

Leser, C.E.V. (1961) "A Simple Method of Trend Construction", *J R Stat Soc Ser B*, 23:91—107.

Maravall, A., del Rio, A. (2007) "Temporal Aggregation, Systematic Sampling, and the Hodrick-Prescott Filter", *Comput Stat Data Anal*, 52:975—998.

Matthews, R. C. O., Feinstein, C. H., Odling-Smee, J. C. (1982) *British Economic Growth, 1856—1973*. Stanford University Press, Stanford.

Mills, T. C. (1992) "An Economic Historians' Introduction to Modern Time Series Techniques in Econometrics", in Crafts, N. F. R., Broadberry, S.N. (eds) *Britain in the International Economy 1870—1939*. Cambridge University Press, Cambridge, pp.28—46.

Mills, T.C. (1996) "Unit Roots, Shocks and VARs and Their Place in History: An Introductory Guide", in Bayoumi, T., Eichengreen, B., Taylor, M.P. (eds) *Modern Perspectives on the Gold Standard*. Cambridge University Press, Cambridge, pp.17—51.

Mills, T.C. (2000) "Recent Developments in Modelling Trends and Cycles in Economic Time Series and Their Relevance to Quantitative Economic history", in Wrigley, C. (ed) *The First World War and the International Economy*. Edward Elgar, Cheltenham, pp.34—51.

Mills, T. C. (2009a) "Modelling Trends and Cycles in Economic Time Series: Historical Perspective and Future Developments", *Cliometrica*, 3:221—244.

Mills, T.C. (2009b) "Klein and Kosobud's Great Ratios Revisited", *Quant Qual Anal Soc Sci*, 3:12—42.

Mills, T.C. (2011) *The Foundations of Modern Time Series Analysis*. Palgrave Macmillan, Basingstoke.

Mills, T. C., Crafts, N. F. R. (1996a) "Modelling Trends and Cycles in Economic History", *Statistician(J Roy Stat Soc Ser D)* 45: 153—159.

Mills, T. C., Crafts, N. F. R. (1996b) "Trend Growth in British Industrial Output, 1700—1913: A Reappraisal", *Explor Econ Hist*, 33(277—295):1996.

Mills, T.C., Crafts, N.F.R. (2000) "After the Golden Age: A Long Run Perspective on Growth Rates that Speeded up, Slowed down and Still Differ", *Manch Sch*, 68:68—91.

Mills, T.C., Crafts, N.F.R. (2004) "Sectoral Output Trends and Cycles in Victorian Britain", *Econ Model*, 21:217—232.

Morgan, M. S. (1990) *The History of Econometric Ideas*. Cambridge University Press, Cambridge.

Morley, J. C., Nelson, C. R., Zivot, E. (2003) "Why are Beveridge-Nelson and Unobserved-component Decompositions of GDP so Different?", *Rev Econ Stat*, 85:235—243.

Newey, W. K., West, K. D. (1987) "A Simple, Positive Semi-definite, Heteroskedasticity and Autocorrelation Consistent Covariance Matrix", *Econometrica*, 55:703—708.

Percival, D. B., Walden, A. T. (1999) *Wavelet Methods for Time Series Analysis*. Cambridge University Press, Cambridge.

Perron, P. (2006) "Dealing with Structural Breaks", in Mills, T.C., Patterson, K. (eds) *Palgrave Handbook of Econometrics: volume 1, Econometric Theory, vol. 1*. Palgrave Macmillan, Basingstoke, pp.278—352.

Phillips, P. C. B. (2005) "Challenges of Trending Time Series Econometrics", *Math Comput Simul*, 68:401—416.

Pollock, D.S.G. (2009) "Investigating Economic Trends and Cycles", in Mills, T. C., Patterson, K. (eds) *Palgrave Handbook of Econometrics: volume 2, Applied Econometrics*. Palgrave Macmillan, Basingstoke, pp. 243—307.

Proietti, T. (2009a) "Structural Time Series Models for Business Cycle Analysis", in Mills, T. C., Patterson, K. (eds) *Palgrave Handbook of Econometrics: volume 2, Applied Econometrics*. Macmillan Palgrave, Basingstoke, pp. 385—433.

Proietti, T. (2009b) "On the Model Based Interpretation of Filters and the Reliability of Trend-cycle Filters", *Econom Rev*, 28: 186—208.

Proietti, T., Harvey, A. C. (2000) "A Beveridge-Nelson Smoother", *Econ Letts*, 67: 139—146.

Ravn, M.O., Uhlig, H., (2002) "On Adjusting the Hodrick-Prescott Filter for the Frequency of Observation", *Rev Econ Stat*, 84: 371—376.

Trimbur, T. M. (2006) "Properties of Higher Order Stochastic Cycles", *J Time Ser Anal*, 27:1—17.

White, H., Granger, C.W.J. (2011) "Consideration of Trends in Time Series", *J Time Ser Econom*, 3(Article 2):1—40.

Young, P.C. (2011) "Gauss, Kalman and Advances in Recursive Parameter Estimation", *J Forecast*, 30:104—146.

第三章

路径依赖

道格拉斯·J.普弗特

摘要

路径依赖是指经济产出并非仅依赖于当前外生因素，还依赖于历史经济产出。对路径依赖的过程，经济解释需要关注前瞻性优化行为与过去条件、事件和选择等历史遗留因素之间的相互作用。路径依赖的来源可能包括技术相关性、不可逆投资、协调成本以及各种收益递增。有影响或有争议的路径依赖的案例一般包括 QWERTY 键盘、各种信息技术和铁路轨距。路径依赖的结果在某些标准下可能是低效的，但在其他标准下并非如此。

关键词

路径依赖　锁入　收益递增　技术相关性　非各态历经过程　QWERTY 键盘

“路径依赖”(path dependence)一词是指经济产出的结果不仅取决于当前外生条件,还依赖于历史产出。这意味着配置——一种生产和分配的模式——不能简单地根据技术水平、资源禀赋、偏好和制度等当前基础性因素加以解释,还要探究过去的条件和事件。简而言之,历史很重要。 1584

路径依赖的概念诞生于对许多技术标准的历史解释,例如 QWERTY 键盘、区域性标准铁路轨道宽度(轨距)以及各种信息技术系统。路径依赖还应用于解释制度和其他惯例的变迁、经济地理、经济发展模式、宏观经济成果以及政治学家和其他社会科学家关注的各种问题。本章将主要关注其在微观经济学中的应用。

路径依赖的含义与重要性

一般地,经济配置的路径依赖过程是一个非各态历经过程(non-ergodic process)(David, 1999, 2001, 2007)。在物理科学中,非各态历经过程是一个系统无法达到与系统能量一致的所有状态的过程。在非各态历经过程的数学表示中,潜在状态的极限分布本身就是过程演化的函数。该过程有分支路径,且至少存在一些不可逆的潜在路径。

同样,在经济学中,早期的条件、事件和选择会导致一个沿着一条潜在路径的配置过程,从而限制后期潜在结果的范围。在被选择的路径显示出一种较低的技术水平或较其他路径低的收益模式时,这一点便关系重大。被选择的路径也很重要,因为不同的路径会带来不同的收益分配格局、不同的赢家和输家。路径依赖同样适用于无目的性的特殊事物,如靠左或靠右行驶。① 1585

当然,经济的非各态历经过程与物理的非各态历经过程有着显著的差异,因为不同经济路径的选择在很大程度上取决于受到激励、有一定远见且有意识地作出决策的人。正确而言,如果一条特定路径的早期选择是基于最终结果的预期收益而“有目的性”地作出的,那么这个配置过程就不是路

① 然而即使在这种情况下,不同地方出现的不同做法随后也都带来了成本。

径依赖的。伴随着后续路径的早期选择属于戴维(David, 1997)所说的"中、弱历史",先前路径限制了后续选择则是"强历史"。只有当早期路径选择的影响因素在某种程度上与后续结果中利害攸关的系统性问题"正交"(即不完全相一致)时,这个配置过程才是路径依赖的。这些早期影响因素尽管在经济学角度难以解释,但它们并不是随机的,在某些情况下,它们可能是部分"历史事故"的结果,比如利物浦和曼彻斯特铁路(Liverpool and Manchester Railway)公司雇用了工程师甲而不是工程师乙来建造铁路并选择轨距(Puffert, 2004, 2009)。这一进程的关键特点是,决定早期选择的经济考量因素在后来并不重要。利物浦和曼彻斯特铁路的建造者有理由选择自己的轨距,但大多数工程师不久后就有了选择更宽轨距的理由。在这种情况下,选择的轨距——选择路径——在一定程度上是对选择后续影响不完全预见的结果。

"路径依赖"这一术语不仅适用于"小"的早期因素产生"大"的后期系统性影响的情况,也适用于早期因素本身"大"且最初与系统级影响非常一致,但后期条件使早期选择过时的情况。以后面将讨论的英国小型煤车为例,19世纪中期建立的运煤马车技术及其相关制度,在被淘汰之前的半个世纪中一直运转良好。这个案例可能不符合严格意义上的非各态历经过程,因为在早期,小型煤车的路径都可能是唯一可用的路径,但它涉及更大的问题——历史遗留因素是否能够灵活地适应不断变化的条件。

这种情况也适用于探讨历史的随机选择过程和目的论的选择过程之间更大的区别。一方面,随机性是解释历史的一般模式。它将事件E解释为早期事件D的结果,而早期事件D又可以用事件C来解释(甚至是其必然结果),如此类推到某个事件A(David, 2001;参见古生物学家Stephen J. Gould, 1989)。另一方面,目的论是经济解释的一般模式。它解释了一个基于指向当前或未来的目标而作出的选择所造成的结果(源于希腊语telos)。因此,路径依赖的一个关键问题是,在外生条件演变或先验条件的背景下,历史遗留因素能否灵活地适应不断变化的经济目标。

1586

说一个结果在条件变化时无法灵活改变,就等于说先前选择的路径是不可逆的或局部稳定的。在这种情况下,我们可以称具有这种结果的路径为"被锁入"(locked-in)的。例如,即使在外生条件或者先验条件改变的背景下，新的打字机键盘或者铁路轨距具有了内在优越性，但标准键盘或轨距继续被新用户采用和(或)被老用户保留，则可以说它们“被锁入”。可能导致这种形式的锁入的影响因素将在下面详细讨论，包括规模收益递增、物质或者人力资源上的沉没成本引起转换成本、技术相关性要求更换整个陈旧的独立单元构成的系统而不是零散的个别单元、协调成本或交易成本，以及不完全的信息。下文还将详细讨论，质疑路径依赖重要性的批评人士在他们自己的推断框架下提供了一种不同的“锁入”的定义。

路径依赖的性质和意义确实成了争论的焦点。争论的核心主要是两个问题：第一，当不同的潜在路径分开时，后来的结果在多大程度上受早期选择对象的影响；第二，故意行为在多大程度上可以改变先前选择的次优路径。进一步的问题包括，市场失灵或制度失灵是否可能在次优路径的初始选择或者后来的不可逆性中发挥作用，特定的政策或制度组合是否可能促成更优的结果，以及什么样的效率标准和反事实情景适合评估结果。

在介绍有关路径依赖的文献时，本章将试图厘清各种解释的区别及其可以协调的地方。相较于通常的经济史研究，这将要求我们更多地关注分析问题，并且要求我们注意术语的不同用法(从“效率”一词开始)，因为争端的参与者经常自说自话而非用对方的术语进行争论。这里的分析将以历史案例研究为基础。

路径依赖的来源和设定

路径依赖的概念是通过协调两种经济分析而产生的：第一种侧重于技术相关性的概念，第二种侧重于某种形式的收益递增。

技术相关性：保罗·戴维的分析

对技术相关性的分析可以追溯到索尔斯坦·凡勃伦(Thorstein Veblen，1915：125—128)对只有英国在现代铁路运输中使用小型煤车的讨论。凡勃伦将这种过时做法的延续归因于“在这个最古老、最完整的铁路系统上，所有的设备、所有的路线、所有运送货物的方法……都服务于这种小型煤车”。 1587

因此，虽然“整个社会”将从“废弃”小型煤车和相关设施中获益，但对于单个公司来说，在配套设备未改变的情况下，仅转换自己的设备是无利可图的。马文・弗兰克尔（Marvin Frankel, 1955）阐述了技术系统组件的关联性在保留过去实践中的作用，而查尔斯・金德尔伯格（Charles Kindleberger, 1964）则进一步强调了制度的作用，特别是不同系统组件的单独所有权。这种制度模式增加了协调成本和实践中潜在变更的实物转换成本。

保罗・戴维（Paul David, 1975）在他关于技术选择的历史研究中，把技术关联性作为一个单独的主题进行讨论。后来，他把这个主题纳入他关于路径依赖的研究工作。首先，他分析了 QWERTY 键盘作为技术标准的出现（David, 1985, 1986）。戴维认为有三个条件可能共同作用以使配置过程出现路径依赖：系统组件的技术相关性、投资（或转换成本）的准不可逆性、正外部性或规模收益递增。戴维对阐明前两个条件的既有文献进行了回顾，而第三个条件也在既有文献中出现过，但它的含义在 20 世纪 80 年代的一种新兴的分析方法中得到了深远得多的发展。

收益递增：W.布赖恩・阿瑟的分析

W.布赖恩・阿瑟（W. Brian Arthur, 1989, 1990, 1994）和其他经济学家在 20 世纪 80 年代探讨了某些类型的收益递增的含义，即产品、实践或技术采用的增加会导致边际净收益上升。他们发现，一般来说，收益递增会导致潜在均衡结果的多样性，而这些均衡可能有不同的回报模式。阿瑟的独特贡献在于运用了包括随机过程模型等的数学模型，将特定均衡的选择视为随时间推移进行选择的结果。他的模型体现出了路径依赖。

阿瑟强调了“采用收益递增”的两个来源：一是学习效应（干中学）——这会提高累积采用率较高的技术或产品的收益；二是正的网络外部性——这会随着用户总数的增加而增加每个用户的产品或技术的价值。例如，通信网络（或如今的互联网社交平台）的每个用户不仅为自己创造收益，也为与其交换信息的其他用户创造收益。

在阿瑟主要的说明性启发式模型中，即使是由于非系统或随机的“小事件”（按照异质采用者的随机到达顺序建模）而获得领先市场份额的一项技术或者一个平台，对后来的采用者来说也更有价值。因此，正反馈将进一步提高其市场份额。如果增长的回报足够强劲，那么即使是那些对小众的技术有独特偏好的新采用者也会采用大众的技术，这样它就会席卷市场，成为“被锁入”的事实标准。基于系统的因果因素无法预测哪种技术或平台会赢得市场，这取决于早期的非系统事件或随机选择。如果早期的暂时优势或非系统性事件使最终处于劣势的技术或平台比最终证明具有优势的技术或平台占据了足够的先机，那么前者依然可以获胜。这样的结果与标准经济模型唯一的、可预测的结果形成了对比，标准经济模型中这种“收益递减”的特征是边际成本递增和边际效用递减（或消费者对多样化的渴望）所造成的，这一特征最终导致了竞争性供应商之间有效、灵活地共享市场，因此可以根据其较高的收益或效率来预测结果。收益递减模型的市场运动导致配置过程“忘记”了他们的历史，而收益递增模型的市场运动使他们“记住”其历史。 1588

阿瑟（Arthur，1989）在介绍主要的说明性启发式模型时指出，该模型的结果取决于两个假设：首先，相互竞争的技术是非赞助的——与技术进步成果利益相关的供应商不会推动技术进步；其次，增加回报的来源是学习效应，而不是网络效应，因此每个采用者的收益仅取决于过去采用的累积，而不取决于预期的在未来的采用。这些假设有效地排除了前瞻性行为在结果演变中的作用。

阿瑟没有将前瞻性行为纳入他的模型，当他在论文中讨论如何将模型应用于具体案例时，也没有经常提到前瞻性行为。尽管如此，他还是认为模型的动态特性说明了在收益递增条件下配置过程的一种相当普遍的模式。诺贝尔经济学奖获得者肯尼思·阿罗（Kenneth Arrow，1994）在阿瑟论文集的前言中写道，阿瑟的模型适用于不完全预见或“基于有限信息的期望”这两种情况，但阿瑟本人并未以这种方式解释他的模型。

阿瑟（Arthur，1996）此后在《哈佛商业评论》（*Harvard Business Review*）上撰文写道，他确实考虑了竞争技术发起者的前瞻性行为。在谈到当代信息技术市场时，他断言，成功公司的竞争策略建立在利用路径依赖动态的基础上，这一动态通常出现在消费者选择以及补充产品和服务的供应商行为中。他的文章为如何理解和赢得此类市场提供了广泛的建议，据报道，这对硅谷的企业战略产生了重大影响（Tetzeli，2016）。

报酬递增的其他分析

其他经济学家已经开发出了非路径依赖的模型，在这种模型中，收益的增加会带来多种潜在的均衡，要么是最初选择一种产品或技术作为事实上的标准（例如 Katz and Shapiro，1985），要么是从既定标准向可能更优的标准转换（Farrell and Saloner，1985）。这些模型中使用的解决方案概念通常是满足理性预期的，时间选择或顺序选择不发挥作用。法雷尔（Farrell）和萨洛纳（Saloner）对锁入问题的讨论，是在标准可能发生变化而非阿瑟的最初采用标准的背景下进行的。他们还讨论了不完全的信息如何导致维持既定标准的过度惯性。

1589

戴维（David，1993）研究了关于代理人的路径依赖协调模型，其中，代理人的局部互动通过一维或二维网络图表示。这种方法使路径依赖模型能够应用相互作用粒子系统或马尔可夫随机场（Markov Random Field）的数学理论成果。在这些模型中，代理人按照相邻代理人的状态相继调整其“状态”。在某些模型结构中，路径依赖的波动导致整个网络采用一种通用状态，这可被解释为通用技术的标准化。

戴维还指导了道格拉斯·普弗特（Douglas Puffert，1991，2009）的博士论文（在阿瑟基础上进一步深入）。道格拉斯·普弗特开发了空间网络的技术选择模型，并将其应用于分析铁路轨距标准的路径选择问题。普弗特的模型包括了三个创新功能：第一，在单个模型中考虑技术（轨距）的最初采用和后续转换；第二，转换成本；第三，利用计算机的多种数值模拟来探索潜在结果的性质和范围。他使用参数变化来模拟在不同的历史地理环境中影响轨距选择过程的条件变化。

质疑路径依赖的理由

利博维茨和马戈利斯的分析

质疑路径依赖重要性的最重要的批评人士 S.J.利博维茨和斯蒂芬·E.

马戈利斯(S.J. Liebowitz and Stephen E. Margolis, 1994, 1995)认为,在结果确实重要的一切情况下,前瞻性优化行为可能推翻阿瑟的路径依赖机制。在他们的分析中,在替代技术中进行选择的采用者通常不仅会预见其选择的当前收益,同时也可预见其未来收益。此外,采用者和其他代理人将有机会通过沟通、各种市场交易以及替代竞争产品和技术的所有权及逐利动机来协调他们的选择。简言之,就是将采用者选择的相互外部性内部化。因此,他们认为,在选择过程中,有目的的、激励性的行为往往会凌驾于非系统或随机因素之上,而路径依赖只会影响没有经济主体有机会或有动机进行改变的经济方面。

利博维茨和马戈利斯认为,路径依赖(1)可能会影响经济的各个方面, 1590 而对效率没有影响,或者(2)可能会影响某些结果,这些结果的效率后果是不可预知的,因此不受理性经济行为的影响。在第二种情况下,代理人可能会对没有选择具有更高收益的结果表示朴实的遗憾,但是利博维茨和马戈利斯认为,将所选择的结果称为"无效率"是没有意义的。他们提出,应该根据现有的信息和可行的、有目的的行动来界定效率。与前两种情况相反,利博维茨和马戈利斯对路径依赖是否会影响另一种情况下的结果尚表示怀疑,即(3)尽管在某个时间点存在前瞻性和将选择过程引导到更优结果的手段,但较劣的结果仍被锁入。他们认为,在这种情况下,路径依赖可能是非理性错误或效率低下的结果,这些错误和效率低下是(或曾经是)可以被补救以获利的,但至今没有得到补救。他们敦促经济学家,除了在分析容易出错的政府行为时,停止在小事件或历史事故中寻找因果意义,而将重点放于"绝对理性行为的新古典模型,这种行为带来了高效的因而可预测的结果"(Liebowitz and Margolis, 1995:207)。

此外,利博维茨和马戈利斯(Liebowitz and Margolis, 1995)进一步提出,阿瑟的说明性模型应被理解为暗示了一种不太可能的路径依赖的"第三种形式",因为前瞻性行为会导致其结果不同于阿瑟所强调的结果。批评者没有注意到,阿瑟明确地陈述他排除了他们提出的前瞻性行为机制的假设。[①]

---

① 这些假设的适用范围确实有限,但是它们也确实表明,阿瑟是故意避免采取补救措施的。因此,他没有提出第三种主张。

利博维茨和马戈利斯还提出了路径依赖锁入的实证案例，尤其是 QWERTY 键盘和 VHS 录像系统，同样也包括对第三种形式隐含的主张。这两种情况将在下文中讨论。

批评人士还主张仅基于第三种标准来定义“锁入”。也就是说，锁入应该是指一种不太可能的情况，在这种情况中，尽管有机会实现一种更优的替代方案，但劣质技术仍占主导地位。

对质疑的回应

阿瑟在受到批评之时已停止撰写关于路径依赖的经济论文，并且也没有对批评作出广泛回应。在各种采访和一份特邀答复文件（Arthur, 2013）中，他重申了他的分析，即收益递增过程并不一定会像收益递减过程那样，带来最“有效率”（即最高回报）的潜在结果。

1591

戴维（David, 1999, 2001, 2007）的反应则更为积极。他的主要论点是，利博维茨和马戈利斯并未接受路径依赖过程动态的、非各态历经的性质，也没有将其稳妥地解决，因此他们实质上误解了这些问题。当行动者可能有机会选择最佳的最终结果时，在路径依赖的过程中进行前瞻性选择的机会将不会简化为单一时刻的静态环境。因此，优化行为通常将实现“路径约束的改善”，而非无约束的优化。此外，路径依赖过程可以由过程本身的动态性质而不是由结果的效率特征来定义。由此，戴维发现批评人士对路径依赖的重新定义，即基于静态标准的“形式”或“程度”的定义，具有明显的倾向性和模糊性，而不具有分析意义和实用性。

同样，戴维反对将“锁入”重新定义为“不太可能的反常错误”，因为在适当的动态环境中，该术语只能指均衡配置路径的局部稳定性和不可逆性。他声称，这种不可逆性的根源通常是技术上的相互关联性和高协调成本两种情况，尤其容易发生在信息不完全的条件下。

因此，戴维并没有反驳批评人士所认为的，较劣的结果可能是由信息不完全造成的这一分析。事实上，他从路径依赖中反复得到的政策意义是，政府应设法推迟锁入，直到替代路径的收益更加明晰。

更广泛地说，戴维认为，将重要性、利益和“效率”仅仅归因于补救措施或优化市场行为所能够达到的效果是荒谬的。他调侃道，这样做“等于说市场失灵不可能发生，因为即使真的发生了，市场也会努力纠正它”（David，1999）。此外，戴维指出，利博维茨和马戈利斯没有讨论路径依赖过程是如何在每个都是帕累托最优的，但有不同赢家和输家的备选结果中进行选择的。

普弗特（Puffert，2004）对利博维茨和马戈利斯的回应是，他试图将他们提议的前瞻性、逐利行为的方法整合到支持路径依赖的分析框架中。他解释道，前瞻性代理人经常会影响但不能完全控制动态配置过程，这可归因于不完全前瞻和不完整的外部性内部化的机会。批评人士对三种形式的路径依赖进行了分类，在故意行为根本不起重要作用的情况与这种行动可以完全取代历史遗留因素的情况之间没有留有足够的空间（如果他们留有空间的话）。此外，普弗特认为，前瞻性公司的战略往往通过影响早期用户的选择——这些选择会对后来的结果产生不成比例的影响——从而频繁地展示出对路径依赖动态的认知和有意使用。在普弗特看来，故意行为完全是路径依赖的一部分。

历史案例研究说明了路径依赖试图解释的配置过程。他们还提供了对路径依赖的拥护者和怀疑者看法的检验。在这里，我们考虑最有影响力的研究、最有争议的研究，以及一些可以提供更多观点的研究。

争议案例：QWERTY 键盘

1592

戴维（David，1985，1986）在解释 QWERTY 键盘如何成为实际标准时介绍了路径依赖理论。对路径依赖的怀疑性批判始于利博维茨和马戈利斯（Liebowitz and Margolis，1990）的回应。

戴维的分析

戴维认为，键盘上 QWERTY 排列的设计并不是为了快速打字，而是为了最大限度地减少使用第一台成功的商用打字机时，印字杆 * 碰撞的干扰。

* 打印机上装有铅字、由键盘控制的条。——译者注

这台打字机是克里斯托弗·莱瑟姆·肖尔斯(Christopher Latham Sholes)发明的,在19世纪70年代由雷明顿公司(Remington)推向市场。19世纪80年代见证了"竞争性设计、制造公司和键盘排列样式的迅速增加对雷明顿公司的QWERTY键盘形成的挑战",到19世纪90年代中期,"很明显,打字机工程学的进步消除了使QWERTY键盘占主导地位的所有微观技术原理"(David, 1985:334)。几年之后,出现了一种新的打字机设计标准,这种打字机带有前击式按键并且能让人看到打出来的字,完全取代了作为QWERTY键盘设计基础的雷明顿打字机的机械构造。

尽管如此,根据戴维(David, 1985:334)的说法,在"19世纪90年代的决定性时期",QWERTY键盘成了全行业的标准,不仅被雷明顿打字机采用,而且被生产具有不同印字杆结构的打字机的竞争者采用。QWERTY键盘甚至很快取代了Ideal键盘,后者专为快速打字而设计,无需考虑印字杆碰撞。(戴维指出,Ideal键盘是在另一种机器上使用的,这种机器通过把字体放在旋转的圆柱形套筒上,完全抛弃了印字杆。据推测,它的基准键位* DHIATENSOR可以构成70%的英语单词。)

戴维认为,QWERTY键盘逐渐占据主导地位的原因是,第三方的八指"触摸式"打字** 方法在QWERTY键盘上率先得到推广。直到19世纪80年代末,路径依赖才开始影响市场竞争。训练有素的打字员使用QWERTY键盘模式,因此办公室经理雇用他们,并购买与之匹配的具有QWERTY键盘的机器。这反过来又给了初出茅庐的打字员、打字学校、打字手册的编写者和打字机制造商更多的动力,去把重点放在QWERTY键盘而非其他系统上。正反馈加强了QWERTY键盘的早期领先地位,直到它几乎占据了整个市场。(打字学校和打字手册的作用在1986年戴维的论文中有更充分的阐述。)

戴维写道,QWERTY键盘出现的关键在于,由打字员、雇主、制造商和打字教师组成的"更大的生产系统"是"无人设计的",它的特点是"分散决策"。他(David, 1985:334, 336)总结道:"在缺乏完美的期货市场的情况下

1593

* 放置最常用的字母的键盘的中间行。——译者注

** 即打字时不看键盘的盲打。——译者注

进行的竞争，使该行业过早地在错误的制度上走向标准化。”[①]

戴维的故事以“19 世纪 90 年代的决定性时期”结束，在新机器设计的兴起使 QWERTY 键盘过时之前不久，QWERTY 键盘“过早”被确立为标准。用戴维的话说，技术上的相互关联、转换成本、收益的增加以及缺乏集中决策的机会导致次优的结果。

戴维没有研究 QWERTY 键盘的后期历史，但他简洁地将 QWERTY 键盘的持续性存在归因于“分散决策”。为了证明 QWERTY 键盘标准仍然重要，他引用了在 20 世纪 30 年代推出的德沃夏克(Dvorak)简化键盘提供了快得多的打字速度的说法。

利博维茨和马戈利斯的分析

利博维茨和马戈利斯(Liebowitz and Margolis, 1990)在他们的回应文章中只关注了戴维关于 QWERTY 键盘作为标准出现的部分叙述。他们更加关注流行的说法(但这不是戴维所提倡的观点)，即 QWERTY 键盘的设计旨在减慢打字员的速度，并且它赢得市场是因为一次打字速度竞赛中的获胜给 QWERTY 键盘带来了关注。利博维茨和马戈利斯证明，其他打字员也使用其他键盘赢得了当代的一些其他比赛，因此，他们声称他们成功反驳了 QWERTY 键盘赢得市场是由于微不足道的早期事件所造成的路径依赖性后果这一“既定历史”。他们没有回应戴维关于在 QWERTY 键盘时代，触摸式盲打操作指南是依赖路径的起点这一论点。[②]

相反，利博维茨和马戈利斯指出，早期的打字机制造商在其机器性能方面展开了激烈的竞争，并且他们推断 QWERTY 键盘之所以成功，是因为它的相对性能通过了市场测试。他们断言，假设有一种更好的替代键盘的供

---

① 在这种背景下，缺乏完美的期货市场似乎意味着 1900 年后的下一代打字机的使用者无法通过谈判来阻止用户和制造商在 19 世纪 90 年代广泛采用 QWERTY 键盘模式。

② 在最初的文章中，利博维茨和马戈利斯(Liebowitz and Margolis, 1990)引用了关于 QWERTY 键盘起源的流行说法，但没有说明这些说法与戴维的解释有什么不同。在后来的文章中(例如 Liebowitz and Margolis 1994)，他们所展示的评论只是一些流行的观点，而不是戴维给出的，同时，他们只引用戴维的研究成果作为单一的 QWERTY 键盘接受史。

应商，这些供应商会发现向购买该机器的办公室提供培训是有利可图的，并且两位作者提供了证据证明，1923 年的大型打字机公司确实提供了此类培训。

利博维茨和马戈利斯的文章的大部分都在讨论戴维只是随便提及的一个话题，即面对德沃夏克键盘的竞争，QWERTY 键盘标准并未消失。他们提供的证据表明，德沃夏克键盘之一般的打字员的打字速度有所提高，但不会超过几个百分点。他们提供了十分有力的证据来反对戴维所主张的“德沃夏克键盘优于 QWERTY 键盘”的说法。他们认为，如果德沃夏克键盘确实如此优越，那么它将为采用它并使用它培训员工的办公室提供大量的盈利机会。①没有公司抓住这样的机会，因此其优势一定不存在。

1594

利博维茨和马戈利斯得出的结论是，QWERTY 键盘通过提供更好的可转化为现钱的成果，赢得并保持了其作为市场标准的地位。

凯的分析

最近，尼尔 · M.凯（Neil M. Kay，2013a）通过研究键盘在其原始技术环境中的适用性，复兴了相关的 QWERTY 键盘研究文献。通过比较雷明顿打字机上击式印字杆的配置和典型英语文本中连续字母的统计结果，他发现，QWERTY 键盘非常适合减少印字杆之间的碰撞和干扰。凯推断，QWERTY 键盘的发明者克里斯托弗 · 莱瑟姆 · 肖尔斯在排序字母时进行了仔细的优化，超越了戴维所描述的“试错重排”（David，1985；1986）的范围。他的统计分析也支持戴维的推测，即拼写品牌名称“TYPE WRITER”的字母是故意放在同一行的，这种安排不太可能偶然出现。

在凯的分析中，雷明顿打字机在 19 世纪后期的领先市场份额使“设备”

① 利博维茨和马戈利斯（Liebowitz and Margolis，1995：214）认为，戴维将 QWERTY 键盘的长期存在归因于“分散决策”，这隐含了对他们所谓的第三种路径依赖的主张。“这种归因……暗示集中式的替代决策机制可能纠正错误。”理解批评家的推理是困难的。戴维曾辩称，没有代理人可以对 QWERTY 键盘所在的较大的生产系统进行集中控制。但戴维没有说 QWERTY 键盘的相对低效率是可以补救的。

（机器）和“格式”（键盘布置）之间的兼容性比“格式”和“用户”（触摸式打字员）之间的兼容性更为重要，因此 QWERTY 键盘模式在当时是最佳的。后来，相比之下，1897 年和 1901 年安德伍德（Underwood）的前击式打字机模型使用户可以立即看到打字内容，从而改善了设备与用户之间的兼容性，但是其不同的打印杆配置破坏了 QWERTY 键盘格式与设备的兼容性（Kay，2013b）。干扰问题随之变得频繁。安德伍德机器总体设计的兴起在整个行业中迅速得到采用，这使得它原则上具有重新设计键盘格式的自由，以便更适合触摸式盲打用户，而不是雷明顿设备用户。但是在那时，QWERTY 键盘已成为一种公认的标准。

凯设计了一个他眼中针对戴维关于打字机行业“过早地……在错误的系统上进行标准化”的论点的检验。他将此解释为，把德沃夏克键盘假设为“正确的”系统。因此，他测试比较了雷明顿打字机上的 QWERTY 键盘和德沃夏克键盘上模拟的打印杆的碰撞频率。由于 QWERTY 键盘导致的打印杆冲突少得多，凯得出结论，认为它十分适合 19 世纪 70 年代至 19 世纪 90 年代的历史条件，因此 QWERTY 键盘会赢得任何假设可能（尽管不合时宜）的早期系统竞争。

1595

凯的解释考虑到了雷明顿设备在 QWERTY 键盘格式下的早期领先市场份额，但他并没有解决戴维的论点，即早期触摸式打字指南这一偶然事件在 19 世纪 90 年代加强了这一领先地位。相反，凯是对比了 QWERTY 键盘优化设计的示范作用和在 QWERTY 键盘接受史中被认为是至关重要的打字比赛这一历史事件的假设作用。但这段广为接受的历史并不是戴维自己解释的一部分，戴维证实了 QWERTY 键盘的设计是为了与雷明顿公司的设备相适应（尽管细节简于凯）。戴维提出的问题是：适合雷明顿设备的键盘是如何成为非雷明顿设备的标准的？凯肯定了戴维对最终为何必须出现标准的解释，他与戴维的最终分歧可能在于：QWERTY 键盘是否在安德伍德设备推出之前就已经成为标准？

马戈利斯（Margolis，2013）在一份特邀回应中表示，凯的分析证明了优化行为而不是早期的历史偶然事件的作用。阿瑟（Arthur，2013）认为凯支持戴维对 QWERTY 键盘起源的描述。

争议案例:英国运煤车

如上所述,一个世纪以来在英国铁路交通中一直沿用的小型运煤车被视为技术相关性的典例。然而,D.N.麦克洛斯基(D.N. McCloskey, 1973)称这个例子令人怀疑,因为在他撰写文章的20年前,英国已经将煤矿和铁路国有化为共同财产,而在他写作的年代,小型运煤车仍然被广泛使用。范尼·L.范扶累克(Va Nee L. Van Vleck, 1997)进一步指出,小型运煤车很好地适应了20世纪早期的大型运输体系。他们为煤炭用量较小的用户提供了灵活的运输方式,同时节约了公路运输的成本,如果铁路运煤车更大的话,公路运输成本的减少对于小型运输来说是必要的。

彼得·斯科特(Peter Scott, 2001)回应道,很少有煤炭用户从小型车辆运输中获益。相反,他写道,这些运煤车体积小,所有权分散(根据不同煤矿而不同),陈旧的刹车和润滑系统,以及糟糕的物理性能使得它们的使用效率极低。用铁路公司所有和控制的现代化大型货车取代这些运煤车和相关基础设施,可以节省约56%的铁路运营成本,产生24%的新车和设施转换成本的社会回报率。然而它们没有被替换,因为规定迫使铁路公司只能在接受运煤车的固定价格,或以高价买断这些车辆并提供额外的补偿之中二选一。这使旧车的沉没成本变成了铁路的实际成本,使整个系统可变为现金的回报率降低到10%左右。此外,由于技术上的相互关联,在几乎所有旧车被更换之前,铁路不仅不会节省多少运营成本,还会进一步增加转型所需的交易成本。

1596

在讨论小型运煤车的存在如何依赖于路径的过程中时,斯科特写道,小型运煤车所体现的技术和支持分散所有权的制度的存在时长,早就超过了它们作为理性反应的早期条件。在19世纪中叶,煤矿对运煤车拥有所有权对铁路和煤矿均是有利的,并且政府立法保护车主免受铁路的机会主义行为的侵害。直到20世纪初,这些管理制度、运煤车和机械设备才过时。

将斯科特的分析放在更多有关路径依赖的文献中可以发现,他并没有指出,对于早期铁路来说,以大货车为主的某些替代性配置路径与以小货车为主的路径一样可行。他也没有说过小货车的最初采用还为时过早，或者这是期货市场不完善的结果。他的观点是，技术上的相互联系和历史遗留下来的高交易成本，共同锁定了一条比20世纪初的替代性制度所能实现的结果效率更低的结果路径。

争议案例：盒式录像系统

关于路径依赖的另一个有争议的案例是从20世纪70年代中期到20世纪80年代中期，盒式录像系统之间的竞争。由日本维克多公司(Japan Victor Corporation，JVC)领导的联盟推动的VHS系统成为标准，击败了索尼(Sony)的Betamax。阿瑟(Arthur，1990)解释说，这是影片租赁市场正反馈的结果：影片租赁商店将为拥有更大用户群的系统储存更多的电影，而消费者将采用他们可以租用更多影片的系统。阿瑟认为，如果人们普遍认为Betamax提供了更高的画质，那么此时，"市场的选择"并不是最好的结果。

然而，利博维茨和马戈利斯(Liebowitz and Margolis，1995)指出，索尼实际上是第一个进入市场的公司。他们认为，如果早期的领先优势是重要的，那么索尼应该赢得这场竞争。他们将VHS的胜利归因于积极的产品推广和VHS在播放时长方面的优势，并且他们提供了实质性的证据来反对阿瑟所主张的获胜系统可能是次优的这一观点。在他们看来，不是路径依赖，而是有目的、前瞻性的行为驱动了结果。[①]

相反，库苏马诺等人(Cusumano et al.，1992)认为影片租赁市场确实存在正反馈，但这一市场出现较晚，此时的VHS已经取得了强劲的领先地位。正反馈的出现使Betamax小而稳定的市场份额迅速下降，迫使它退出市场。

1597

更有趣的是，作者们将VHS的早期领先地位归因于供应商选择中的路径依赖，这本身就是供应商在消费者选择中前瞻性地考虑路径依赖的结果。

---

① 利博维茨和马戈利斯(Liebowitz and Margolis，1995)指出，就VHS而言，阿瑟含蓄地提出了对第三种路径——一个可补救但没有补救的错误——的依赖。但是，阿瑟没有提供任何可能表明结果是可补救的分析。可能有人争辩说阿瑟的分析是错误的，但这并不是一种主张。

制造商和分销商相信消费者的动态变化将最终导致一个单一的标准,便越来越多地支持 VHS 而不是 Betamax,因为他们看到其他人这样做,强化了他们对 VHS 将成为标准的预期。作者们认为,相较于其他品牌,VHS 的最终获胜是由于推广人早期策略的差异。首先,索尼最初奉行独善其身的战略,而 JVC 建立了一个供应商联盟,以便从可预见的市场份额正反馈中获益。其次,JVC 的合作伙伴松下(Matsushita)建立了庞大的生产能力,以巩固其他供应商的预期。最后,索尼猜测消费者更喜欢较小的磁带尺寸,而 JVC 则选择播放时间较长的较大录像带尺寸。在早期的几年里,更长的播放时间被证明对消费者更为重要,而只有 VHS 录像带可以录制整场美式橄榄球比赛或一部长电影。分销商顺应这一暂时的优势,永久加入了 VHS 联盟。

后来,利博维茨(Liebowitz, 2002)回应,更大的 VHS 盒式录像带尺寸提供了永久的优势,而非暂时的优势。他认为,带长更长的较大盒式录像带有助于提高磁速,从而在任何给定的总播放时间内都能获得更好的图像质量。

争议案例:信息科技

许多关于收益递增和路径依赖的文献集中在某些信息技术的市场上(Shapiro and Varian, 1998)。这些市场中的网络外部性(或网络效应)使占据更大市场份额的产品对新用户更有价值。这可能会产生从众效应(Rohlfs, 2001),使竞争具有赢者通吃,或者至少赢家吃掉大部分(Arthur, 1996)的特征。公司通过开发和战略性地促进专有系统"架构"成为实际标准,从而在这样的市场中获利(Morris and Ferguson, 1993)。较早进入市场很重要,新公司可能没有机会进入市场与老牌公司竞争(Arthur, 1996)。

一些观察家认为,应用这种分析,IBM 或者苹果电脑(Apple Computer),而非微软(Microsoft),本可以成为微型计算机的主导公司,控制关键架构或系统标准(Rohlfs, 2001; Carlton, 1997)。然而,只有微软的领导者比尔·盖茨(Bill Gates)有远见地认为,对操作系统标准的控制至关重要,并采取了相应行动。微软作为 IBM 的承包商进入了个人计算机行业,为 IBM 的个人计算机提供 MS-DOS 操作系统。因为 IBM 认为其硬件专业知识比软件更重

1598

要，所以它允许微软保留对 MS-DOS 的知识产权，甚至允许微软将其提供给与 IBM 竞争的计算机硬件公司。IBM 因此失去了对其产品基本架构的控制。当竞争对手的硬件供应商证明能够在不侵犯 IBM 的专利的情况下与 IBM 的功能相匹敌时，IBM 就基本上被排除在市场之外，而微软则蓬勃发展。

盖茨本人在 20 世纪 80 年代中期就已经认为，苹果的麦金托什（Macintosh）计算机系统及其创新的图形用户界面，特别适合成为新兴个人计算机市场的主要系统标准。令人心酸的是，盖茨甚至在 1985 年 6 月发送的一份著名的备忘录中，向苹果高管推荐了他认为是成功的策略，当时微软的大部分收入来自为苹果销售应用软件。备忘录的结论是："苹果必须开放麦金托什架构，以获得推动与建立标准所需的独立支持。"（Carlton，1997：40—43）实际上，盖茨觉察并运用了路径依赖的概念。

最终，苹果更倾向于严格控制麦金托什高度集成的硬件和软件架构，拒绝听从盖茨的建议。随后，盖茨把微软的注意力转向在微软 MS-DOS 操作系统的基础上开发自己的开放式架构的图形用户界面——Windows。微软确实获得了合作伙伴的独立支持，从而将 Windows 确立为关键的行业标准。因此，微软在个人计算机操作系统市场中占据了主导地位。

阿瑟（Arthur，1996）对信息技术公司的建议就包括这样一个战略，他后来称赞微软建立了一个统一的平台，使广大行业得以发展，众多公司欣欣向荣（Tetzeli，2016）。针对业界担心微软可能利用其领先地位来遏制竞争，阿瑟（Arthur，1996）表示，微软不应因赢得市场而受到惩罚，但应防止微软利用其在一个市场的主导地位而在另一个市场获得竞争优势。

阿瑟的警告表示了一种担忧，这种担忧促使硅谷的一些公司以及美国司法部的反垄断（竞争政策）部门越来越反对微软。从 1994 年开始，常驻硅谷的律师加里·里巴克（Gary Reback）及其同事在布莱恩·阿瑟和经济学家加思·萨洛纳（Garth Saloner）的咨询协助下，向反垄断部门提交了一系列白皮书。在其中的一篇文章中，作者们试图说服政府对微软采取行动，以阻止微软将其 Windows 操作系统与其新浏览器 Internet Explorer 捆绑在一起，他们认为这种捆绑阻碍了网景（Netscape）等新浏览器的有效竞争。他们提出，微软正在利用其在计算机操作系统中的优势来抢占当时新兴的互联网市场的主导地位，从而抑制竞争，损害消费者的利益。该白皮书受到了一些反垄断学者和律师以及新闻界的积极关注，并引导反垄断部门与微软达成协议，以限制微软的竞争行为。

1599 利博维茨和马戈利斯撰写了许多以反对上述白皮书为论点的专栏文章和政策文件，最终出版了一本书（Liebowitz and Margolis，1999）。他们基于先前关于路径依赖的论点，断言掠夺性捆绑是一个无法得到支持的概念，并进一步辩称，微软在几个软件市场上获得领先地位，仅仅是因为它提供了优质产品。

利博维茨和马戈利斯（Liebowitz and Margolis，1994）论点的更广泛的基础是，他们认为有益于信息产品用户的网络外部性是"金钱"外部性。金钱外部性是当一个经济主体的行为导致价格变动时，该经济主体对其他经济主体造成的收益或损失。尽管其他代理人受益或受损，但价格的变化反映了市场对新均衡结果的有效调整。利博维茨和马戈利斯认为，由供应者的市场交易来调节的外部性是金钱外部性，对经济效率没有影响。因此，供应商为赢得自己的市场而采取的行动只是激烈竞争的一部分良性过程，即在竞争中，最好的产品理应具有最好的获胜机会。因此，对微软竞争行为的限制将损害消费者的利益。从更广泛的角度来看，利博维茨和马戈利斯认为，关于路径依赖和网络外部性的文献对信息技术市场的分析贡献不大。

诺贝尔奖获得者保罗·克鲁格曼（Paul Krugman，1991：485）早在讨论经济地理的收益递增问题时，就已经对利博维茨和马戈利斯提出了部分反驳。在完全竞争中，克鲁格曼写道："金钱外部性对福利没有影响，不能带来……有趣的动态……但是，在竞争不完全和收益递增的情况下，金钱外部性很重要。例如，如果某家公司的行为影响了另一家公司的产品需求，且后者的产品的价格超过了边际成本，那么这才是'真正的'外部性，就像某家公司的研究和开发溢出到普通知识库中一样。"扩展克鲁格曼的观点，我们所熟悉的可以忽略金钱外部性的分析方法仅适用于完全竞争、动态趋同且具有唯一均衡的价格接受市场。它不符合某些行业分析师总结的信息技术市场的许多细分条件，也不符合阿瑟和其他人在收益递增导致路径依赖的理论中提出的条件。在这种情况下，克鲁格曼所谓的"有趣的动态"可能会影响结果。因此，在阿瑟等人看来，允许微软捆绑产品并以领先优势进入市场，可能会阻止竞争对手推出和推广优质产品。

争议案例：经济地理学

自 1990 年以来，路径依赖在经济地理学中被大量应用。最值得注意的是，诺贝尔奖获得者保罗·克鲁格曼（Paul Krugman，1991）、阿瑟（Arthur，1994）和其他人都将工业区位的例子解释为历史性小事件的结果，而这些小事件的影响因正反馈而扩大。在电子和信息技术聚集地硅谷，以及美国地毯生产聚集地佐治亚州道尔顿（Dolton），其初始公司被认为是出于一些非系统原因，而非该地区的任何固有优势而落户的。因为新公司发现在同一行业中靠近其他公司具有成本优势，所以初始公司同专业供应商、行业客户和竞争对手建立了越来越紧密的联系网络。特别是在硅谷，这些优势包括分享技术知识和丰富的专业劳动力市场，这些市场为初创企业提供了便利的人员配置，同时也为失败的初创企业工人提供了快速的再就业机会。

1600

这些文献颠覆了经济地理学对工业区位系统性原因的传统关注。在模型中，集聚外部性（或集聚效应）对配置过程的路径依赖起到了如同网络外部性（或网络效应）的作用。同样，利博维茨和马戈利斯（Liebowitz and Margolis，1994，1995）认为，外部性在本质上主要是金钱性的，并且（或者）通过地租等市场机制内部化，因此对工业选址过程没有实质性的福利影响。相比之下，克鲁格曼（Krugman，1991）提出了一个模型，在该模型中，外部性内在地导致了核心工业区与外围工业区的分离，不同地区的生产力和收入不同。他的模型采用了金钱外部性，但他认为外部性是不是金钱性的并无本质区别。

在历史研究中，布利克利和林（Bleakley and Lin，2012）调查了美国部分地区的水运枢纽。这些地方成为早期的商业和工业中心，既是由于它们为旅客提供了驻脚地，也是由于水能的可用性。更有趣的是，布利克利和林记录了这些地方保持经济上的重要地位的原因，甚至在原始优势被淘汰后，这些地方变得更加重要。他们用局部规模收益递增引起路径依赖的模型来解释这一现象。

尼古劳斯·沃尔夫(Nikolaus Wolf)和许多合著者撰写了大量关于欧洲工业区位的论文。N.F.R.克拉夫茨和沃尔夫(N.F.R. Crafts and Wolf, 2014)解释了1838年英国棉纺织业的地理区位,认为它是“第一和第二自然”特征结合的结果——既有包括水力优势在内的过去几十年的原始优势,也有沉没成本和集聚效应导致的获得性优势。雷丁等人(Redding et al., 2011)讨论了第二次世界大战后德国的分裂如何导致德国国家航空运输枢纽从柏林转移到法兰克福。并且,德国的重新统一和柏林重新成为首都也没有使航空中心回到柏林。作者提出的证据表明,德国航空运输枢纽的搬迁并不是由经济基本面单独决定的,而是多种稳定状态之间的转换。

争议案例:制度变迁

在制度变迁中,关于路径依赖的文献也越来越多。道格拉斯·诺思(Douglass North, 1990)很早就将路径依赖的概念应用于制度变迁,他提出了历史上的一些例子,说明制度在不断变化的条件下依然存在,并愈发与条件不相适应。戴维(David, 1993, 1994)提出了在技术、制度、组织和其他问题中路径依赖的分析相似性。

1601

艾肯格林(Eichengreen, 1996)和迈斯纳(Meissner, 2005)认为,货币体系的全球化,如19世纪末的经典金本位制,是路径依赖的。他们从网络的正外部性角度解释了采用共同货币体系降低交易成本的原因。

加里·利贝卡(Gary Libecap, 2011)论述了美国西部干旱地区供水产权和分配机制长期以来的路径依赖。他发现,为应对19世纪末和20世纪初的情况而制定的制度安排,减少了以后将水重新分配给更高价值的用途或应对水文不确定性的机会。

争议案例:核反应堆与害虫防治

罗宾·考恩(Robin Cowan, 1990)在另一份关于路径依赖的早期出版物中指出，短暂的环境和路径依赖学习效应使民用核反应堆普遍采用“轻水”设计。这一设计改编自核潜艇，出于展示和平利用核技术的政治价值这一目的，该设计在冷战期间仓促投入使用。此后，工程经验的学习效应继续使“轻水”设计成为新反应堆的合理选择。然而，考恩认为，在同等程度的开发下，替代设计可能会更优越。

考恩和冈比(Cowan and Gunby, 1996)研究了农民在化学害虫控制系统和综合害虫管理(integrated pest management, IPM)替代系统之间选择的路径依赖问题。IPM利用捕食性昆虫来吞食有害昆虫，而邻近农田飘来的任何化学杀虫剂都会使IPM的使用变得困难，甚至不可能。因此，IPM必须在彼此邻近的整片农场中使用。在这种情况下，说服所有农民放弃化学方法往往因交易成本过大而难以实现。除了这些局部正反馈外，局部学习效应也使得系统之间的选择依赖于路径。每一种做法的局部锁入有时会因新害虫的入侵和对农药抗药性的出现而终止。

争议案例：铁路轨距

普弗特(Puffert, 2000, 2002, 2009)对铁路轨距区域标准的研究，似乎是迄今为止在技术选择中对路径依赖进行的最广泛的案例研究。轨距选择过程的大量局部实现(与QWERTY键盘和其他案例中的单一实现不同)有助于阐明路径依赖过程的各种特性的重要性。

铁路轨距发展史上最重要的一件事是，任用工程师乔治·斯蒂芬森(George Stephenson)建造利物浦和曼彻斯特铁路，该铁路于1830年开通。斯蒂芬森使用了4英尺8.5英寸的原始煤电车轨道，他在这个轨距上用蒸汽机车进行了早期试验。而一个竞争对手的工程师团队则提议使用前所未有的5英尺6英寸的轨道建造这条线路，他们认为这是适合新一代铁路的轨距。利物浦和曼彻斯特铁路立即成为英国、美国和欧洲大陆早期铁路的最佳实践模式，其轨距也被广泛采用。然而，在利物浦和曼彻斯特铁路通车的十年内，许多工程师开始认识到更宽的轨距实际上更为优越。尽管如此，自那以后，斯蒂芬森轨距在总路线长度方面一直保持领先地位。

1602

普弗特区分了导致特定地区引入特定轨距的非系统事件与系统发展。他谈到了正反馈如何导致区域标准轨距的出现，因为新的铁路线通常采用相邻地区已建立的轨距，而轨距多样性在更大范围内出现，是因为一个国家或大陆的不同区域最初采用的轨距就不同。结果，英国出现了两个区域标准轨距，北美出现了六个，欧洲大陆出现了六个，澳大利亚出现了三个，其他互通区域也出现了多个轨距。普弗特考虑了优化行为最终如何在某些情况下引发轨距的规范转换和铁路网络的集成化提高。

普弗特发现，应对或解决多样性的成本是轨距方面由路径依赖造成的一种主要的低效率问题，这远超过普遍使用斯蒂芬森轨距相对于假设中更宽的标准轨距造成的低效率。尽管如此，多样性在成本最高的地方最容易被解决，解决的机制通常是利博维茨和马戈利斯(Liebowitz and Margolis, 1995)讨论的那种协调行为。例如，英国和北美的多样性，在很大程度上是由共同所有制下的区域间铁路系统的发展所解决的，这种铁路系统将标准化的好处内部化了。尽管如此，这种改进还是采取了戴维(David, 2001)所说的路径约束的改进形式，而不是完全适应工程师和铁路部门认为的最佳做法。英国专家们普遍认为，最佳轨距的范围是 5 英尺(1 524 毫米)到 5 英尺 6 英寸(1 676 毫米)之间，而此时，英国将斯蒂芬森轨距定为标准。与此同时，北美也将斯蒂芬森轨距定为标准，当时，专家一致赞成的美国东南部的 5 英尺的地区标准轨距则被拒绝。政府的参与在某些情况下有助于有益的标准化，在另一些情况下则会阻碍标准化，有时是出于保护主义的原因。

普弗特认可了在轨距选择过程中作出有影响力决定的异质性个体的重要作用，其中一些是基于敏锐的远见或有目的的模仿学习，而另一些人的想法却不那么周到，但他们都在追求自己未来图景的同时受制于过去。技术、地理和市场力量发挥了重要的系统性作用，而正反馈则对该过程的非系统性特征产生了越来越大的影响。与凯(Kay, 2013)撰写的关于 QWERTY 键盘的文章形成鲜明对比的是，在重新审视历史的过程中，斯蒂芬森轨距并非始终优越。

1603

其中一个案例提供了一个特别深刻的例子，说明了依赖路径的过程如何保留和放大特殊错误的影响，且这种错误很容易被各态历经分配过程消除。1850 年，澳大利亚的三个主要殖民地——新南威尔士州、维多利亚州和南澳大利亚州——协调了它们的轨距选择，采用了英国政府最近为爱尔兰选定的5英尺3英寸的轨距。然而，1852年受雇在新南威尔士州建造第一条铁路的工程师坚持使用斯蒂芬森标准轨距，并且殖民地的议会也同意了这一点。在地方政府的支持下，其他殖民地的铁路公司在继续实施采用更宽轨距计划的同时，进行了激烈的抗议。维多利亚州一位特别敏锐的工程师极力主张接受新南威尔士州令人遗憾的改变，但其他铁路公司的官员和政客们却固执地夸大了他们所喜欢的轨距的优点。澳大利亚总督和英国殖民地办公室都拒绝干预(尽管专家支持更宽的轨距和标准化的必要性)，这反映了当局在殖民地推动自治的政策。①

正如许多人预见的，澳大利亚最终背负了一种不必要的、代价昂贵的多样化轨距，这一直持续到今天。在经历了一个世纪的争论之后，澳大利亚轨距标准化的努力开始取得成果，因此国家铁路网在很大程度上得以合理化。然而，首先应对，然后部分解决澳大利亚缺乏铁路网整合的成本是巨大的。这些成本可能被视为制度失灵的结果——尽管这不只是市场失灵或政府失灵。更根本的是，这些成本是配置过程的结果，这种配置过程既不能系统地覆盖错误选择，也不能确保最佳的技术选择或网络集成程度，即使是以当前的知识标准来看也是如此。

结　语

路径依赖的概念为研究过去的选择和事件对当前经济特征的影响提供了一个富有成效的框架。但这可能是一个棘手的概念，因为它需要密切关注结果如何取决于过去产生的制约因素和面向未来的目标。

路径依赖既涉及潜在配置路径的分支，也涉及路径的稳定性或锁入。分支的部分原因可能是由于过程中的非系统元素，以及导致正反馈的收益递

① 当然，这个故事的许多特点在澳大利亚是众所周知的，但是约翰·米尔斯(John Mills，2007)最近的研究澄清了在19世纪50年代早期关键行为体的相互关联的选择。

增。这种稳定性可能是由协调成本以及现实中变轨的实物成本造成的。

1604 在早期，一些路径依赖的理论家对前瞻性行为可能覆盖或极大地改变路径依赖过程这一问题缺乏足够的关注。怀疑论者把一个在根本上是动态的过程视为一个在根本上是静态的过程，并且也没有看到赞成论者对市场的复杂理解。

当然，检验一个分析性概念需要考虑其解释力的强弱。路径依赖，加上诸如收益递增和正反馈等相关概念，是否提供了之前隐藏的关于阐明经济产出和变化过程方面的见解？历史偶然性和有意识的目的论这两种截然不同的解释模式是否最终兼容，甚至是协同的？经济史仅仅是对有目的行为曾经的作用进行研究吗，还是为经济和社会如何运作提供了新的视角？我们可能得到的教训是，结果并不总是一只客观的看不见的手的可预测的结论，而是众人合力的令人惊讶之作，人们的选择使结果沿着历史路径的某一方向前进，无论这一方向是好的还是坏的，或者仅仅是不同的。

参考文献

Arthur, W.B. (1989) "Competing Technologies, Increasing Returns, and Lock-in by Historical Events", *Econ J*, 99:116—131.

Arthur, W.B. (1990) "Positive Feedbacks in the Economy", *Sci Am*, 262(February): 92—99.

Arthur, W.B. (1994) *Increasing Returns and Path Dependence in the Economy*. University of Michigan Press, Ann Arbor.

Arthur, W.B. (1996) "Increasing Returns and the New World of Business", *Harv Bus Rev*, 74(4):100—109.

Arthur, W.B. (2013) "Comment on Neil Kay's Paper: Rerun the Tape of History and QWERTY Always Wins", *Res Policy*, 42: 1186—1187.

Bleakley, H., Lin, J. (2012) "Portage: Path Dependence and Increasing Returns in U.S. History", *Q J Econ*, 127:587—644.

Carlton, J. (1997) *Apple: The Inside Story of Intrigue, Egomania, and Business Blunders*. Times Business, New York.

Cowan, R. (1990) "Nuclear Power Reactors: A Study in Technological Lock-in", *J Econ Hist*, 50:541—567.

Cowan, R., Gunby, P. (1996) "Sprayed to Death: Path Dependence, Lock-in and Pest Control Strategies", *Econ J*, 106:521—542.

Crafts, N.F.R., Wolf, N. (2014) "The Location of the British Cotton Textiles Industry in 1838: A Quantitative Analysis", *J Econ Hist*, 74:1103—1139.

Cusumano, M.A., Mylonadis, Y., Rosenbloom, R.S. (1992) "Strategic Maneuvering and Mass-market Dynamics: The Triumph of VHS over Beta", *Bus Hist Rev*, 66:51—94.

David, P.A. (1975) *Technical Choice, Innovation and Economic Growth: Essays on American and British Experience in the Nineteenth Century*. Cambridge University Press, Cambridge, UK.

David, P.A. (1985) "Clio and the Economics of QWERTY", *Am Econ Rev*, Pap Proc 75: 332—337.

David, P. A. (1986) "Understanding the Economics of QWERTY: The Necessity of History", in Parker, W.N. (ed) *Economic History and the Modern Economist*. Oxford University Press, Oxford.

David, P.A. (1993) "Path Dependence and Predictability in Dynamic Systems with Local Network Externalities: A Paradigm for Historical Economics", in Foray, D., Freeman, C. (eds) *Technology and the Wealth of Nations: The Dynamics of Constructed Advantage*. Pinter, London.

David, P.A. (1994) "Why are Institutions the 'Carriers of History'? Path Dependence and the Evolution of Conventions, Organizations and Institutions", *Econ Dyn Struct Chang*, 5: 205—220.

David, P.A. (1997) *Path Dependence and the Quest for Historical Economics: One more Chorus of the Ballad of QWERTY*. University of Oxford discussion papers in economic and social history no.20.

David, P.A. (1999) "At Last, a Remedy for Chronic QWERTY-skepticism!", discussion paper for the European Summer School in Industrial Dynamics, held at l'Institute d'Etudes Scientifiques de Cargese (Corse), France, September. https://econwpa.ub.uni-muenchen.de/econ-wp/eh/papers/0502/0502004.pdf. Accessed 29 Apr 2019.

David, P.A. (2001) "Path Dependence, Its Critics and the Quest for 'Historical Economics'", in Garrouste, P., Ioannides, S. (eds) *Evolution and Path Dependence in Economic Ideas, Past and Present*. Edward Elgar, Cheltenham/Northampton.

David, P.A. (2007) "Path Dependence: A Foundational Concept for Historical Social Science", *Cliometrica*, 1:91—114.

Eichengreen, B. (1996) *Globalizing Capital: A History of the International Monetary System*. Princeton University Press, Princeton.

Farrell, J., Saloner, G. (1985) "Standardization, Compatibility, and Innovation", *Rand J*, 16:70—83.

Frankel, M. (1955) "Obsolescence and Technological Change in a Maturing Economy", *Am Econ Rev*, 45:296—319.

Gould, S.J. (1989) *Wonderful Life: The Burgess Shale and the Nature of History*. W. W. Norton, New York.

Katz, M.L., Shapiro, C. (1985) "Network Externalities, Competition, and Compatibility", *Am Econ Rev*, 75:424—440.

Kay, N.M. (2013a) "Rerun the Tape of History and QWERTY Always Wins", *Res Policy*, 42:1175—1185.

Kay, N.M. (2013b) "Lock-in, Path Dependence, and the Internationalization of QWERTY", Scottish institute for research in economics discussion paper 2013—41.

Kindleberger, C. P. (1964) *Economic Growth in France and Britain, 1851—1950*. Harvard University Press, Cambridge, MA.

Krugman, P. (1991) "Increasing Returns and Economic Geography", *J Polit Econ*, 99: 483—499.

Libecap GD (2011) "Institutional Path Dependence in Adaptation to Climate: Coman's 'Some Unsettled Problems of Irrigation'", *Am Econ Rev*, 101:1—19.

Liebowitz, S. J. (2002) *Rethinking the Network Economy*. AMACOM, New York.

Liebowitz, S.J., Margolis, S.E. (1990) "The Fable of the Keys", *J Law Econ*, 33: 1—25.

Liebowitz, S.J., Margolis, S.E. (1994) "Network Externality, An Uncommon Tragedy", *J Econ Perspect*, 8:133—150.

Liebowitz, S.J., Margolis, S.E. (1995) "Path Dependence, Lock-in, and History", *J Law Econ Org*, 11:204—226.

Liebowitz, S.J., Margolis, S.E. (1999) *Winners, Losers, and Microsoft: Competition and Antitrust in High Technology*. The Independent Institute, Oakland.

Margolis, S.E. (2013) "A Tip of the Hat to Kay and QWERTY", *Res Policy*, 42: 1188—1190.

McCloskey, D.N. (1973) *Economic Matu-*

rity and Entrepreneurial Decline：*British Iron and Steel*. Harvard University Press, Cambridge, MA, pp.1870—1913.

Meissner, C.M. (2005) "A New World Order: Explaining the International Diffusion of the Gold Standard, 1870—1913", *J Int Econ*, 66:385—406.

Mills, J. A. (2007) "The Myth of the Standard Gauge: Rail Gauge Choice in Australia 1850—1901", PhD dissertation, Griffith University.

Morris, C. R., Ferguson, C. H. (1993) "How Architecture Wins Technology Wars", *Harv Bus Rev*, 71:86—96. (March—April).

North, D.C. (1990) *Institutions*, *Institutional Change*, *and Economic Performance*. Cambridge University Press, Cambridge, UK.

Puffert, D.J. (1991) "The Economics of Spatial Network Externalities and the Dynamics of Railway Gauge Standardization", PhD dissertation, Stanford University.

Puffert, D.J. (2000) "The Standardization of Track Gauge on North American Railways, 1830—1890", *J Econ Hist*, 60:933—960.

Puffert, D.J. (2002) "Path Dependence in Spatial Networks: The Standardization of Railway Track Gauge", *Explor Econ Hist*, 39: 282—314.

Puffert, D.J. (2004) "Path Dependence, Network Form, and Technological Change", in Guinnane, T., Sundstrom, W., Whatley, W. (eds) *History Matters*: *Essays on Economic Growth*, *Technology*, *and Demographic Change*. Stanford University Press, Stanford.

Puffert, D.J. (2009) *Tracks Across Continents*, *Paths through History*: *The Economic Dynamics of Standardization in Railway Gauge*. University of Chicago Press, Chicago.

Redding, S., Sturm, D., Wolf, N. (2011) "History and Industrial Location: Evidence from German Airports", *Rev Econ Stat*, 93: 814—831.

Rohlfs, J.H. (2001) *Bandwagon Effects in High-technology Industries*. MIT Press, Cambridge, MA.

Scott, P. (2001) "Path Dependence and Britain's 'Coal Wagon Problem'", *Explor Econ Hist*, 38:366—385.

Shapiro, C., Varian, H.R. (1998) *Information Rules*. Harvard Business School Press, Cambridge, MA.

Tetzeli, R. (2016) "A Short History of the most Important Economic Theory in Tech. Fast Company", https://www.fastcompany.com/3064681/most-important-economic-theory-in-technology-brianarthur. Accessed 14 Apr 2019.

Van Vleck, V. N. L. (1997) "Delivering Coal by Road and Rail in Britain: The Efficiency of the 'Silly Little Bobtailed' Coal Wagons", *J Econ Hist*, 57:139—160.

Veblen, T. (1915) *Imperial Germany and the Industrial Revolution*. Macmillan, London.

第四章

分析叙述

——定义及其在历史解释中的应用*

菲利普·蒙然

摘要

“分析叙述”一词用于代指近期一系列融合历史学、政治学和经济学的问题的研究。这种研究方法旨在通过结合历史学家常用的叙述方法，以及经济学家和政治学家常用的、从形式理性选择理论中得出的分析工具，来解释特定的历史事件。博弈论，尤其是其广义形式，目前在这些工具中占主导地位，但是这种技术并不是必然选择。本章通过回顾重要著作《分析叙述》的研究来解释什么是分析叙述，这些研究涉及广义的政治机构运作，以及一些军事和国防的案例(这些研究是分析叙述文献的独立来源)。本章在逐步形成分析叙述的定义的同时，也探讨了分析叙述如何实现其主要目的之一：提供比传统历史学更可靠的解释。本讨论过程中的一个重要原则是，叙述不仅要提供事实和问题，还要有助于解释本身。本章也会根据应用该原则的不同方式，区分几个分析叙述的解释性方案。从已有论据来看，分析叙述特别值得经济史学家关注，因为当前的分析叙述仅仅与微观经济的相互作用有关，而这并非其关注焦点，也就是说，当前的分析叙述应用的潜力尚未被充分挖掘。

关键词

分析叙述　博弈论　理性选择理论　历史解释　叙述与模型　案例分析法
制度均衡分析　威慑理论　政治经济学　安全研究

---

* 本章扩展了作者于2015—2016年访问德国柏林高等研究院(Wissenschaftskolleg zu Berlin)时开始的工作。对于有用的评论和鼓励，笔者感谢史蒂文・布拉姆斯(Steven Brams)、伯特兰・克雷特兹(Bertrand Crettez)、洛兰・达斯顿(Lorraine Daston)、克洛德・迪耶博、弗朗索瓦丝・福尔热(Françoise Forges)、卢卡・朱利亚尼(Luca Giuliani)、迈克尔・戈丁(Michael Gordin)、迈克尔・豪珀特、本杰明・米勒(Benjamin Miller)、罗杰・兰塞姆(Roger Ransom)、丹尼尔・舍恩普夫卢格(Daniel Schönpflug)、弗兰克・扎加雷(Frank Zagare)，以及“叙事解释的局限性和可能性”(德国柏林高等研究院，2016年3月17—18日)和“叙事的计算模型2016”(波兰克拉科夫市，2016年7月11—12日)研讨会的参与者。非常感谢本・扬(Ben Young)和迈克尔・豪珀特协助准备了最终文稿。

引　言

1608

“分析叙述”(analytic narratives, AN)研究历史学、政治学和经济学学术边界上的问题。这些研究旨在通过结合历史学家常用的叙述方法,以及经济学家和政治学家常用的分析方法,来解释特定的历史事件。由于其研究非常具体,不同研究所涉及的历史情况、事件或行动很少发生重叠。因此,分析叙述的统一之处不在于对象,而在于解释的方法,从这个角度看,它们有两大共同原则。第一,分析叙述同时使用叙述和分析的资源,其假设是,这比单独使用任何一种技术都能更好地解决解释性的问题。第二,分析叙述的分析部分来自理性决策理论,其中最突出的是博弈论,其假设是,这些理论所使用的工具符合叙述和分析相结合的目的。我们需要更多的论述来描述分析叙述的特征,但是这两个原则是其定义的重要组成部分。

上述两个原则在《分析叙述》(*Analytic Narratives*)(Bates et al., 1998)中得到了最为清晰的表述,这是一本重要的集体著作,它不仅普及了这一表述,而且为分析叙述提供了声明及说明性的案例研究。这些研究属于政治学的历史分支,要了解其完整流派,则必须转向其他领域的历史部分,即军事研究、安全研究、国际关系研究,在这些研究发展的过程中,分析叙述也经历了自主发展。在同名著作发行以前,分析叙述的类似形式已经开始流传。除了给予这些重要的(尽管是无意识的)历史尝试以溯源结构外,《分析叙述》还追求关于政治制度的特定程序,以重构个体相互作用的均衡,这些通常以博弈论为模型。本章主要关注分析叙述和历史之间的联系,虽然会提到这种联系与理论政治学的关系,但不会展开。 1609

我们首先研究《分析叙述》中的五个案例,然后通过军事和安全研究中另外五个案例,以及一个使用了相同技术的政治历史案例,来解释什么是分析叙述。我们通常采用自下而上的方法,首先汇总案例,然后尝试捕捉它们的方法论特征。当我们沿着这条归纳之路行进时,我们将确定分析叙述的第三项指导原则,该原则没有前两项那么透明,其大意是叙述部分不仅提供了可用来检验解释性假设的数据,也有助于对该假设的解释。与前两个原则一样，本章同样将第三项原则作为定义性原则，以更精确地定义分析叙述。

对第三项原则的强调，以及普遍性地提升叙述部分的特点，在本章和笔者的其他论述中很常见，在其他论述中甚至得到了更多的强调。沿着相同的分析思路，我们将对不同形式的分析叙述进行内部区分。观察结果的关键在于，有些分析叙述给出了叙述的最终解释词，而另一些则用理论语言陈述了其解释性结论。因此，尽管我们认为第三项原则是定义性的，但我们同时也认为该原则可以在不同分析叙述之间以完全不同的操作方式实现。

除了提供定义外，本章还评估了分析叙述对历史解释的贡献程度。为此，我们使用亨普尔（Hempel, 1965）和其他科学哲学家提出的演绎解释的方案，以阐明科学解释的结构。这种方案在某些分析叙述使用者中很流行，但是我们将指出，分析叙述本身与这种方案的结合粗浅且不严密。然而，解释性论证中演绎失败的发现起了积极的作用，因为它为我们提供了一个主张：分析叙述的叙述部分在构建其解释时补充了演绎。这就是本章将这两个主题——分析叙述的定义及其解释能力的说明——联系起来的方式。

本章内容如下。“《分析叙述》的五项研究”部分总结了贝茨（Bates）、格雷夫（Greif）、利瓦伊（Levi）、罗森塔尔（Rosenthal）和温格斯特（Weingast）在《分析叙述》中收集的研究材料。“分析叙述的一些定义特征”部分利用上述材料对分析叙述进行更进一步的定义。特别是，该部分指出分析叙述应该包含适当的形式主义，且这种形式主义不必局限于本书所采用的博弈论。该部分仅阐明作者们自己的建议。“军事和安全研究的分析叙述”部分对样本进行扩展，其中包括海伍德（Haywood）和蒙然的两项关于古巴危机的军事研究（此处应用仅为便于比较）、扎加雷的一些安全研究[尤其是摘录自他2011年的参考书《七月博弈》（*The Games of July*）的部分]，以及纳莱帕（Nalepa）对政治转型的研究。“分析叙述与演绎解释”部分通过参考科学解释的演绎方案，讨论了分析叙述如何有助于历史解释。“分析叙述中叙述的作用”部分讨论了分析叙述的叙述因素，并提出它可以弥补上一部分所指出的演绎方案的某些失败。由此，我们结束了有关分析叙述对历史解释所作贡献的评估，同时建立我们对这一流派的定义。此外，该部分还根据叙述阐释的方式对分析叙述进行分类，包括交替（模型与叙述的交替使用）、局部补充(模型对叙述的局部补充)和分析后叙述(其中模型和叙述简单并列)三个类别。“结语”部分简单地说明,分析叙述可能成为经济史研究的一种工具。

《分析叙述》的五项研究

本部分中,我们将按照《分析叙述》一书中所采用的时间顺序,简单回顾该书介绍的五个案例研究。下一部分将使用此主要示例介绍对分析叙述的一般性讨论。

案例 1:中世纪热那亚(格雷夫)

在中世纪时期,热那亚城邦起初由民选的执政官(consul)统治(1096—1194 年),后来由从城外挑选的地方行政官——执法官(podestà)统治(1194—1334 年)。在执政官统治下,城邦的和平从 1096 年持续到 1164 年(第一阶段),然后发生了从 1164 年到 1194 年(第二阶段)的内战。随后在执法官的统治下,整个时期(第三阶段)民间和平盛行。热那亚的主要经济活动是地中海的长途贸易,这种经济活动伴随着公民生活安定而繁荣,即在第一阶段和第三阶段,且在第一阶段末期达到明显的高峰。热那亚经济和政治生活的主要行为体是家族,在研究涉及的大部分时间里,家族似乎都保持了自己的认同和相对影响力。如果这是事实,那时间序列就会出现问题。为什么家族在执政官统治未发生变化的情况下,先进行合作,然后又斗争?为什么他们的合作在第一阶段和平时期的末期最有效?向执法官制度的转变如何有助于推动重建并维持公民和平,以及为什么会发生这种情况?这些是格雷夫主要说明的问题。他指出,历史学家的研究未能给出满意的答案,甚至无法完全清楚地提出这些问题。

对此,格雷夫通过构建两类完全信息博弈来作出回应。随后,他研究了这两个博弈的子博弈完美均衡,这是此类博弈的经典做法。①与执政官制度

1611

① 有关本章讨论的博弈论,请参见 Morrow, 1994; Harrington, 2009。更高层面的研究请参见 Myerson, 1991; Osborne and Rubinstein, 1994。

有关的第一类博弈有两个博弈，这两个博弈都将家族作为参与者，它们之间的区别取决于热那亚的海上财产数量是外生的还是内生的。我们将只介绍两者中较简单的一个，即财产数量为外生的博弈。①该博弈将德意志皇帝造成的外部威胁作为可变参数，解释了从第一阶段到第二阶段的变化。根据威胁是否存在，格雷夫保留了不同的子博弈完美均衡——这里重新标记为相互威慑平衡(mutual deterrence equilibrium, MDE)。这种威胁的存在通过以下机制将家族推向互利的相互威慑平衡。总的来说，家族竞争对执政官职位的控制，这将保证他们获得更高份额的贸易收益，而这种竞争之所以和平稳定，只是因为他们花费在威慑上的那些资源要是花费在联合贸易上可以更有利可图。这就是相互威慑平衡形式上的结果。现在，当外部战争发生时，掌权的家族也承担了外部战争的重担，因此外部威胁改变了家族赢得执政官职位的预期净收益。这就是为什么在存在这种威胁时，用于威慑的资源较少而用于联合贸易的资源较多的相互威慑平衡就会出现。本章仅非正式地介绍他的第一类博弈，完整的处理方法在格雷夫的论述(Greif, 2006: Chap.8)中。

第二类只有一个博弈，用于第三阶段，并且以执法官作为第三方参与者。除了其他因素，它还囊括了家族的两种战略可能性，即接受执法官的统治，或冒着与执法官和其他家族发动战争的风险，试图控制热那亚。对于相关的参数条件，此博弈具有一个子博弈完美均衡，可以解释执法官制度的稳定作用。在这种平衡状态下，家族1(首先作出行动)放弃了对家族2的挑战。家族2(对家族1的行动作出反应)如果受到挑战就会与之斗争。如果发生斗争，执法官(对两个家族的行动作出反应)就会与家族2联合对抗家族1；如果没有斗争，则会与家族1联合。执法官与家族1勾结的可能促使家族2发起战斗；而执法官与家族2联合的可能又使家族1在第一步行动时放弃发起挑战。正如子博弈完美均衡所展示的那样，这两个威胁是可信的。均衡的存在与否取决于参数，即参与者胜负的概率以及随之而来的收益。最重要的是执法官的参数值，因为它们应该与历史学家所描述的执法官的

① 只有第二个博弈才有可能调查家族之间的权衡取舍，后者包括为赢得对热那亚的控制而发动内战，以及为获得更多海上财产而和平合作。

奖励计划和军事手段相匹配。格雷夫的文章详细介绍了执法官制度模型(另见 Greif，2006：Chap.8)。①

案例 2：旧财政体制(罗森塔尔)

1612

一个经典的历史问题涉及理解为什么法国和英格兰在 17 世纪和 18 世纪之间制度变迁的步伐会有所不同，法国一直保持绝对君主制直至最终分裂，而英格兰则逐渐走向代议制政府。罗森塔尔根据两国的财政结构差异重新考虑了这一问题。鉴于税收主要用于战争，他提出了另一个问题，即一国的战争方式如何与其政治制度联系起来。

检验由一个非形式化的模型进行，罗森塔尔在附录中将其形式化。该检验存在国王和精英(代表英格兰议会和法国三级会议及所有存在的外省三级会议的抽象概念)两个行为体，他们享有单独的财政资源，并试图在战争中善加利用以获得收益。根据假设，国王本身有发动战争的权力，如果国王发动战争，则精英阶层会决定是否进行经济参与。由于大多数战争需要联合资金，因此存在搭便车的问题，模型显示，当国王和精英之间共享财政资源时，这个问题比资金在一个博弈者手中时更为严重。据此可以预测：战争越频繁，国王在财政资源中所占的份额就越高。罗森塔尔认为，法国的绝对主义是共享的例子，而英格兰的代议制政府则近乎是被精英控制的。因此，他有一个粗略的预测来检验这两个国家，并且能够解决它们的战争与政权如何相关这一问题。此外，他的模型还作出了正确的预测，即英格兰的总体税收水平高于法国。但是，目前尚不清楚如何解释两国政治变革步伐不同这一初始问题。

案例 3：19 世纪征兵(利瓦伊)

在 19 世纪，一些西方国家改变了兵役制度，从规定买断义务的征兵制，转变为或多或少的普遍征兵制。历史学家通常强调民主化和军事效率是造成这种情况的两个可能原因。但是，后者在技术上存在疑问(一支职业军队

① 关于格雷夫对执法官制度的论述，对此持批评态度的研究者称，该制度源自德意志皇帝，而不是热那亚人。但是，请参见第 113 页注释①。

将主导所有其他安排)，而前者从改革的时机来看存在异议(军事改革在普选之前或之后都会发生)。从这些异议出发，利瓦伊比较了法国、美国和普鲁士的变化，不仅关注时间顺序模式，而且关注买断的不同模式(存在三种不同的形式，即替代、替换、折合)。她并不是要完全取代先前的解释，而是要将其归入自己的解释。

为此，利瓦伊本着形式化政治经济学的精神进行了非形式化分析，其中，三个主要行为体对国家关于征兵制度的决策施加了影响。这三个主要行为体分别是：军队——只想要军事效率；政府——平衡军事效率与社会经济因素(例如有效地雇用人口)；以及立法机构——将自身与包含传统精英、中产阶级和工人三个社会群体的、组成选民全体的联盟相联合。有了这种结构，每个国家的改革模式就可以通过假设行为体动机的变化来解释。利瓦伊提出了两个这样的变化，即军队和政府对兵力的需求增加，以及立法机关不断变化的偏好，二者都推动制度向普遍征兵的方向发展。她将后一种变化与具有政治影响力的联盟内部的改组(关键的中产阶级远离传统精英并与工人结盟)，以及社会群体中对平等的要求的提高联系起来。历史文献中的这两个主要假设再次出现了(尽管包括在系统解释方案中)。该研究借鉴了利瓦伊(Levi, 1997)在同一主题上详尽的前作，因此包含了丰富的历史证据。

1613

案例4:美国内战战前联合会(温格斯特)

长期以来，美国的历史学家一直对美国内战前的几十年间联邦的相对稳定感到困惑。传统上，他们认为奴隶制最初并不是一个会引起分裂的问题，而且杰克逊(Jackson)之后的民主党成功地管理了南方和北方的利益联盟。其他人则强调了地方性政治问题和不断变化的经济状况的作用。温格斯特在一个强调明确的政治安排的叙述中，将这些因素包括在内，特别是以下平衡原则(rule of balance)：奴隶州应与自由州保持数量相等，以使南方在参议院拥有否决权。该叙述记录了每次新州的加入威胁到平衡时，美国所经历的危机。第一次危机导致妥协规则的出现，这有助于解决第二次危机，但无法解决第三次。最终的失败在于经济和政治因素的混合：若要在继续向西方扩张的情况下保持有效的平衡，奴隶制经济的发展就不得不超越其可行范围的极限。

温格斯特在他的叙述中纳入了三个形式化模型,其中第一个是投票理论的空间分支。该模型旨在权衡对南方农业联盟、东北商业联盟和西北中部联盟的政治所分别造成的政治影响。当这三个行为体仅在经济方面有差异时,西北地区将充当选举枢纽,而整个美国则倾向于农耕主义,因为在经济这一特定方面,西北地区更接近南方地区,而非东北地区。但是,如果奴隶制被考虑进来,则结论的最后部分并不一定成立,因为在奴隶制这个方面,关键的西北地区更倾向于东北地区,而非南方地区。如果像这样扩大政治辩论情况,则空间模型可以阐明联盟的可能性。遵循相关的处理,赖克(Riker, 1982)发表了著名的观点:在选举议程中引入奴隶制对某些东北地区政客有利。正是由于这个原因(所谓的"赖克论点"),奴隶制在1830年后成为一个政治问题。温格斯特的研究中所使用的其他两种模型是简单明了的扩展形式博弈。对它们的子博弈完美均衡的比较表明,给南方地区以否决权可以阻止东北地区与西北地区之间的妥协,否则这种妥协将占据上风。这强化了一个普遍的观点,即平衡原则是内战前美国联邦稳定的重要组成部分。①

1614

案例5:国际咖啡组织(贝茨)

从1962年到1989年,国际咖啡组织(International Coffee Organization, ICO)通过对其成员(特别是主要生产国巴西和哥伦比亚)的出口设定配额来规范咖啡的国际价格。贝茨解释了该机构的诞生、正常运转和最终倒闭。这一过程中,他使用或至少提及了各种博弈论工具,但这项研究仍遵循经典的叙事结构,其起点、终点和中间步骤准确地再现了目标序列。虽然其他研究事先陈述了它们的解释性问题,并使它们的叙述部分服务于这些问题的

① 也许是因为该主题已经经历了深入研究,温格斯特的论述似乎引起了《分析叙事》的读者的特别关注。一些人抱怨说,尚不清楚参议院的平衡原则是否对联邦的稳定至关重要,因此也不清楚这种平衡的崩溃对于引发美国内战起了多大作用。一个简短的答案可能是,研究选择了一个特定的动作和事件序列进行调查,这提供了部分但真实的解释性论证(建模后的叙述阶段最清楚地显示了这一观点,请参见"分析叙述中叙述的作用"部分)。

解决过程，但贝茨的研究让其解释性难题和答案随着故事的展开而出现。

国际咖啡组织的诞生产生了一个解释性难题。早在20世纪50年代，巴西和哥伦比亚就制定了限制产量和提高价格的卡特尔政策，并试图吸引其他咖啡生产商加入这一政策。但是，直到20世纪60年代初，它们才成功地做到了这一点，从而能够建立国际咖啡组织。贝茨解释了为什么成功被推迟：国际咖啡组织成立的最直接原因是美国对卡特尔政策的支持。这是一个自相矛盾的答案，因为美国是咖啡的消费国，而不是生产国。贝茨通过讲述巴西和哥伦比亚在第一次尝试失败后求助于美国国务院，宣扬共产主义的威胁和卡特尔组织的长期优势，并最终在美国的一些大型咖啡销售公司决定支持它们的游说的情况下获得成功的故事，使这个解释听起来合理。每个小的叙述片段后面都有一个暗示性的形式化论点，用以阐明战略形势。

分析叙述的一些定义特征

《分析叙述》的五个案例研究对制度有着共同的关注，更确切地说，是对属于内部国家机构的制度（案例1、案例2、案例3和案例4）或间接依赖于它的制度（案例5，涉及国际关系）的关注。它们还体现了一种理解制度的通用方法，其关键思想是制度不仅通过公开定义它们的正式规则来运作，而且还通过隐含的行为规则来运作，参与主体对制度的响应方式保证了制度的职能。例如，我们可以通过考虑执法官的正式雇佣条款来看待执法官制度，或者出于解释的目的，更贴切地将其视为家族和执法官之间的相互威胁系统，从而使后者可以有效地履行其职责。这种启发式方法是通过用互动过程的均衡表现制度来实现的，正是在这一时刻，博弈论开始发挥作用。因此，格雷夫设计了一种博弈，其中均衡的存在证明相互威胁可以切实地平衡各行为体，从而确保家族遵守执法官制度。

1615

无论是通过博弈论还是其他手段，将制度（特别是政治制度）理解为互动过程的均衡，都是对新制度主义思想流派的重要贡献。在其他地方，格雷夫（Greif，2006：Chap.1）阐明了这种“自我执行”（self-enforcement）的概念与先前的新制度主义者的概念之间的区别。这些研究者已经从代理人利益的角度讨论过制度，不过是以一种比较幼稚的方式，他们简单地假设制度是“自上而下”强加给代理人的(格雷夫称之为“制度即规则”)。①另外两个差异，即使对于像诺思(North, 1981, 1990)这样具有历史导向的新制度主义者，也与《分析叙述》中采用的案例研究方法及该研究对叙述作用的特别关注有关。

更关键的是，这五项研究阐明了本章开头所提到的两个原则，每个研究都表现了叙述写作和使用分析工具的结合，并且这些分析工具都来自理性决策理论。在本部分剩下的篇幅中，我们将使用这些研究作为参考资料来扩展第二项原则。我们将对第一项原则的研究推迟到“分析叙述中叙述的作用”部分，在那里我们还将介绍第三项原则。②

1616

案例1、案例2、案例4和案例5中出现了精度和复杂程度各不相同的形式化模型(案例3中没有)。因此，人们可能想知道分析叙述是否通常必须包含形式主义。由于采用形式化模型的研究主要依赖于具有完全信息的扩展形式博弈，因此人们可能会想了解这种模型的选择对分析叙述有多重要。本部分通过论证(1)分析叙述确实需要形式化模型，和(2)分析叙述可以从理性决策理论的任何形式化分支中借用这些模型，来回答这两个问题。这两个回答阐明了五位作者提出的建议(在《分析叙述》中)或作出的简单声明(在他们对批评家的信息性回应中；参见Bates et al., 2000a, 2000b)。因此，他们承认“约束模型为扩展形式博弈限制了(他们)解决问题的范围”(Bates

① 沿着这个思路，将出现对第109页注释①中所回应的异议的答案。执法官制度可能是从外部对热那亚人“自上而下”地施加的，但是仍然会有一个问题：为什么他们要使其发挥作用？这是“制度作为规则”概念所解答的一个问题。克拉克(Clark, 2007)对格雷夫(Greif, 2006)的其他批判性论述清楚地意识到了这一点。

② 《分析叙事》引起了大量讨论，由于篇幅原因，我们无法在此涉及。读者可以特别参考《美国政治科学评论》(*American Political Science Review*, 94, 2000, no.3)和《社会科学史》(*Social Science History*, 24, 2000, no.4)，它们包含一篇或多篇书评，且有五位作者的回复。其中一些讨论对个人贡献或方法论项目本身表示强烈怀疑。这种怀疑的常见原因之一是批判“理性选择理论”(无论是形式化的还是非形式化的)有缺陷或不适用。反对这一立场的讨论自不必说，即使是支持这一立场的讨论也没有正确地认识到叙事——而不是其他形式的历史事件报告——在分析叙述方法论中实现的特殊功能。

et al., 2000b:691),并赞同“形式化模型的要求”(Bates et al., 2000b:693)。这相当于观点(1)和观点(2)。

支持约束条件(1)的一个论点是,忽略它将会削弱分析叙述方法的优势。历史学家已经借用关于个人理性的常识性观念来赋予他们的叙述以解释性价值。但是他们很少将这些想法明确地表达出来,这可能是由于以下两个原因:他们可能认为这些太过平庸而无需陈述,或者他们可能认为过于全面的陈述会打破叙事连贯性。由于分析叙述不受与普通叙述相同的话语约束,因此前者可以呈现包含在后者中的简明含义,从而增强其解释性价值。为此,分析叙述引入了个人理性的专门概念,但是,如果避免这些概念的形式化,那它们可能与历史学家在其作品的引言、结论和附录中附加普通叙述上的学术扩展几乎没有什么不同。有趣的是,在重新回顾《分析叙述》时,利瓦伊(Levi, 2002:109)声称这本书中的文章“并不代表突破”。然而,认为他们确实引入了新的东西(无论好坏)似乎更能带来收获。在定义中包含约束条件(1)的情况下,分析叙述在叙述和形式化建模之间创造了不寻常的张力。对于思考着方法论的社会科学家来说,如何控制这种张力是分析叙述提出的最令人兴奋的问题。[①]

实际上,有更直接的支持约束条件(1)的原因。分析叙述方法极度依赖各种理解下的均衡概念,而这个概念的全面发展显然需要一种形式主义。利瓦伊正确地注意到,《分析叙述》广泛使用了均衡的比较:“重点在于确定从一个时间点的制度均衡转变为另一个时间点的不同制度均衡的原因。”(Levi, 2002:111)这是比较静态分析(comparative statics)的方法,经济学家在将其传递给其他社会科学家之前就已实施并使其广为人知。但是,如果不选择形式化理论(例如具有完全信息的扩展形式的博弈)并在该理论内指定模型(例如,通过确定一组参与者、一套策略和偏好顺序,这些条件完整定义了待研究的博弈),该方法只能停留于启发式水平。仅当建模阶段的某些数据(例如博弈的偏好数据)被参数化表示且为每个参数设置一定数值范围时,才可以进行本质上是定量分析的比较静态分析,从而推断由于参数

1617

① 最先探索这种张力的作品之一是格勒尼耶等人(Grenier et al., 2001)的论述,但它没有提到分析叙述。

在其范围内变化而导致的平衡变化。对此，扎加雷(Zagare, 2011)的《七月博弈》进行了比《分析叙述》更清楚的说明(请参见下一部分的案例 9 和案例 10)。[①]

在解释完约束条件(1)之后，我们转向约束条件(2)所提出的概括性观点。案例 1、案例 2、案例 4 和案例 5 之间的共同点在于它们对扩展形式的非合作博弈的依赖。在作者们的介绍性声明中，他们捍卫了这种特殊形式，理由是他们侧重于"产生事件和结果的行动、决策和反应的顺序"(Bates et al., 1998:9;另见 Levi, 2002:111)。这里隐含的主张是，博弈中的行动顺序能够与历史行为体的具体行动和反应顺序对应。但是，有人会怀疑这种良好的对应是否会真的发生。考虑一下执法官制度博弈;它涉及诸如"挑战""战斗""预防"等举动，而这些举动不能代表家族或执法官的真正行动。这些举动是理想化的，它们的顺序不能代表历史时间的流逝。实际上，让执法官在博弈中最后而非第一个行动，是出于理论上的方便而不是描述的准确。当然，这种语义上的观察并不意味着扩展形式博弈对分析叙述不重要，而仅仅是这一类型与分析叙述之间没有特殊联系。下一部分中的案例 6 和案例 7 将说明标准形式博弈同等重要。另一方面，案例 1、案例 2、案例 3 和案例 5 共同的局限性在于它们仅考虑了具有完全信息的扩展形式博弈(或可能将这些博弈扩展至外生不确定性)。这很方便地保证了可以通过倒推法找到博弈的解，因为在这种情况下，子博弈的完美均衡是必需的。正如下一部分中的案例 9、案例 10 和案例 11 还将说明的，分析叙述可以支持扩展形式博弈更复杂的形式主义，其信息不完善，因此属于具有不完全信息的扩展形式博弈。同时，分析叙述也支持完美贝叶斯均衡概念，后者通常被用来解决此类博弈。[②]

分析叙述可以在非合作博弈理论之外的其他技术方向发展。在分析联盟的构成时(例如国际咖啡组织的案例)，合作博弈理论可能会提供适

---

① 在本段中我们暗示，众所周知的概念"模型"是理论和实际对象之间的中介。最近的科学哲学中探讨的替代概念也可以与分析叙述相联系。

② 关于完美信息和完全信息的概念之间的逻辑关系，请参见 Fudenberg and Tirole, 1991; Harrington, 2009; Myerson, 1991; Osborne and Rubinstein, 1994。此列表中的第一个文本是完美贝叶斯平衡概念的经典之作。

当的模型。①此外,并非所有涉及多个个体的历史事件都需要进行博弈论分析:预期的效用形式或其他形式的个人决策理论也足以满足建模目的。当多个个体面临自然的不确定性时,情况就是这样,但是当社会的不确定性可以被自然地接受时,情况就更加微妙了。在评论克劳塞维茨(Clausewitz)的军事叙述时,蒙然(Mongin, 2009)认为,克劳塞维茨的某些判断似乎可以重构为期望效用比较,尽管这些情况的战略意义是在直觉层面的。似乎没有定律来确定博弈论何时对于互动分析是必不可少的。记下这种不确定性十分有用,这样就可以避免事先限制分析叙述的技术工具。②

1618

军事和安全研究的分析叙述

前文中的分析叙述属于政治学的历史部分,而本部分所涵盖的内容则大部分属于军事研究(案例6和案例7)和安全研究(案例8、案例9和案例10)的历史部分。我们对这两个领域进行如下区分:军事研究关注的是实际的战争行动——战役、运动、游击战、信息战等;而安全研究则关注在战争阴影下采取的行动,例如面对一场可能爆发也可能不爆发的战争时的行动。正如安全研究的两个博弈论学者所写的那样:"我们分析的博弈不是战争博弈本身,而是战争的参与者所作出的可能会加剧冲突并导致战争的选择。"(Brams and Kilgour, 1988:3)这种基本区别有时会被忽略,这是十分不幸的,因为军事和安全研究具有不同的概念取向。③

案例6:第二次世界大战(海伍德)

第二次世界大战后不久,时任美国空军上校的海伍德发现了冯·诺依曼和莫根施特恩(von Neumann and Morgenstern, 1944)的研究,将博弈论首次

---

① 贝茨建议为此目的可考虑沙普利值(Shapley Value)。关于合作博弈理论的这个概念和其他概念,请参见Myerson, 1991; Osborne and Rubinstein, 1994。

② 席曼(Schiemann, 2007)推动分析叙述进一步扩展到行为经济学,并通过对20世纪90年代南斯拉夫内战中的一个事件进行研究来说明这一点。

③ 有关此问题的更详尽的讨论,包括安全研究的历史,请参见Betts, 1997。

应用于战争事件，并发表了草稿(Haywood, 1950)，后来又发表了详细版本(Haywood, 1954)。为了应用博弈论，他选择了1943年太平洋战争中的一次海战和1944年诺曼底战役的战略转折点。他主要关注将规定性的美国军事决策学说(在他看来是规定性的)，与冯·诺依曼和莫根施特恩给出的两人零和博弈的最小-最大解决方案(在他看来也是规定性的)联系起来。他认为，军事决策学说根据对敌人能力的估计，而不是根据对他们意图的估计来采取行动这一规定是正确的，原因在于，如果纯策略博弈没有最小-最大解决方案，猜测意图将导致战略计算的无限回归。尽管有这种规定性倾向，海伍德的研究还是对历史解释有一定影响。①

1619 在1943年2月的俾斯麦海海战(Bismarck Sea battle)中，美国空军摧毁了一支从新不列颠岛的拉包尔(Rabaul)驶往新几内亚沿岸的莱城(Lae)的日本海军舰队。在新不列颠岛北部和南部的两条可能路线中，日本指挥官选择了前者。不知道日本行动路线的美国将军必须将侦察机集中在南北两条路线中的一条，他选择了北部的路线，从而取得了压倒性的胜利。海伍德证明了包括日本的举动在内的这两种行动的合理性。在指出北部路线比南部路线更潮湿多雾后，他计算了与四种可能的结果相关的战争天数，并使用冯·诺依曼和莫根施特恩的解决方案，解决了由此产生的2×2零和博弈。双方的最小-最大推理在这里得出了符合事实的结果，并为这种推理提供了一定的解释价值。博弈论的另一个应用是1944年8月，美国的布拉德利(Bradley)将军和德国的冯·克卢格(von Kluge)将军之间的阿佛朗什战役(Avranches battle)。海伍德用3×2阶矩阵对其进行分析，这一次却没有纯策略解决方案。由于他没有量化收益，因此他无法给出混合策略解决方案，这使人们对他在解释方面的成就产生质疑。②

尽管看起来令人惊讶，但博弈论很少在明确的定义下参与军事研究。规定性或工具性的应用确实存在，最著名的是在20世纪60年代和70年代由

---

① 尽管布拉姆斯(Brams, 1975)和哈林顿(Harrington, 2009)对他的贡献给予了支持，但海伍德却神秘地从学术界消失了。

② 无论如何，后来的历史发现表明，布拉德利实际上已经意识到冯·克卢格收到的命令，因为同盟国已经破译了德国的恩尼格玛密码(Enigma code)(参见 Ravid, 1990)。

美国兰德公司(RAND Corporation)和一些美国军事机构推行的应用(例如,参见 Erickson, 2015)。但是,似乎除了海伍德的案例和下一个我们将要回顾的案例外,军事研究的历史部分没有真正的博弈论应用。这并不是说该领域的学者对历史没有兴趣,相反,军事战略家有着悠久的传统——可以追溯到若米尼(Jomini)和克劳塞维茨,他们的思考的基础是对过去的战斗和战役进行的仔细研究。然而,这种传统几乎完全是一般意义上的叙述,其叙述如此之多,以至于它成为 20 世纪中叶年鉴学派历史学家(特别是 Braudel, 1969)所代表的反叙述立场的衬托。[1]通过回顾滑铁卢战役,蒙然(Mongin, 2008, 2018)试图证明,就连陈旧的军事叙述例子,也可以变成分析叙述。

案例 7:滑铁卢战役(蒙然)

众所周知,拿破仑于 1815 年重新掌握的政权以他在比利时滑铁卢战场上被威灵顿(Wellington)和布吕歇尔(Blücher)大败而告终。6 月 16 日,随着法国军队在沙勒罗瓦(Charleroi)附近的利尼(Ligny)击败普鲁士人,战争情况开始对他有利。6 月 17 日,拿破仑决定派遣格鲁希(Grouchy)元帅指挥一支庞大的分队,对阵被击败的普鲁士人,而他本人率其余部队到布鲁塞尔附近的滑铁卢,在那里,英国军队和荷兰军队已经做好了防御战的准备。6 月 18 日,法国军队未能突破敌人的防线,并最终在普鲁士人对敌方的帮助下被击溃。尽管相关的历史叙述不计其数,但在这一串事件中仍然存在解释上的空白:拿破仑为什么决定派出格鲁希分队?这样一来,当他面对威灵顿,甚至威灵顿和布吕歇尔的联军的时候,他会有缺乏援军的风险,而这种可能实际上变为现实了。

1620

为了使这个解释性问题取得进展,蒙然提出了一个标准形式的零和博弈,其中有两名参与者——拿破仑和布吕歇尔,该博弈允许以下不确定性。第一,拿破仑和布吕歇尔都不确定他们的独立决策将导致哪些战争。具体地说,拿破仑可以不分兵,或者派遣格鲁希追击布吕歇尔,或者派遣格鲁希在他和威灵顿之间进行阻截。而布吕歇尔则可能撤退到德国或在滑铁卢加

---

[1] 克拉克(Clark, 1985)方便地总结了战后年鉴学派历史学家的立场。另请参见斯通(Stone, 1979)的批判性讨论。

入威灵顿。这不过是标准的战略不确定性。但还有第二种不确定性形式，因为拿破仑不知道布吕歇尔的情况——布吕歇尔在利尼之战之后是否被严重削弱——这意味着博弈的信息不完全。第三，除参与者的决策之外，外部环境对决策的影响也同样重要，而且双方事前都不确定战争的外部环境。这是非战略性信息，在此将其视为客观且符合拿破仑和布吕歇尔的共同期望效用的计算。

在适当的参数限制下，冯·诺依曼和莫根施特恩的最小-最大解决方案给出了纯策略唯一均衡。正如海伍德的例子一样，这证明了最小-最大方法不仅提供了一种均衡，还提供了理性选择建议。拿破仑应该选择派遣格鲁希拦截，而布吕歇尔应该联合威灵顿。拿破仑选择阻截而不是单纯的追击，只能从历史记录中推测出来，但是这种博弈强化了这一假设。事后的失败不是反对的理由，因为它可能是由于对客观不确定性的不良解决以及格鲁希对计划的误解导致的——一些历史证据指出了这两种可能。总体而言，该研究展示了分析叙述如何既形式化又具有解释性，因为假设和结论是根据证据报告进行评估的，而证据报告总是不完整的、模棱两可的，并且鉴于赌注巨大，不可避免地会产生偏见的。这些结论确实在现有立场中进行了裁决，实际上是通过经典的拿破仑主义来反对同样经典的反拿破仑主义。

案例 8：古巴导弹危机（许多学者）

很少有外交事件比 1962 年 10 月 16 日至 28 日美国和苏联之间发生的危机能引起更多的学术兴趣。1962 年 10 月 16 日，美国总统肯尼迪看到了证明苏联正在古巴建造导弹基地的 U2 飞机照片。肯尼迪和他的顾问们考虑了多种选择，包括不采取任何行动、采取外交行动、轰炸导弹基地，以及用美国海军封锁古巴。经过深思熟虑和进一步调查，肯尼迪最终于 10 月 22 日作出了封锁决定。赫鲁晓夫接到通知，旋即美国向全国公开宣布了封锁。在随后的日子里，尽管有一些秘密外交，危机还是进一步加深。事件最终于 10 月 28 日得到解决，肯尼迪和赫鲁晓夫设法协调了一个折中的解决方案。本质上，作为对苏联从古巴撤出导弹系统的回报，美国将解除封锁，保证不入侵古巴，并且从土耳其撤出导弹（协议后来的秘密部分）。

1621

随着解密后的机密材料的出现，关于这一著名事件的无数记载已经流传开来(例如,参见 Allison, 1999,这是对他1971年的经典研究的修订)。在基于博弈论或受博弈论启发的叙述中,在我们看来,没有一种叙述内容足够丰富,称得上分析叙述。相反,他们将"古巴导弹危机"仅仅视为理论思想的应用。我们在此处包括该主题,是因为它提供了威慑模型的试金石,这种模型在分析叙述文献中屡见不鲜。正如扎加雷(Zagare, 2014)的观点,关于这次危机的博弈论文献经历了三个本质上不同的阶段。第一波作者(如 Schelling, 1960)只是认可使用博弈论而非实际使用它;从20世纪70年代中期开始的第二波作者开发利用了2×2标准形式的博弈,例如囚徒困境和胆小鬼博弈,有时还会给它们增加一些巧妙的变化;博弈论的第三波浪潮始于20世纪80年代中期,采用了扩展形式博弈,不管具有的是完全信息还是不完全信息,都可以用来分析威慑。第二波浪潮的例子出现在布拉姆斯的《博弈论和政治学》(*Game Theory and Politics*)(Brams, 1975)中,他的《超级大国博弈》(*Superpower Games*)(Brams, 1985)还提到了更高水平的博弈。①关于第三波浪潮,扎加雷(Zagare, 2014)认为这是一次沧海桑田的变化,他提到了瓦格纳(Wagner, 1989)的早期模型和他自己的"完美威慑理论"(Zagare and Kilgour, 2000),两者都涉及具有不完全信息的扩展形式博弈。这使得我们现在可以具体研究扎加雷对分析叙述的贡献。

案例9:1905—1906年的摩洛哥危机(扎加雷)

1898年,法国和英国克服了在苏丹问题上的冲突之后结成了同盟,于1904年4月正式签订协议[所谓的《英法协约》(Entente Cordiale)]。其中最重要的是影响力交易,法国支持英国在埃及的领导地位,英国支持法国在摩洛哥的行动自由(将摩洛哥北部划为西班牙势力范围)。英法此举并未询问过德意志的意见,并且摩洛哥苏丹希望德意志对抗法国以减少法国对摩洛哥的威胁,德意志选择支持摩洛哥主权并支持它在对外贸易和投资方面实行门户开放政策。1905年,德意志对法国政府的外交压力导致法国外交大

1622

① 在后者中,布拉姆斯介绍了一个2×2阶矩阵的博弈,该博弈示意了美国和苏联的选择(分别是"封锁"和"空袭"、"撤出"和"维持"),并运用他的"移动理论"来发现"妥协"问题("封锁"、"撤出")作为"非近视"均衡出现了。

臣德尔卡塞(Delcassé)辞职,内阁总理鲁维耶(Rouvier)被迫接受国际协商会议。于1906年1月至4月在阿尔赫西拉斯(Algeciras)举行的会议专门致力于摩洛哥所需的经济和行政改革。尽管德意志希望破坏《英法协约》并取得对法国的外交胜利,但英国支持其盟友,而德意志最终几乎完全孤立,只获得法国的有限让步,这些让步并不足以遏制法国的殖民主义活动。

扎加雷(Zagare, 2015)通过引用他更为一般化的"完美威慑理论"中的"三方危机博弈"(Triparite Crisis Game)来重新审视1905—1906年的事件。这是一个具有不完全信息的扩展形式博弈,三名参与者依次行动如下。挑战者(Challenger)可以保持现状或对被保护者(Protégé)提出要求,被保护者可以让步或坚持不变,在这种情况下,保护者(Defender)进入,选择支持或不支持被保护者。如果保护者支持被保护者,则挑战者可以通过退让或接受冲突来再次博弈;如果保护者不支持被保护者,则被保护者可以通过退让或转而与挑战者结盟来再次博弈。此时信息是不完全的,每个参与者都有两种可能的类型:挑战者可能是"坚决的"或"犹豫的",被保护者是"忠诚的"或"不忠诚的",而保护者是"坚定不移的"或"背信弃义的"。这一比喻性的术语涵盖了这一事实,即对于每个参与国来说,其他两个参与国都不知道其对终端节点的某些偏好。为了便于讨论1905—1906年的危机,扎加雷通过假设挑战者(这里是德意志)是"坚决的"来确定这次三方危机博弈。从技术上讲,这意味着在最后阶段,挑战者更愿意选择接受冲突而不是退让。因此,不完全的信息仅限于被保护者和保护者——在此分别为法国和英国。从技术上讲,如果被保护者在最后阶段偏好退让而不是重新联盟,那么它是"忠诚的",而保护者如果偏好到达挑战者接受冲突的节点而不是到达被保护者重新联盟的节点,则保护者是"坚定不移的"。扎加雷给被保护者为"忠诚的"和保护者为"坚定不移的"设定了初始概率值,并显示了如何在他计算的贝叶斯完美均衡下对其进行修正。在对摩洛哥危机的案例研究以及他的其他近期和2011年的著作中,扎加雷明确声称正在使用分析叙述方法。

案例10:1914年7月的危机(扎加雷)

《七月博弈》(Zagare, 2011)研究了对第一次世界大战的爆发起决定性作用的外交事件,特别强调了四个历史转折点。第一个历史转折点是俾斯麦在 1879 年作出的一个微小但有影响力的决定，即与奥匈帝国结成军事同盟，导致德意志帝国与俄罗斯帝国（该安排的主要目标）关系紧张。第二个历史转折点是奥匈帝国在 1914 年 7 月上旬从德意志帝国获得的无条件支持（或“空头支票”），以压制塞尔维亚王国。第三个历史转折点是奥匈帝国采取了行动，迅速导致与其他国家的冲突升级。第四个历史转折点在于英国在萨拉热窝事件期间决定维持模棱两可的政策，这一决定可能误导了德意志帝国，使德意志帝国相信英国的中立立场，从而可能促成了战争的爆发。扎加雷在每个转折点上都会提出具体的解释性问题，简要叙述和回顾历史文献有助于定位这些问题。《七月博弈》通过博弈论建模，并结合了作者在该书前几章中提炼的方法论来回答这些问题，加扎雷将这一方法等同于分析叙述方法（另请参见 Zagare，2009）。

1623

尽管上述所有案例都取自“完美威慑理论”的共同框架，但每个案例都依赖于其自身独特的博弈。第一、第二和第四个事件是通过三方危机博弈的相关变体来处理的，而第三个事件是通过不对称升级博弈（Asymmetric Escalation Game）的方法来处理的，这种方法也属于“完美威慑理论”。我们关注与英国政策有关的第四个案例，这是因为它可以与摩洛哥危机的案例进行比较，而英国的政策在摩洛哥危机的案例中发挥了关键作用。在摩洛哥危机中接替保守党人兰斯多恩（Lansdowne）出任英国外交大臣的自由党人格雷（Grey），基本上奉行了他的前任支持法国的政策，但未对此作出任何军事承诺。英国一直存在的问题是，通过（对德意志）威慑和（对法国，尤其是对法国支持俄国）抑制相结合来确保欧洲大陆的和平，这导致英国在最终意图上模棱两可。是否要在 1914 年 7 月维持这一精心的平衡的政策——正如格雷所做的那样，是一个重大的历史问题。众所周知，直到德意志于 8 月 4 日入侵比利时，英国才最终站在法国和俄罗斯帝国一边参战。

正如案例 9 所示，博弈论处理源自三方危机博弈。德意志帝国、法国和英国仍然扮演着挑战者、被保护者和保护者的角色，但是这次的保护者是“坚定不移的”，而挑战者可能是“坚决的”，也可能是“犹豫的”（后者意味着在最后阶段，挑战者宁愿退让也不愿接受冲突）。由于德意志帝国发给奥匈帝国的“空头支票”并不为其他参与者所知，因此该博弈赋予德意志帝国两种类型，恰当地代表了这种不确定性，但是“坚定不移的”似乎并不能反映

1914年7月人们对英国的看法。[①]然而，有趣的是，即使在这种有限的假设下，也出现了与格雷的“跨界战略”(straddle strategy)——扎加雷(Zagare, 2011:160)恰如其分地赋予了它这个名称——相一致的混合均衡，从而为英国外交提供了理论依据(另见 Zagare and Kilgour, 2006)。这些平衡似乎更广泛地与战略形势相适应，因此它们可能有助于我们理解参与者的有效互动。假设战争确实与历史有关，那么这场战争之所以爆发，并不是因为英国的模棱两可(尽管这是一场豪赌，但英国的意图是认真的)，而是因为1914年的情况与此前类似于摩洛哥危机的情况不同，这次英国赌输了。 1624

我们以另一种属于历史政治学而非军事或安全研究的情况来结束这一部分。我们将其收录在这里，是因为它涉及具有不完全信息的扩展形式博弈，以及如案例9和案例10所使用的完美贝叶斯均衡。该博弈属于威慑模型类，它将安全研究与政治学的某些研究联系起来。

案例11(纳莱帕)

在东欧剧变中，旧体制的官员必须作出选择：是尽其所能反对民主政治趋势，还是与民主政治妥协？在这次抉择中，他们将退出政坛，以换取他们以后不会被禁止从事公共职务的承诺。纳莱帕(Nalepa, 2010)从这一现象出发，提出在某些国家，旧体制的官员与民主派达成了这样的妥协，民主派也信守了诺言(至少大体上信守并持续了一段时间)。这令人感到十分费解，因为民主派有充分的理由放弃妥协。但是，正如作者所说，旧体制的官员确实有避免这种情况的方法。旧体制的秘密警察曾经渗透过反对派运动，因此，作为这些运动继承人的民主派自身也有被剥夺公民权或被迫接受类似的“过渡时期司法”措施的危险。只有旧体制的官员才知道渗透的程度，这使得他们相比对手有更大的信息优势。一种对历史难题的解释将沿着这些思路进行，声称使用分析叙述方法的纳莱帕通过博弈论模型对其进行了证实。

① 关于英国类型的假设似乎与数学难度有关。目前只能在有限的情况下解决三方危机博弈。在摩洛哥危机中，限定条件是挑战者是“坚决的”，而这里的限定条件是英国是“坚定不移的”(Zagare, 2015:335, fn 7)。

纳莱帕将第一个模型归功于普沃斯基(Przeworski),这是一个具有完全信息的扩展形式博弈。在这个博弈中,旧体制的官员预见了民主派的拒绝,并且选择反对而不是妥协。这个模型显然是一种“稻草人”谬误,因为它不存在允许妥协的可能性。第二种模型是纳莱帕的模型,它引入了非对称不确定性,并且接近于信号博弈。通过假设旧体制的官员确切知道民主派中的渗透率,而民主派则完全不知道,可以在这个参数上形成统一的行动概率。如果旧体制的官员选择妥协而不是反对,那么民主派就会将这一举动看作一个表明他们被充分渗透的信号,并相应地修改他们的行动概率。这种信息交换我们已经在案例9和案例10中提到过,它可以由完美贝叶斯均衡推出。最后,纳莱帕的研究对比了从该概念中获得的一些可用均衡与历史情况。与捷克斯洛伐克旧体制的官员在其瓦解之前一直反对民主派不同,波兰和匈牙利以妥协为主,对于相关的参数值,存在着与这些情况有关的均衡。

1625

分析叙述与演绎解释

“《分析叙述》的五项研究”和“军事和安全研究的分析叙述”两个部分所涵盖的研究提出了有关分析叙述解释潜力的一些概括。首先,除了属于晚近历史的案例5和写作时属于晚近历史的案例6之外,其他案例依赖于广泛的学术记录,它们不仅用这些学术记录来确定事实数据,还用来提出需要解决的问题。记录通常是传统叙述形式,这些案例通过其中的解释空白来识别问题。例如,案例1重新审视了热那亚的内战与和平的交替以进行解释,这是从未有人做过的。案例3重新审视了普遍征兵制的建立,以综合迄今为止的不完整的解释。案例7重新审视了滑铁卢战役,以解决历史学家之间的经典分歧。此外,问题的选择标准似乎是对这些分析工具的导入可以为较传统的处理方法带去什么的仔细衡量。正如贝茨等人(Bates et al., 1998: 13)写道:“是案例选择了我们,而非我们选择了案例。”这里唯一的例外应该是案例2,其主题(比较视角下的旧财政体制)过于宽泛,以至于分析难以深入掌握。蒙然(Mongin, 2008, 2018)甚至声称,从现存的历史文献出发,根据其中的解释空白来定义问题，并将模型限制在其有限的片段内，是采用分析叙述方法的前提。

但是，人们可能会观察到，这些问题并不完全是解释性的。[①]滑铁卢的研究不仅旨在对相互竞争的解释进行排名，而且旨在通过模型推理得出一些缺失的资料（拿破仑给格鲁希的指示）。在这里，早期叙述中的空白与问题的事实而非与解释本身有关。然而，与这个替代角色相比，分析叙述可以将事实研究导向新的方向，就像其他形式的由问题启发的历史一样，比如年鉴学派所倡导的那样。迄今为止，使用分析叙述的作者的原创性学术研究表现非常出色，但它们似乎还没有将现有学者推向新的议程。

从解释哲学的角度来看，分析叙述似乎很自然地与亨普尔（Hempel，1965）、内格尔（Nagel，1961）以及其他学者提出的演绎方案（deductive scheme）有关。《分析叙述》的作者们和扎加雷都提到了这一著名方案（尽管没有详细说明）。[②]从广义上讲，它假设，要解释一个特定的事实，就是要从其他发生的事实陈述和普遍性陈述中，演绎出关于被解释事物（explanandum）的事实陈述，从而产生关联，而这些事实与普遍性陈述构成解释前提（explanans）。除了要求演绎的逻辑正确性外，该方案还对构成性陈述提出了认识论要求，科学哲学家对此表示反对。但是，他们都同意以下两个基本观点：第一，关于被解释事物的陈述必须是正确的。第二，即使无法确定关于解释前提的陈述的正确性，也必须至少有一定的实证支持。本部分的余下篇幅将讨论分析叙述解释在何种程度上适合演绎方案。我们会展示出重大差异，从而得到最终主张：叙事是这些解释的重要组成部分。该讨论首先挑选出该方案的演绎要求（不要与方案本身混淆），然后讨论该方案同时涉及的认识论要求。由于我们打算遵循现有文献，因此该讨论集中于博弈论的使用。但是我们的结论可以在一定程度上推广到“分析叙述的一些定义特征”部分中讨论的其他形式化理论。

1626

如果演绎要求要有效地应用于分析叙述，则需要使其适应静态分析和比较静态分析之间的区别。可以考虑特定的博弈模型，例如参数值固定，或者

---

① 关于分析叙述的讨论很少指出这一点，但仍可参见 Downing，2000：91。

② 参见 Bates et al.，1998：12；Bates et al.，2000a：697；Zagare，2011：5—7。

通用的博弈模型，比如不限制参数或(更常见的)最小限度限制参数。①尽管不完全清晰，但这种区分指出了两种不同的演绎可能性。在特定博弈的情况下可以推断出，该博弈的均衡为给定的结果，而在通用博弈的情况下，博弈的均衡结果随实例参数值的变化而变化。这是通过博弈论得出的静态分析与比较静态分析的区别。②相应地，特定历史事件可以通过特定博弈模型的均衡来解释，而历史事件的变化也可以通过通用博弈均衡的变化来解释。从逻辑上说，比较静态分析的解释比静态分析的解释更强大，原则上应该优先考虑。但是，分析叙述文献明确指出，比较静态分析的解释不容易获得。扎加雷的多个版本的三方危机博弈展现了一个非常清晰的例子，它的每个版本都使用静态比较分析进行研究。③海伍德对两个特定博弈的分析虽然简单，却代表与静态分析完全相反的情况。尽管更复杂，但格雷夫、罗森塔尔和蒙然的分析更多地属于静态分析，因为它们让参数仅根据给定的均衡变化，从而确保均衡存在的充分条件，并且他们不研究均衡对所有范围内可能参数值的依赖性。

1627 弄清了这一初步的区别之后，我们可以解释分析叙述在满足演绎要求时必须面对的两个困难。第一个困难与发生在分析叙述的大多数均衡概念下的多重均衡有关。当多重均衡存在于特定博弈中或(参数范围内的部分参数值是固定的)通用博弈中时，博弈论假设不足以得出确定的结论，并且演绎需要通过一些外部选择程序加以补充。当通用博弈的多重均衡仅仅因为参数改变而存在时，情况会好一些，此时的演绎正在自主运行。下一步是将均衡及其基本参数值与可用的历史证据进行比较。声称演绎方案与分析叙述相关的作者们似乎掌握了这种有利情况。④

第二个困难在于如果要让演绎要求生效，则要确定博弈中的什么事物起了解释前提必须包含的通用原则的作用。在静态分析中，发挥这一作用的

① 博弈论对“通用”一词有另一种技术意义，这里不考虑这一点。

② 其他形式化理论对这种区别的说明有所不同。

③ 根据上述定义，三方危机博弈不是一个通用博弈，而是一组通用博弈。例如，针对摩洛哥危机的专门版本就是这样一种通用博弈，而针对格雷政治的专门版本则是另一种。

④ 参见 Bates et al.，1998：15；Zagare，2011：16。

天然候选者是选定的均衡概念，例如，子博弈完美均衡、最小-最大解决方案和完美贝叶斯均衡。在比较静态分析中，除了均衡概念，将通用博弈（或更高层次上的通用博弈类别，例如三方危机博弈）也作为通用原则是合理的。因此，我们确实在分析叙述解释中发现了一般性陈述。但是，它们仅在可被表示为逻辑上通用的陈述的意义上是一般性的，而不一定在更深层次的规律性意义上被理解为一般性的自然法则。亨普尔（Hempel，1965）的演绎方案的范式版本除了逻辑形式外，还提出了各种条件，以使通用原则变为法则。①问题是上面提到的博弈论陈述是否满足这些条件，但我们在此仅满足于强调其相关性，并不会对该问题作出解答。提到亨普尔的分析叙述学者（持赞成意见的文献参见 Zagare，2011；持反对意见的文献参见 Bates et al.，1998）似乎也没有对这个问题进行深入研究。更宽松地说，他们之间的共同观点是，一项研究中发现的博弈论模式可以在一定程度上成功转移到其他研究中。部分人在此基础上更进一步，声称拥有可用于分析大量重大历史事件的理论，比如格雷夫（其“内生制度变迁理论”将热那亚研究作为特别应用纳入）以及扎加雷（其“完美威慑理论”涵盖了他所作的与第一次世界大战有关的大部分研究，他认为该理论也适用于一些当代事件）。

现在我们考虑分析叙述如何满足演绎解释方案的认识论要求。如上所述，分析叙述通常从现有的历史文献中提出问题，并且几乎仅使用该语料库来凭实证检查其解决方案。为了通过此实证检验，他们需要对三个问题给出肯定回答：（1）博弈的均衡是否近似于历史学家对被解释事物的观察？（2）构成解释前提的博弈论假设是否得到历史学家对被解释情况的观察的支持？（3）解释前提是否得到了独立的支持，即它是否也得到了历史学家所观察到的其他相关事态的支持？我们将依次审查这些问题。

1628

关于问题（1），“《分析叙述》的五项研究”部分的案例 1、案例 2、案例 3 和案例 4，与“军事和安全研究的分析叙述”部分的案例 6、案例 7、案例 8、案例 9 和案例 10 之间似乎存在差距。第二组案例中的被解释事物在时间与空间上严重受限，它们直接取决于互动决策，而且常常（甚至始终）涉及指定的个

① 这些和其他条件已经在科学哲学中得到了详尽的讨论，比如可以参见 Bird，1998：Chap.1。

人，例如布拉德利、拿破仑或格雷。相比之下，第一组案例中的被解释事物跨越更长时间、更广空间或两者兼而有之，涉及制度或组织的事实而不是互动决策本身，并且无一例外地涉及集体行动者，例如家族、精英或不同地区。为了与博弈论均衡联系起来，第一组案例中可观察到的被解释事物需要经历比第二组案例更彻底的抽象过程，这使得第一组案例的解释乍看之下比第二组案例更有争议性。按照这个思路，蒙然（Mongin, 2018）建议优先将分析叙述方法应用于与军事和安全领域中的被解释事物同样便于分析的被解释事物，即具有良好时空定义且涉及可识别的历史行为体作出的可识别决策。但是，正如蒙然指出的那样，此类建议有可能使分析叙述变得微不足道。第一组案例的解释比第二组案例的解释更具挑战性，因为第二组案例的解释可能与历史学家的叙述过于接近，以至于无法带来很多启发。我们似乎需要在武断和涣散两种危险之间取得平衡。

关于问题(2)，参与者身份的问题又出现了，现在还有更进一步的问题：赋予他们相关的策略集和偏好顺序。分析叙述将参与者数量保持在最低限度。参与者是由假设建构的时（如第一组案例），可能比当他们是确定的历史人物时（如第二组中的某些案例）更容易接受。确实，有些令人震惊的是，格鲁希并未加入滑铁卢博弈，而萨拉热窝事件的博弈也从来没有囊括所有大国。[①]技术上的便利解释了这些缺陷：简化之后，滑铁卢博弈可以容纳一些信息复杂性，并且1914年萨拉热窝事件的博弈即使信息结构复杂，但仍可以解决。出于类似的原因，分析叙述倾向于依赖少量的纯策略集。采取混合策略可以扩大参与者的可能性，但是与许多博弈论经济学一样，这确实不是分析叙述文献愿意采用的选择，只有案例9和案例10是明显的例外。历史学家无疑会抱怨，分析叙述中对参与者和策略的定义会破坏或扭曲历史证据。

1629

参与者偏好的定义甚至更成问题。仅仅一套数量中等的策略以及随之而来的结果，已经足够将偏好变成复杂的对象。因此，具有7个结果的执法官制度和具有6个结果的三方危机可分别产生数量为7！和6！的可能顺

① 当时有五个大国：英国、法国、德意志帝国、奥匈帝国和俄罗斯帝国，这一反对意见请参见 Zagare and Kilgour，2006：635。

序，这数量可不小。此外，该计算假定不存在差异。扎加雷（Zagare，2015：332）对比了两种推理方法来合理地定义偏好：可以尝试从历史行为体的可观察到的选择或合理的一般假设（例如决策理论的标准单调性和主导性假设）中推断出偏好。在前一种情况下，偏好被“揭示”（这大致使人联想到经济学中的揭示偏好法），在后一种情况下，偏好被“设定”。我们认为这两种方式是互补而非相斥的。观察到的选择，即使在不同的历史环境下重复进行，也几乎无法提供足够的数据，因为偏好通常会进行反事实的比较，而一般假设也不太可能是充分的。无论在“揭示的”偏好与“设定的”偏好之间选择了怎样的平衡，历史学家无疑都仍然会批评——不过，这次的主张不是分析叙述从可用证据中减去太多，而是增加了过多。

问题（3）在演绎解释方案的所有表述中都起着至关重要的作用。例如，正如内格尔（Nagel，1961：43）所写，此处的重点是“消除某种意义上是在循环论证因而失去重要性的解释，因为一个和多个前提的建立（或可能建立），只能与用证据建立被解释事物陈述相同的方法来完成”。要求所有的解释前提陈述都能被独立检验是苛刻的，即使是要求其中一部分必须通过独立检验也很有挑战。由于历史数据的匮乏，涉及历史细节的陈述最为艰难。因此，案例 1 中的一个博弈假定家族在获得热那亚控制权的利益与对其外部安全负责的成本之间进行了权衡，但稀疏的历史记录并未包含支持这一假设的任何独立的证据。

类似于一般原则的解释前提陈述更容易进行独立检验。案例 9 和案例 10 的三方危机博弈说明了这种可能性。它至少构成了四个不同的历史层面被解释事物的解释的基础（德意志帝国于 1878 年选择与奥匈帝国结盟、于 1906 年在阿尔赫西拉斯的外交失败、于 1914 年对奥匈帝国的“空头支票”，以及英国 1914 年的模棱两可的政策）。正如扎加雷和基尔戈（Zagare and Kilgour，2000，2003）所说，三方危机博弈的核心是假设被保护者可以在最后阶段转而与挑战者结盟。从战略上讲，这使被保护者与保护者具有影响力，同时又扩大了挑战者的回旋余地，因此三方危机博弈获得了灵活性，可应用于各种历史情况。该假设限制了上面的四个解释，因此提供了一种通过其相似经验的成功或失败来检验这些解释的方法。这可以确定扎加雷的解释至少部分满足可被独立检验的条件。但是，当然不应将独立检验的可能性与成功的独立检验混为一谈。三方危机博弈的中心假设遇到了一个历史问题,即在1878年和1906年被保护者更换结盟对象的威胁可能成真时,三方危机博弈的假设比较令人信服,而到了1914年的形势下,这种威胁意义不大。①

总结这一部分,我们从解释哲学中借用了经典的演绎方案,并以此为线索探究分析叙述如何有助于历史解释。该方案之所以值得推荐,不仅是因为博弈论具有演绎机制,也因为分析叙述领域的作者们常常对此提出主张。我们发现,分析叙述并不总能得出适当的推论,并且它们仅部分满足演绎方案的认识论条件。下一部分将证明,分析叙述的叙述部分可以减轻这些缺陷。更一般地说,它更全面地考虑了该部分的作用。

分析叙述中叙述的作用

首先考虑与多重均衡相关的演绎失败。运用分析叙述的作者们意识到了这一困难,他们通常通过诉诸叙述以决定可能的均衡来解决这一难题。②就像我们在"分析叙述与演绎解释"部分中所做的那样,初具雏形的答案需要通过区分不同的多样性来完善。假设使用分析叙述的作者希望根据某种通用博弈来设计一种解释。叙事信息已经确定了被解释事物的内容,现在需要说明通用博弈的哪些参数值在被解释事物所处的环境中确实普遍存在。如果通用博弈将一个唯一的均衡与这些值相关联,则直接面临如下二分法:要么均衡与被解释事物一致,则解释可以继续进行;要么不一致,则解释将失败。现在考虑通用博弈将几个均衡与历史上相关的参数值相关联的情况,而其中恰好存在一个均衡与被解释事物一致。目前尚不清楚是否仍

① 扎加雷和基尔戈(Zagare and Kilgour, 2006),以及扎加雷(Zagare, 2011:161—162)的论述显示了对这个问题的认识。的确,如果法国在1914年7月用与德意志帝国结盟来威胁英国,那将是非同寻常的。

② "例如,重复博弈可以产生多种均衡。为了解释为什么会产生一个结果而不是另外一个结果,理论家必须以经验材料为基础进行解释。"(Bates et al., 1998:15)要由"叙述"来提供这些"材料"。

然需要别的解释。应用博弈论研究(例如在工业组织中)的一个标准举措，是检查是否可以根据直观的理由丢弃不适当的均衡。这种非正式的程序有时会带来博弈论的新发展。但是，使用分析叙述的作者可以通过让叙述发挥作用来减少技术上的安排。用于选择的叙述信息可能与已经用于确定被解释事物的信息重叠，但二者不应相同，否则将导致总体层面的循环论证。

1631

最后一步说明了对叙述的依赖如何补充不完美的演绎解释。它操作的选择在概念上与固定参数值不同。但是，运用分析叙述的作者并不总是清楚他们所关注的是哪种多样性，以及哪种选择。这似乎是由于具有不完全信息的扩展形式博弈进入该领域较晚所导致的。在具有完全信息或完美信息的情况下，一旦参数固定，扩展形式博弈的唯一均衡就可由倒推法得出。在具有不完全信息或不完美的信息的情况下，倒推归纳不再可行，并且主观信念成为均衡定义的一部分，这就意味着即使对于固定的参数值，均衡也往往不唯一。《分析叙述》的作者们尚未能够澄清这种必要的区别，相比之下，《七月博弈》的介绍性评论对此有很好的说明。

现在让我们回到偏好假设的问题。尽管将"揭示"(来自选择)和"定位"(关于常识比较)结合起来似乎是一个不错的策略，但这并不总是足以确定行为体的偏好，在这里，叙述再一次起作用。一方面，通过赋予历史行为体一定的内部稳定性，以扩大"揭示"所依赖的选择数据集。另一方面，同样通过赋予稳定性，可以提供交叉检验"定位"的内容的方法。举例来说，拿破仑在1815年6月的偏好不能仅仅从他当时的选择以及他偏好胜利而不是失败的琐碎观念中来猜测。他的偏好包括他的风险态度，要评估这一点，最好观察一个时间段内他的表现，并且牢记，他在整个职业生涯中都是一个大胆且通常很幸运的赌徒。因此，将叙述扩大到超出初始范围，可以限制分析叙述中偏好假设的任意性。这说明了叙述如何使其更符合演绎方案——这次是考虑认识上而非逻辑上的要求。

接下来我们在认识论领域考虑独立检验通用博弈的问题。运用分析叙述的作者解决此问题的一种方法是，将博弈应用于时空上分散的历史状态，以便共同解释它们。(这实际上超出了通常对独立检验的要求，通常独立检验只要求人们可以诉诸对照案例，但不需要为这些案例设计出完整的解释。)除了扎加雷对三方危机博弈的反复使用之外，我们还可以使用纳莱帕的通用博弈说明这一过程。纳莱帕用这一理论解释了三种不同的民主过渡（案例11）。有趣的是，纳莱帕（Nalepa，2010）通过从叙事中选择新的事实来加强她的共同解释。她提到，东欧剧变中旧体制的官员很早就开始在波兰和匈牙利与民主派进行谈判，后来又在捷克斯洛伐克这么做。这表明，旧体制的官员更加坚信自己在波兰和匈牙利的谈判能力，这一观点与另一件事有关：他们在这两个国家对民主派的渗透更加深入。因此，谈判的时间模式间接地支持了主要的解释观点，即渗透的程度对于旧体制的官员捍卫其立场的成败至关重要。因此，着眼于独立检验来重新审视叙述是富有成效的。

1632 尽管指出了一个明确的方向，但先前的分析不够具体，因为它无法阐明为什么要通过叙述而不是其他提供历史证据的方法来填补解释空白。这提出了一个更普遍的问题：为什么使用分析叙述的作者如此重视这种特殊的阐述方式？主要原因似乎是他们关心的是直接或间接的互动，而有关行为的历史报道通常以叙述为幌子。①现在，仍然存在的一个问题是分析叙述是否应该自己保留其现有资料的形式。可以说，保留现有形式要比将资料重塑为非叙述形式更为客观。可想而知，重塑有时会增加，有时会消除过多的信息。蒙然（Mongin，2008，2018）通过滑铁卢战役的资料来说明这一点。从目击者粗略的证词到军事战略家的夸夸其谈，都是由叙述组成，并且二者之间还有许多语境差异，就像通俗军事历史一样。用叙述以外的任何其他方式来总结此证据都会使它失真。此外，在滑铁卢研究中讨论的问题恰好涵盖了早期叙述中的空白，而要弄清楚这一点的合适方法是设计一个总结性的叙述，使这种空白清楚显现。

与这些观点相关的是，理性选择的形式化理论与阐述的叙述模式有着特殊的联系。用这些理论制定的模型通常会附带一些故事，以突出其技术要点，或者只是使其易于理解。在分析叙述的案例中，这些故事在映射到历史叙述的某些部分时，可能是现实的，也可能是不现实的。在“分析叙述的一些定义特征”部分中，我们认为扩展形式博弈中的行为是具体行为的理想化。尽管完全相似无法实现，但是理性选择模型背后的故事以及特定博弈

---

① 据说小说家菲利普·罗思（Philip Roth）说了这样一句话：“所有重要的事情都以叙述的形式来到我们身边。”至少，所有重要的行为都以这种形式来到我们身边。

中的故事，与真实的历史都有足够的共同点，二者可以进行真正的互换。①

重视叙述模式的原因还有很多，但是它们并不局限于分析叙述方法论，而是属于一般意义上的历史学，因此我们在此不再赘述。②然而，在这些原因中，有一个值得一提。历史哲学家经常争辩说，正确理解的叙述应该在其时间连续性的报告中包含因果关系。比如一个著名的示例："国王死了，然后王后悲痛而死。"从解释的角度来看，这句话中的因果主张是否令人满意尚存争议。一些哲学家（例如 Danto，1985）认为叙述本身就是解释性的，而另一些哲学家（例如 Dray，1971）则认为叙述只是偶然如此。二者之间的中间立场[很可能是怀特（White，1984，1987）的立场]是，叙事的因果关系内容总能被提取出来并接受单独的审视，因此，叙述是否具有解释性，取决于对内容的检查结果如何。这种中间立场似乎对分析叙述方法论的发展来说很有希望。通过强调提取内容的可能性，它为分析叙述的建模阶段打开了大门，并且通过使这种提取与因果关系相联系，它让对分析叙述的评估从演绎转向了因果表现，丰富了当前对分析叙述的讨论。

1633

现在，我们将通过关注分析叙述的阐述性特征来完成对其叙述部分的检查。这一论述主要来自蒙然（Mongin，2016）。我们将识别分析叙述的三种独特的阐述模式。

关于热那亚的案例 1 的时间顺序是从执政官时期的内部和平与战争交替，到执法官时期下的长期内部和平。③该案例对执政官时期的阐述遵循一个明显的模式。它首先通过一个标准的叙述记录事实并介绍被解释事物，然后建立一个带有相关变量并表明解释前提的博弈论模型，最后通过叙述来巩固解释。与最初的叙述不同的是，后半部分的叙述借用了建模部分的理论术语，例如"相互威慑平衡"，并用于澄清和实证性地支持解释前提，从

① 更多信息请参见 Grenier et al.，2001；Mongin，2008。

② 尤其参见罗伯茨（Roberts，2001）主编的书籍，其中收录了德雷（Dray）、明克（Mink）、怀特（White）等人的经典作品，以及 1985 年丹托（Danto）关于历史哲学的作品集《叙述与知识》（*Narration and Knowledge*）。

③ 你可能会注意到此序列的戏剧性特点，让人想起许多戏剧或虚构故事中三段论之一：最初情况稳定，随后角色之间产生冲突，最终冲突得到正面或负面的解决（对亚里士多德的《诗学》的详细解读，请参见 Freytag，1863）。

而承担解决问题的功能。尽管具有其特殊性，但这是一种可行的叙述，所以交替模式确实存在。这种模式在案例 1 的其余部分（尽管不是很明显），以及案例 4 和案例 5 中（尽管有一些区别）出现。

在关于滑铁卢的案例 6 中，阐述以军事历史风格的战争叙述开始，介绍了主要事实和（此处唯一的）被解释事物。然后，博弈论模型提供了解释性假设，并且随后的讨论引入了更多历史证据。该研究的显著特征是认为最初的叙述除解释空白以外，基本上令人满意。因此，该模型及其讨论都只是一些附加说明，一旦解释空白被填补，最初的叙述就会再次变得稳固。这种局部补充模式与交替模式相比野心较小，通常不产生新的叙述。但是，这两种模式都将最终解释置于叙述中，这个共同特征比它们之间的区别更重要。

关于"过渡时期司法"的案例 11 按以下步骤阐述。它介绍了政治转型初期的"过渡时期司法"的历史问题，从非正式和正式的角度提出了理论假设，随后进入关于过渡的叙述性历史，最后将这一叙述的事实与理论假设进行了比较。尽管得到了充分运用，但这里的叙述只是数据的提供者，且整个研究都遵循标准的假设检验方案。它的独特之处在于，它为它的经验证据提供了叙述形式。我们将这种阐述模式称为"分析后叙述"。与前两种模式不同的是，它没有对最终的解释进行普通或经过修订的叙述，而是对其进行了抽象性的、理论化的陈述。①

1634

从这种对比出发，我们可以采用两种不同的方式构思分析叙述。从严格的角度来看，只有遵循交替或局部补充的方式才作数。而在自由主义的观点中，分析叙述也可以遵循分析后叙述的模式。选择前者的原因是它便于强调分析叙述的特点，我们已经在"分析叙述的一些定义特征"部分中使用了这样一种论点。让叙述具有分析性这一举措令人深思，这也使得研究结

① 克雷特兹和德洛什（Crettez and Deloche，2018）对凯撒之死的处理进一步说明了分析后叙述的子类型。遵循一般的分析叙述方法，他们仔细审查了历史证据，并借助形式化模型从中提取了要解决的问题。苏维托尼乌斯（Suetonius）和其他人提出的观点——凯撒在参加 3 月 15 日的元老院会议前就知道有人密谋谋杀他——有多合理？作者的二人规范化形式博弈具有混合策略单一纳什平衡，他们认为这是对这个问题的否定回答。这里的叙述既提供了证据，也提供了问题，但是解决方案是以理论的、非叙述的方式陈述的。

束时回到叙述成为必要。由于分析后叙述只是将分析和叙述并列在一起，所以此时的分析叙述不那么新颖。但是，出于以下两个原因，该论点可能过于严格。

首先，正如我们已经提到的，这三种模式具有以叙述的方式引入历史证据的特征，这本身就是一个重要的特征，因为并非经济或政治历史上的每个研究都这样做。在这些领域或者更普遍的历史中，甚至曾经有声音呼吁弱化叙述的作用，这与将叙述加入分析叙述的态度恰恰相反。这种反叙述立场的著名代表是年鉴学派的成员以及顽固的“新经济史学家”，前者倡导“以问题为导向”而非“以叙述为导向”的历史，后者的标志则是经济建模和计量经济学技术。[①]而支持自由主义分析叙述的一个原因是，借用斯通（Stone，1979）的一句名言，分析叙述清楚地展现了“叙述复兴”的相反立场。其次，本部分的开头指出了弥补叙述解释脆弱性的几种方法，这些方法也可适用于第三种模式。特别是，案例 11 从叙述信息中选择均衡的方式与案例 9 和案例 10 并无不同。就引言中所述的原则而言，为历史解释作出积极贡献的第三项原则似乎在广义的分析叙述中很常见，尽管比起分析后叙述模式，交替模式和局部补充模式对这项原则的应用更系统，似乎也更有趣。

1635

这些原因可以使天平向分析叙述的自由主义观点倾斜，我们将在这里采用这种观点，从而完成定义分析叙述类型的尝试。为了使此定义更加透明，我们引用两组之前未涵盖的研究。(1)一些研究关注特定的历史事件，涉及大量叙事信息，并基于复杂相互作用的结果进行解释。但这种研究不采用形式主义，因此仅提供很有分析前景的解释雏形。除了案例 3 之外，迈尔森（Myerson，2004）对魏玛共和国灾难的讨论也是一个很好的例子——尤其是鉴于他非形式化的评论显然是在考虑了可能的模型的情况下作出的。[②]这些

① 年鉴学派眼中叙事导向和问题导向的历史之间的巨大差异，在菲雷（Furet，1981）的论述中显得尤为明显。新经济史学家也持反叙述立场，例如库泽（Kousser，1984）捍卫“定量的社会科学史”而反对叙述的“复兴主义”。并非每个计量史学家都采用这种立场，本书编者们的开放态度就是一个例证。

② 例如，迈尔森（Myerson，2004）建议从同盟国与德国保守派领导人之间的信号博弈来处理 1930—1933 年的事件。为了摆脱赔偿负担，后者将通过推动纳粹主义成为一种政治力量来要挟前者（如果这种博弈存在，那它非常危险）。

作品都是分析叙述的原型。(2)其他研究也关注特定的历史事件,以复杂互动的结果为基础进行解释,并通过适当的形式化模型来发展这些解释。但这些研究没有赋予叙述以解释功能,甚至没有将其置于历史信息来源中的优先位置。格雷夫在遵行分析叙述方法之前的两项研究可以作为例子。一是格雷夫(Greif, 1993)对11世纪和12世纪从事海上贸易的马格里布(Maghribi)犹太商人的社区的调查,二是格雷夫等人(Greif et al., 1994)对中世纪欧洲商人行会与长途贸易之间的联系的研究。这两项研究侧重于商人与官方统治者或其他商人打交道时所面临的承诺和协调问题,并且它们使用博弈论模型来证明精心设计的非正式(在马格里布的例子中)或正式(在行会例子中)制度可以克服这些问题。他们的论述将理论元素与历史证据(这些证据仅偶尔是叙述的)混合在一起,明显不同于热亚那案例中的交替模式。尽管这两项研究强调互动以及博弈论,这让它们看上去像分析叙述,但它们实际上更接近于历史政治学或经济学中的其他形式化著作。我们将它们称为"分析性非叙述历史"。①

结　语

本章根据三个原则对分析叙述进行了定义,其中最耐人寻味的是分析叙述在解释阶段也要求叙述。在进行定义研究的同时,我们也在本章的其他主题上取得了进展,比如讨论了分析叙述如何有助于历史解释。在关于这一主题的探讨中,我们选择了科学解释的演绎方案作为基准:总体而言,分析叙述更多表现出对演绎方案的偏离,而非一致,这正是它们求助于叙述的原因。对它们解释能力更为详细的说明,可以阐明它们所希望建立的因果关系的类型,也可引导我们研究它们带来的反事实历史。本章必要的简洁性和主题统一性使我们无法朝这些方向发展,并且我们避免明确定义叙述的内容。这要求我们将话语的叙事模式与历史学家也使用的其他模式(例如阐述、论证和描述)进行比较,从而探究叙事学家的最新研究,以及修辞学

1636

① 更多例子可以在格雷夫(Grief, 2002)对博弈论理论经济史的调查中找到。

家和文学教师更为传统的关注点。

迄今为止，政治学家比其他社会科学家更加关注分析叙述。我们可以通过塑造分析叙述的发展的两个主要趋势来理解这一事实：用均衡解释制度，用威慑解释国家安全，都主要是政治学关注的问题。但是这些学科的联系在某种程度上来说是偶然性的，无论如何，"分析叙述在问题或证据方面应无界限"(Bates et al.，2000b：690)。特别是，没有理由说分析叙述不能在经济史中占有重要地位。限制分析叙述在其中使用的原因可能在于分析叙述关注行为和事件的细节模式，分析叙述从经济史中借用的理性选择形式化理论就是这样，因此分析叙述无法处理长期的历史过程，例如英国的工业革命，大量的相关社会和经济关系，例如 19 世纪美国的奴隶制。但是这些广泛的话题却是当今经济史学家们关注的基本话题。如果说分析叙述对他们有什么启示的话，那一定是因为分析叙述将他们的注意力引向这样一个事实，即尽管使用了不同的形式化方法，但分析叙述对微观结构研究的严格程度不亚于这些话题。

参考文献

Allison，G.T. (1971) *Essence of Decision*，*Explaining the Cuban Missile Crisis*. Little，Brown and Co，Boston(2nd revised ed. co-authored with P. Zelikow，Addison Wesley Longman，New York，1999).

Bates，R. H.，Greif，A.，Levi，M.，Rosenthal，J.L.，Weingast，B. (1998) *Analytic Narratives*. Princeton University Press，Princeton.

Bates，R. H.，Greif，A.，Levi，M.，Rosenthal，J. L.，Weingast，B. (2000a) "The Analytic Narrative Project"，*Am Polit Sci Rev*，94：696—702.

Bates，R. H.，Greif，A.，Levi，M.，Rosenthal，J.L.，Weingast，B. (2000b) "Analytic Narratives Revisited"，*Soc Sci Hist*，24：685—696.

Betts，R. (1997) "Should Strategic Studies Survive?"，*World Polit*，50：7—33.

Bird，A. (1998) *Philosophy of Science*. UCL Press(reprinted by Routledge，London，2000).

Brams，S.J. (1975) *Game Theory and Politics*. Free Press，New York.

Brams，S.J. (1985) *Superpower Games*：*Applying Game Theory to Superpower Conflict*. Yale University Press，New Haven.

Brams，S.J.，Kilgour，M. (1988) *Game Theory and National Security*. Oxford University Press，New York.

Braudel，F. (1969) *Ecrits sur l'Histoire*. Flammarion，Paris(Engl. trans. *On History*. University of Chicago Press，Chicago，1980).

Clark，S. (1985) "The Annales Historians，ch.10"，in Skinner，Q. (ed) *The Return of Grand Theory in the Human Sciences*. Cambridge University Press，Cambridge，pp.178—198.

Clark，G. (2007) "A Review of Avner Greif's Institutions and the Path to the Modern

Economy: Lessons from Medieval Trade", *J Econ Lit*, 14:727—743.

Crettez, B., Deloche, R. (2018). "An Analytic Narrative of Caesar's Death: Suicide or Not? That is the Question", *Ration Soc*, 30: 332—349.

Danto, A. (1985) *Narration and Knowledge*. Columbia University Press, New York.

Downing, B.M. (2000) "Economic Analysis in Historical Perspective", *Hist Theory*, 39:88—97.

Dray, W. (1971) "On the Nature and Role of Narrative in Historiography", *Hist Theory*, 10:153—171.

Erickson, P. (2015) *The World the Game Theorists Made*. University of Chicago Press, Chicago.

Freytag, G. (1863) *Die Technik des Dramas*. S. Hirzel, Leipzig.

Furet, F. (1981) "De l'Histoire-récit à l'Histoire-problème", in *L'atelier de l'Histoire*. Flammarion, Paris, pp.73—90. Eng. tr. in G. Roberts(2001)(ed), ch.17, pp.269—280.

Fudenberg, D., Tirole, J. (1991) *Game Theory*. The MIT Press, Cambridge, Mass.

Greif, A. (1993) "Contract Enforceability and Economic Institutions in Early Trade: The Maghribi Traders' Coalition", *Am Econ Rev*, 83:525—548.

Greif, A. (2002) "Economic History and Game Theory, ch. 52", in Aumann, R. J., Hart, S. (eds) *Handbook of Game Theory with Economic Applications*, *vol. 3*. Elsevier, Amsterdam, pp.1989—2024.

Greif, A. (2006) *Institutions and the Path to Modern Economy*. Cambridge University Press, New York.

Greif, A., Milgrom, P., Weingast, B. R (1994) "Coordination, Commitment, and Enforcement: The Case of the Merchant Guild", *J Polit Econ*, 102:745—776.

Grenier, J. Y., Grignon, C., Menger, P. M. (eds)(2001) *Le Modèle et le Récit*. Editions de la Maison des sciences de l'homme, Paris.

Harrington, J. (2009) *Game, Strategies, and Decision Making*. Worth Publishers, New York(2nd ed., 2014).

Haywood, O.G. Jr. (1950) "Military Decision and the Mathematical Theory of Games", *Air Univ Q Rev*, 4:17—30.

Haywood, O.G. Jr. (1954) "Military Decision and Game Theory", *J Oper Res Soc Am*, 2:365—385.

Hempel, C. (1965) *Aspects of Scientific Explanation*. Academic, New York.

Kousser, J.M. (1984) "The Revivalism of Narrative: A Response to Recent Criticisms of Quantitative History", *Soc Sci Hist*, 8: 133—149.

Levi, M. (1997) *Consent, Dissent, and Patriotism*. Cambridge University Press, Cambridge.

Levi, M. (2002) "Modeling Complex Historical Processes with Analytic Narratives", in Mayntz, R. (ed) *Akteure-Mechanismen-Modelle. Schriften aus dem Max-Planck-Institute für Gesellschatsforschung Köln*, *vol. 42*. Campus, Frankfurt am Main, pp.108—127.

Mongin, P. (2008) "Retour à Waterloo. Histoire Militaire et Théorie des Jeux", *Ann Hist Sci Soc*, 63:39—69.

Mongin, P. (2009) "Waterloo et les Regards Croisés de l'Interprétation", in Berthoz, A. (ed) *La Pluralité Interprétative*. Odile Jacob, Paris.

Mongin, P. (2016) "What are Analytic Narratives?", in Miller, B., Lieto, A., Ronfard, R., Ware, S.G., Finlayson, M.A. (eds) *Proceedings of the 7th Workshop on Computational Models of Narrative*(CMN 2016), open access series in informatics. http://drops.dagstuhl. de/opus/volltexte/2016/6714/pdf/OASIcs-CMN-2016-13.pdf.

Mongin, P. (2018) "A Game-theoretic Analysis of the Waterloo Campaign and some Comments on the Analytic Narrative Project", *Cliometrica*, 12:451—480.

Morrow, J. D. (1994) *Game Theory for Political Scientists*. Princeton University Press, Princeton.

Myerson, R. B. (1991) *Game Theory: Analysis of Conflict*. Harvard University Press, Cambridge, MA.

Myerson, R.B. (2004) "Political Economics and the Weimar Disaster", *J Inst Theor Econ*, 160:187—209.

Nagel, E. (1961) *The Structure of Science: Problems in the Logic of Scientific Explanation*. Routledge, London.

Nalepa, M. (2010) "Captured Commitments. An Analytic Narrative of Transitions with Transitional Justice", *World Polit*, 62: 341—380.

North, D.C. (1981) *Structure and Change in Economic History*. Norton, New York.

North, D.C. (1990) *Institutions, Institutional Change, and Economic Performance*. Cambridge University Press, Cambridge.

Osborne, M.J., Rubinstein, A. (1994) *A Course in Game Theory*. MIT Press, Cambridge, MA.

Ravid, I. (1990) "Military Decision, Game Theory and Intelligence: An Anecdote", *Oper Res*, 38:260—264.

Riker, W. H. (1982) *Liberalism against Populism: A Confrontation between the Theory of Democracy and the Theory of Social Choice*. W.H. Freeman, San Francisco.

Roberts, G. (ed)(2001) *The History and Narrative Reader*. Routledge, London.

Salmon, W. (1992) "Scientific explanation, ch. 1", in Salmon, M. H., Earman, J., Glymour, C., Lennox, J. G., Machamer, P., McGuire, J.E., Norton, J.D., Salmon, W.C., Schaffner, K.F. (eds) *Introduction Tophilosophy of Science*. Prentice Hall, Englewood Cliffs, pp.7—41.

Schelling, T.C. (1960) *The Strategy of Conflict*. Harvard University Press, Cambridge, MA.

Schiemann, J.W. (2007) "Bizarre Beliefs and Rational Choices: A Behavioral Approach to Analytic Narratives", *J Polit*, 69:511—524.

Stone, L. (1979) "The Revival of Narrative: Reflections on a New Old History", *Past Present*, 85:3—24.

von Neumann, J., Morgenstern, O. (1944) *Theory of Games and Economic Behavior*. Princeton University Press, Princeton(2nd ed., 1947).

Wagner, H. (1989) "Uncertainty, Rational Learning, and Bargaining in the Cuban Missile Crisis", in Ordeshook, P. (ed) *Models of Strategic Choice in Politics*. University of Michigan Press, Ann Arbor, pp.177—205.

White, H. (1984) "The Question of the Narrative in Contemporary Historical Theory", *Hist Theory*, 23:1—33.

White, H. (1987) *The Content of the Form: Narrative Discourse and Historical Representation*. Johns Hopkins University Press, Baltimore.

Zagare, F.C. (2009) "Explaining the 1914 War in Europe. An Analytic Narrative", *J Theor Polit*, 21:63—95.

Zagare, F.C. (2011) *The Games of July: Explaining the Great War*. University of Michigan Press, Ann Arbor.

Zagare, F. C. (2014) "A Game-theoretic History of the Cuban Missile Crisis", *Economies*, 2:20—44.

Zagare, F.C. (2015) "The Moroccan Crisis of 1905—1906: An Analytic Narrative", *Peace Econ Peace Sci Public Policy*, 21:327—350.

Zagare, F.C., Kilgour, M. (2000) *Perfect Deterrence*. Cambridge University Press, Cambridge.

Zagare, F.C., Kilgour, M. (2003) "Alignment Patterns, Crisis Bargaining, and Extended Deterrence: A Game-theoretic Analysis", *Int Stud Q*, 47:587—615.

Zagare, F.C., Kilgour, M. (2006) "The Deterrence-versus-restraint Dilemma in Extended Deterrence: Explaining British Policy in 1914", *Int Stud Rev*, 8:623—641.

第五章

空间建模

弗洛里安·普洛克

摘要

空间建模是一种系统性研究方法，用于理解经济行为在局部或全球的空间结构。本章首先概述空间相关性的实证检验，其中包括空间随机性检验、连接数统计检验和莫兰指数检验；进而讨论空间集中度，以及其经济史学中空间集中度的检验与测量。纵观空间模型的演变——从屠能到霍特林，再到新经济地理学的建模，其发展过程展现了空间建模的抽象性、在复杂环境下的适用性、验证经济史理论方法的有效性。本章最后一部分讨论空间数量经济学领域的建模方法，及其在经济史领域的应用。本章以对包括空间点过程与网络方法在内的其他建模方法的展望收尾。

关键词

经济地理　集聚　空间集中度　空间相关性

引　言

1640

“任何事物都与其他事物相关，只不过距离相近的事物关联更密切。”这句话引自托布勒(Tobler, 1970)，通常被称为“地理学第一定律”。即使经济学中的大多数实证研究认为，这种相互影响对所有实际目的而言可以忽略不计，在过去30年中，空间关系问题仍在经济学与经济史相关文献中得到了更多的关注，从而引发显式空间建模的复兴。

当经济学家没有对地理学给予过多关注时，地理学领域安然无事。然而，当经济学家开始关注地理学时，这两个领域中的想法、问题、方法和工具方面的分歧便展现出来。经济学家集中使用高度技术性、理论性和定量的工具来得出普遍的结论。相反，地理学家偏向定性研究，着眼于特定的微观案例，这显然是受到该学科领域“文化转向”(cultural turn)的强烈影响(Krugman, 2010)。虽然部分文献将地理学家的方法用于历史分析，但本章主要关注经济学家和定量经济史学家所构建的空间模型。“空间建模的发展”部分从这一角度介绍了过去两个世纪的形式化空间建模历史，并讨论了它与经济史的关系和相互作用。

空间建模历史发展的概述表明，空间建模具有极大的广度，却没有明确的理论核心。国际贸易的核心理论——李嘉图(Ricardo)的理论、赫克歇尔-俄林(Heckscher-Ohlin)理论*，以及收益递增、垄断竞争的新贸易理论——都是空间建模理论的重要分量，但它们只是拼图的一些碎片。偏好与基础设施、生产函数与当地生产力，以及人员与思想的流动只是另外一些碎片。因此，本章不提供形式化的理论，而是利用最近在经济学的区位理论建模中使用的讨论观点(拼图碎片)的概述，将它们与经济史中空间建模的应用联系起来。

1641

然而，本章首先要讨论的是一个基础性问题，即如何判断空间相关性，进而发现空间建模的潜在需求？本章在对相关结构——尤其是行为体和空

* 即要素禀赋论。——译者注

间——进行简短的讨论与梳理后，介绍了判断空间相关性的主要实证方法，其中包括事件在空间内的分布、一组位置的二元特征的空间分布以及连续字符的分布，最后讨论了其他关于空间集中度（spatial concentration）与专业化（specialization）的统计方法及其在经济史中的应用。

基本结构

一元与二元

阐明空间经济现象的最著名的模型可能是引力方程（gravity equation）。在实践中，它类似于构建两个空间上相隔物体间引力模型的物理理论。将该方程应用于贸易关系中时，它基于产地和目的地的特征及两者间的距离，对两国间的贸易往来进行建模，从而解释两国之间的贸易流。对两国之间流动的关注意味着建模使用了二元模型，即把两个行为体的组合作为一个观察单元。还有许多其他的空间关系，例如贸易协定与军事冲突，在这些关系中，二元模型是一种合适的建模方法。对于计量经济史来说，市场整合分析是另一重要的应用，它主要关注两地间价格的相关性。

兰珀和夏普（Lampe and Sharp，2016）深入讨论了经济史中引力方程的基础理论和使用方法。市场整合分析已被包括杰克斯（Jacks，2005）在内的许多学者讨论过。因此，本章着眼于单个行为体对一元（即单个行为体，而非一组行为体）空间关系的起源及其影响进行建模。

行为体

现代数据处理与计算的出现，推动了地理信息系统（geographic information system，GIS）软件的发展。其目的是收集、组合、管理和转换空间的参考数据。GIS 数据分为矢量数据（vector data）和栅格数据（raster data）两类。尽管每个单独的数据系列必须是上述两种数据格式中的一种，但是，可以组合两种类型的数据，也可以将一种类型的数据转换为另一种类型。这些数据反映了基层数据性质，因此对应于建模方法中表示行为体的观察单元。

1642

矢量数据是反映实证观察单元的地理形状，有三种不同的类型，即点、线、面。“点”通常用于定位空间中的个人或独立单位，如公司或城市。“线”是点与点之间连接的模型，如基础设施、边界或通信网络。“面”则代表区域，最典型的是国家或地区。

栅格数据则是用不同方法将整体划分成一个矩形网格。其中，每个单元格包含一个数据点。虽然每个单元格都与一个值相关联，但该值实际上可以表示其他值的组合。例如，每个单元格都有一个颜色值，但每种颜色都是三种基础颜色的不同组合。这种格式类似于数字图像，其重要应用包括绘制夜间的灯照强度，或绘制海拔高度等地理特征。

在空间建模方面，大多数模型方法中的矢量数据可以被直截了当地看作观察单元，也就是行为体。而栅格数据与之不同，它不太适合用来代表行动被模型化的行为体，因此，它主要被当作数据源，用来测定和计算基于矢量的单位观测的特征。因此，栅格数据可以被用作结果数据，如关于夜间灯光强度的卫星数据可以用来展示历史事件留在当代的结果，或展示含有空间现象的数据的长期发展，如国界变迁(Michalopoulos and Papaioannou, 2018)。

距离

空间建模与实证研究使用空间法，不过，它们不仅可以使用基于二维物理空间的地理距离，还可以容纳研究空间和距离的其他方法。

正如“空间建模的发展”部分中对霍特林模型(Hotelling's model)的讨论所显示的，其中一个可能的区别便是维度数量的多少。使用一维距离则视为简单模型，通常用单线条与位于该线上的行为体间的距离来表示，更为复杂的模型则使用多维设置，行为体在多个坐标轴上的相对位置各不相同。对国家间的政策差异进行建模就是一例，其中，空间的维数取决于用于对比的政策领域，既可以是单个政策领域，也可以是多个政策领域。

另一种可能性是放弃物理距离，以不同的方式测量行为体间的相对空间位置。主要的方法是二进制距离测算，即两个行为体要么相连，要么不相连。在实证术语中，此种类型的相对位置针对的是代表区域的行为体，比如国家或国家的省市县，它们通常表现出某种程度的连续性，例如边界两侧的邻国。一个相关方法是使用网络结构。网络被建模为这些节点之间的“点” 1643

与“边”。换言之，一个节点所代表的是其中一个行为体，若存在与之相连的另一节点（“边”存在），则说明这两个行为体是相连的，反之则说明它们是独立存在的。

空间相关性建模

虽然上文引用的地理学第一定律假设“任何事物都与其他事物相关”，但我们并不清楚：这些事物之间的关联性到底有多强？它们是否重要？甚至它们能否通过实证方法来测算？

对于空间自相关实证的诸多探索，都需要一种方法来确定概括统计量，进而描绘空间自相关的存在、方向或强度等特性。而不同的行为体类型和特征、不同的距离表示方法、不同的统计假设，意味着我们无法使用单一方法描述、确定并检验空间相关性问题。但已有大量区域科学和其他地理科学领域的文献，为探索计量经济史领域中运用的空间相关性提供了经验方法。

以下是三种不同情况下使用的测量方法：行为体位置的空间相关性、行为体二元特征的空间相关性、行为体连续特征的空间相关性。其应用在 19 世纪初的萨克森王国的村庄、城镇与其中人口的数据中得到了展示，这些数据基于普洛克（Ploeckl, 2012, 2017）的研究，收录了 3 515 个定居点，其中包括 140 个法定城镇以及它们 1834 年的人口数据。

空间随机性

首先考虑观测值是否随机地位于二维平面上的情况。正如巴德利等人（Baddeley et al., 2015）描述的，如果空间分布确实是随机的，那么潜在的空间点过程（spatial point process）被两个关键属性所描述。

- 同质性：点对任何空间位置都没有偏好。
- 独立性：某一区域的结果信息对其他区域没有影响。

在数学上，这可以针对点过程 X 和强度值 λ 公式化为：

- 落在测试区域 B 中的随机点的数量 $n(X\cap B)$ 具有平均值 $En(X\cap B)$

$=\lambda|B|$。

- 对于不重叠的测试区域 $B1$，$B2$，…，Bn，计数 $n(X\cap B1)$，…，$n(X\cap Bn)$是独立的随机变量。 1644

结合在测试区域内的计数服从泊松分布的假设，这些特征被称为“完全空间随机”(complete spetial randomness，CSR)，这意味着在任何区域内的预期观测值与区域大小成线性关系。常系数 λ 则被称为“强度”(intensity)(Baddeley et al.，2015)。

点过程及其强度适用于诸多领域，特别是在生物学领域(如细胞表面的病毒颗粒数量)、动物学领域(如虱子在森林中的位置)、林业领域(如特定树种的空间分布)和气候学领域(如雷击位置)。但它们同样适用于经济史领域，诸如判断农作物产量、特定行为(如犯罪)的发生概率、自然资源是否存在及其他禀赋问题。

如果空间分布并不随机且完全空间随机不成立，那么有两个可能：首先，模式可能是更分散的，这使空间分布呈现出“有规律的间隔”形态。其次，模式也可能是成组的，这使它看起来呈集群形态。

正如巴德利等人(Baddeley et al.，2015)所述，有许多统计方法可以检验空间随机性。一个基本的方法是使用样方法(quadrat counts)，即将整个区域分割成大小相等的样方，使用每个样方中点的数量作为检验统计量。这也适用于其他形状，只要它们大小相同且不重叠。在 m 个区域和 $n=\sum_i n_i$ 个总点数的情况下，形式化的检验统计量为 $X^2=\sum_i \frac{(n_j-n/m)^2}{n/m}$，在零假设下，它的分布接近于自由度为 $m-1$ 的卡方分布。

定居点在一个区域内的位置是一种适用的情况，在这种情况下，空间随机性的测试是有益的。对萨克森王国内的定居点的历史分布应用样方法，结果显示卡方值为 407，p 值低于 0.01。显然，萨克森王国内的定居点不是随机分布的。在“有规律的”和“集群的”这两种可能中，定居点的空间位置似乎是集群的。

关于空间随机探索性测试只能诊断哪个方向存在偏差，但不能确定两个主要假设(无特征表面和观测点之间的独立性)中的哪一个是偏差的原因。最后一部分将重新讨论分析这些统计过程的类型及塑造观测值空间分布的结构因素方法。

连接数统计量

大多数经济史分析关注的是这样一种情况，即行为体(从个人到公司、乡村到城镇、区县到国家)的空间位置被认为是给定的。因此，人们感兴趣的是某一特定行为体特征的空间相关性，以及其在现有观测点上的分布。

1645 如果希望观测的结果是二进制的，那么一种方法是连接数统计量(joint-count statistic)。这种结果的例子有：哪些公司破产了，哪些幸存了；哪些城市采用了特定的政策或技术；或者哪些国家采用了金本位制。统计假设是一个静态的情况，所以这种方法适用于相关的二进制数据由横截面给出的实证情况。

根据克利夫和奥德(Cliff and Ord, 1981)的理论，这可以用来表现国家加入或退出金本位制的案例。其核心思想是比较相邻的两个国家，然后对根据其状态分类的连接(join)予以统计。如果两个国家都加入金本位制，则归类为(GG)。如果它们都退出金本位制，则归类为(OO)。如果一个国家加入，而另一个国家退出金本位制，则归类为(GO)。根据一国加入或退出金本位制的概率，可以算出每一类连接的预期数量。若观测到的(GG)数量与对应的期望相近，则金本位国家呈现随机分布状态；若(GG)数量显著更高，金本位国家呈现集群状态；若为负，则金本位国家呈现分散状态。这三类连接并不一定对称，说明加入金本位制的空间相关性并不能推导出未加入金本位制的空间相关性。期望值与实际统计数据间的差异也表明了这种空间相关效应的强弱。

克利夫和奥德(Cliff and Ord, 1981)提出了一个广义理论公式，也说明了有必要进行显著性检验的情况。显著性检验需要两个假设，第一个关于观测值的抽样过程，第二个关于连接的性质。第一个假设有两种可能的情况：有替换镜像采样和无替换镜像采样，即任意抽样和非任意抽样。任意抽样是指每一观测点都有相同的概率采用金本位制，而这种概率通常是基于采用金本位制的国家的抽样平均值。非任意抽样是指虽然每个观测点采用金本位制的概率相同，但采用金本位制的国家总数受制于抽样中观察到的国家总数。

另一个假设是关于空间权重(spatial weights)的。克利夫和奥德(Cliff

and Ord，1981)的研究表明，该公式不仅适用于用连续表示的二进制的 0 和 1 的特殊情况，还适用于一般的权重。然而，应用哪种空间权重，留给研究人员选择。以上关于距离度量的讨论指出了可能的选择，而数据的性质提供了一定的指导。网络模型有明显的二进制连接解释，如国家或地区数据指向接近度度量，在常规空间(如公司)内的观测值与基于距离的权重很好地吻合。然而，主要的一点是，对于相同的结果数据，不同的权重可能导致不同的结论，因为任何空间相关性都取决于权重方案。

加权方案的选择取决于计算的目的。如果目的是探索性的，意在确定任何潜在的空间相关性，那么测试不同的权重，看看是否有结果显示出空间相关性，可以作为一种方法。如果目的是调查导致空间相关性的某一特定传导机制或渠道，则应相应地指定加权方案。

实证案例说明了加权方式的影响。1834 年，根据是否拥有正式合法的城镇权利，萨克森王国的定居点被分为城镇与村庄两类。根据这一划分方法，有 140 个定居点被归类为城镇。连接数检验进行了两次，一次根据两个定居点之间的距离是否为 10 千米以下设定二进制权重，另一次根据距离是否大于等于 10 千米设定二进制权重。基于接近程度的加权统计结果为 3.55，期望值为 2.77，p 值小于 0.01，表明城镇之间存在空间集群形态。基于远离程度的加权统计结果是 235.94，期望值是 235.94，p 值为 0.27。这表示不存在关于分散形态的空间相关性的显著证据。 1646

另外，还有将连接数扩展为结果数量大于 2 的离散数据的方法，该方法被称为“J_{tot}”(Cliff and Ord，1981)。

莫兰指数

与连接数统计量相对应，用于连续结果数据的是所谓的莫兰指数(Cliff and Ord，1981)。这个检验统计量定义如下，其中 n 为观察总数，w_{ij} 为 i 与 j 之间联系的权重：

$$I = \frac{n}{\sum_{ij} w_{ij}} \frac{\sum_i \sum_j w_{ij}(x_i - \bar{x})(x_j - \bar{x})}{\sum_i (x_i - \bar{x})^2}$$

与连接数统计量一样，此处包含的权重 w_{ij} 必须由外部指定。上述关于权重矩阵的详情与影响的讨论在这里也同样适用。因此，其具体形式取决于研究计算的目的，并且必须通过研究问题和有关现象的隐式理论或显式理论来理解。

莫兰指数的值在−1至1之间。若不存在空间自相关，则莫兰指数的值为0，正值表示空间自相关为正(集群)，负值表示空间自相关为负(分散)。

和连接数统计量一样，我们也可以导出莫兰指数的期望和方差，因此可以用标准方法来检验实证结果的统计显著性。

用途

这些指标的主要用途是探索数据集中的空间自相关存在及方向。这种探索也可用于确定特定传输机制的空间含义是否反映在观测数据之中。

1647 探索的另一个领域是了解不同结果之间或不同配置之间的空间相关性随时间的变化。在连接数统计量和莫兰指数中，只要利用的距离权重保持不变，就可以跟踪和比较随时间的发展。由于随时间的发展只是不同数据集之间比较的一种特殊情况，所以同样的逻辑适用于这种情况；只要空间权重相同，就可以对不同数据集的空间自相关的相对强度和方向得出比较的结论。当空间权重不同时，情况也随之不同。强度的比较仅对相同的数据有用，以确定特定的机制是否导致空间相关。

这三个指标只是检验整个样本是否存在空间自相关。它们不能识别特定子集的特征，例如，它们不能识别子区域或特定集群的位置的空间相关性是否相同。还有一些方法用于探讨空间的局部变化，特别是空间自相关的局部指标(local indicators for spatial autocorrelation, LISA)(Anselin, 1995)。

专业化测量

上述测量侧重于一些经济产出的地理分布的空间方面。然而，也有一些方法主要关注空间集中度的强度，与关注市场集中度的方法——如赫芬达尔指数(Herfindahl index)——有相似之处。

克鲁格曼(Krugman, 1991)提出了一个衡量区域专业化的方法：

$$SI_{jk}=\sum_{i}\left|\frac{E_{ij}}{E_{j}}-\frac{E_{ik}}{E_{k}}\right|$$

其中，E_{ij}是区域j的产业i的就业水平，E_j是区域j的产业总就业量，而E_{ik}和E_k对于区域k相同。该指数比较区域j和区域k，如果指数为0，则为完全没有专业化；如果指数为2，则为完全专业化。金(Kim，1995)利用这一数据衡量1860—1987年美国制造业区域专业化分工水平。研究发现，区域平均专业化分工水平在两次世界大战之间的时期一直在提高，在战后则不断下降。

金还分析了“本地化”(localization)问题，即个别产业是否比整个制造业更加集中？他使用了胡佛(Hoover)的本地化系数(coefficient of localization)，该系数基于某地区的就业率相对于单个产业的总就业率以及制造行业的总就业率计算得出。研究表明，美国的平均本地化水平随着时间的推移呈现出与区域专业化相似的趋势。

埃利森和格莱泽(Ellison and Glaeser，1997)提出了“本地化”这一问题，并将企业与工厂层面的集中度纳入计算。同样，迪朗东和奥弗曼(Duranton and Overman，2005)提出将分析从区域单位转移到基于集聚模式定义的连续距离。另一个步骤是修改方法，以确定不同产业之间的协同集聚(co-agglomeration)模式(Ellison，2010)。

1648

这些指数的计算主要运用描述性方法。它反映了特定产业或经济活动中空间集聚的性质和水平。它不仅适用于现代数据，还可以描述历史与长期的经济发展。

这些指数还可以用于推断空间模型的证据或驱动区位和专业化模式的特定经济因素。金(Kim，1995)的研究结果根据规模经济与资源合理利用，给地区专业化的模型提供了实证支持；埃利森和格莱泽(Ellison and Glaeser，1997)的研究支持了溢出效应和自然优势带来集聚的主张；埃利森等人(Ellison et al.，2010)提供了证据以证明三种类型的马歇尔外部性(Marshallian externalities)对产业集聚模式的影响，这三种外部性为投入-产出关系、劳动力市场共享(labor market pooling)与知识溢出。与这些概念性分析相比，研究还可以使用这些方法来理解历史的长期发展。例如，古特贝勒特(Gutberlet，2014)提供的一份历史研究报告，阐述了19世纪晚期从水力发电到蒸汽发电的转变如何影响和促进了德意志帝国制造业的地理集中。

空间建模的发展

> 让我们一起想象一下：在一片肥沃的平原上坐落着一座超大城市，但城市里没有一条可通航的河流。这片平原上土壤的肥沃程度相同，随处都能耕种。在距离城市很远的地方，是一片尚待开拓的荒野，将这个国家与世界的其他地方隔离开来。
>
> 除这座大城市外，平原上没有其他城市。因此，它为全国生产所有的工艺品与制造产品，而城市只靠它周围的平原提供食物。
>
> 我们假设，满足盐、铁需求的矿山、盐矿分布在城市周围。由于它是唯一的城市，我们暂且简单地称之为“这座城市”。
>
> 让我们一起思考：基于上述假设，会发展出什么样的农业模式？出于最大理性考虑，土地与城市的距离会对土地的使用造成何种影响？
>
> (von Thünen，1875；翻译来自作者和 Beckmann，1972)

屠能(von Thünen)在其著作《孤立国同农业和国民经济的关系》(*Der isolierte Staat in Beziehung auf Landwirtschaft und Nationalökonomie*)的开篇，简明扼要地提出了这个问题，并对一个关注经济活动空间分布的经济模型提出了一系列假设。其著作成书于19世纪初期，一般认为是空间建模的起源，他以一种抽象概念性方式为理解空间经济模式的本质奠定了基础，但他的分析完全基于他的农业生产与实践(Fujita，2010)。他的模型假设如下：

1649

- 唯一的城市代表整个经济。
- 经济是封闭且自给自足的，不能与其他经济体进行贸易。
- 城市周围的平原没有任何特征，因此没有农业生产率差异或交易和运输的成本差异。
- 只考虑农业生产；所有其他部门都位于城市中，被排除在分析之外。
- 交通费用仅取决于与城市的距离。
- 代理人是理性的，只使货币利润最大化。

屠能首先根据他对不同农业知识的了解来讨论答案，然后用数学关系来形式化他的模型。

他定义了相关的变量，以“舍费尔”(Scheffel)为重量单位，以“泰勒”(Thaler)为货币单位：

粮食的收益是 x，净收益是 ax 泰勒，播种成本是 b 泰勒，种植成本是 c 泰勒，q 是总收益中的成本份额，p 是货币形式的成本份额，h 是当地粮食价格。

他计算了“地租”(Landrente)，即生产某种特定农产品的租金，具体取决于相关成本和收益，公式如下：

$$\left(\frac{ax}{h}-\frac{b+(1-p)c+c(1-p)aqx}{h}\right)\text{舍费尔和 } p(aqx+c)\text{泰勒}$$

屠能从概念建构转换到实际应用，将这种租金表达与前往中央市场的运输成本(transport costs)结合到一起。他将这些运输成本用马匹消耗的谷物来表示，这预示了现代贸易文献中使用的“冰山运输成本”假设*，即一定量的货物在途中“融化”。假定费用在距离上是线性的，距离增加一倍，运输费用的绝对值就增加一倍。假设各地生产能力相同，某一地点的租金就会随着与城市距离的增加而下降。

屠能得出了土地租金(包括运输费用)等于 0 的距离，它划定了种植问题中的作物盈利区域，以及这样种植无法盈利的区域。对其他作物和农产品重复此种计算，就可以得到每个产品的地租曲线，它显示出每种作物的利润受到距城市远近的影响。任取一个距离，都有某一个产品的地租曲线处于最高的位置，因此在这个距离上生产这种产品是最有利可图的。由此产生的模式是众所周知的城市圈层系统(system of rings)，每个圈层都对应一种

* 在现代国际贸易和经济地理的理论模型中，“冰山运输成本”(iceberg transport cost)是一个十分重要的假设。在这一假设下，若商人想把数量为 x 的某商品从甲地运输到乙地，从甲地装载的商品数量不能是 x，而是 $tx(t>1)$，因为在运输过程中，一个固定比例 $m=(t-1)/t$ 的商品会像漂流着的冰山一样逐渐“融化”。这种简化处理的想法有着非常悠久的历史，古典经济学家在思考谷物运输时，认为牲畜会在途中吃掉一定份额的粮食，与冰山运输成本异曲同工。——译者注

特定的作物或产品的生产。虽然该模型假设较易，但其结果清晰地解释了屠能近两个世纪前观察到的经济活动的空间格局，这样的空间格局对今天仍有借鉴意义。

1650

屠能的建模方法，即通过地租曲线形成一组围绕中心位置的圆环，已经被广泛应用于许多领域，如农业经济学领域、城市经济学与其他经济学分支领域。该模型还被广泛应用于其他社会科学，如社会学、市场营销学、商业管理等领域。

经济史研究也受到屠能思想与建模的影响。例如，费尔南·布罗代尔(Fernand Braudel, 1981)在他的《十五至十八世纪的物质文明、经济和资本主义》(*Civilization and Capitalism, 15th—18th Century*)中用圈层的概念来分析工业革命前欧洲的经济发展。该模型不仅被用于定性分析，还被应用于计量史学和计量经济史领域。屠能本人就是这样做的。他对梅克伦堡和比利时的农业展开定量比较。他不仅分析了这两个地区的农业收益——虽然使用的是与里格利(Wrigley, 1985)类似的方法，他还使用相对生产率和梅克伦堡的人口密度来得出比利时的农业能够养活多少人口。他的预测与比利时当时的实际人口相差不远，这证明了他的定量经济分析方法的可行性和适用性。

最近，科普西迪斯和沃尔夫(Kopsidis and Wolf, 2012)也在计量经济史研究中运用了屠能的模型。他们分析了普鲁士农业生产力的空间格局，以确定城市需求在塑造农业发展中的作用。他们的分析使用了1861—1865年的数据，而就在1866年，梅克伦堡以及屠能所在的地区成了北德意志联邦和普鲁士的一部分。他们建立了一个基于屠能逻辑的模型，来解释普鲁士农业统计数据所反映的农业生产率。他们利用县级数据，发现以距离加权的城市人口衡量的市场潜力比其他假设(如制度结构)具有更强的解释力。他们的模型还对地租、劳动强度、农场出入口价格和作物组合的空间格局进行了预测，其中某些细节与屠能的想法非常相似。对这些假设进行实证检验，证明了普鲁士的农业受到城市需求的强烈影响，从而解释了由单个城市到整个国家的农业发展空间格局。

虽然屠能的著作形成于19世纪上半叶，但藤田昌久(Fujita, 2010)认为，空间建模直到进入20世纪后的几十年内才进一步发展。接下来，模型的发展趋向于进行市场区域分析，描绘由不同企业构成的市场区域边界。这最终扩展到空间价格政策，这类模型开始共同确定企业的空间位置和价格。在屠能的模型中，农民们只是简单地接受了不由他们自己决定的产品的价格。新的模型在许多方面纳入了这种企业空间位置与价格等因素。哈罗德·霍特林(Harold Hotelling, 1929)引入的模型是最有影响力的，或者至少是最著名的例子之一。

与屠能的理论不同，霍特林(Hotelling, 1929)的《竞争中的稳定性》(*Stability in Competition*)的出发点不是进行空间分析，而是研究和论证双寡头环境下竞争的某些方面和特征。他关注的是市场调整并达到均衡的速度，这种速度产生于模型和现实的不一致性，一边是有影响力的竞争模式，其特点是企业以微小的价格变化快速占领了大部分市场，另一边是在现实世界中观察到的这种情况下消费者行为的持续性和惰性。

1651

霍特林的分析始于消费者均匀地分布在一条固定线段模型上，两家公司位于线上的随机两点。这两家公司向消费者出售完全相同的商品，消费者无法区分两家公司的商品，但运输成本除外，运输成本由消费者和两家公司之间的距离表示。霍特林根据两家公司的价格推导出两家公司的利润函数。通过函数，他证明了如果每个公司都根据对方的价格来制定价格以优化利润，那么两种价格都趋向于均衡，并且每变化一次，只有一小部分消费者会在两家公司之间转移。

在他的分析的第二部分，空间方面变得更加重要，他不仅考虑每个公司的市场空间范围，而且还考虑它们的位置决策。分析从一家出现于线段上随机位置的公司开始，然后考虑第二家公司相对于第一家公司的位置。霍特林认为，第二家公司会选择尽可能地靠近第一家，但留在第一家公司与线段端点距离更远的一侧。如果第一家公司在这条线段的中间，即整个市场的中心，那么第二家公司可以任意选取一侧。这样选择位置的原因是，通过这种方式，第二家公司可以通过提供比第一家公司更低的运输成本，尽可能多地占领整个市场中的某个部分。

霍特林进一步在中央计划和市场结果的背景下探讨了区位问题，或者用他的话说："资本主义与社会主义。"他认为，为了将运输的社会成本降到最低，两家公司需要对称地分布在市场的四分位点上。这一结果表明，市场在两家公司之间的空间上是平均分割的，消费者到达一家公司的最远距离是整个市场长度的1/4。这与上面所描述的市场结果形成了对比，在上面的情况下，一些消费者必须穿过至少半个市场才能到达一家公司。

在市场竞争中，为了使利润最大化而相互靠近的两家公司和为了使社会运输成本最小化而有规律地分布的两家公司之间的这种差异，通过更多的公司进入市场而被放大。在自由市场的情况下，新进入的公司将遵循与第二家公司的选址决策相同的逻辑，因此非常接近于现有的公司，从而创建一个公司集群。然而，社会主义规划者会按一定的规律重新分配公司。这一分析显示出有一股力量导致自由市场经济内部集聚。

然后，霍特林描述了模型逻辑适用的不同情况。他从苹果酒商人开始，这些商人必须保证他们产品的酸度，所以把企业定位在特定的产品市场空间内。甜味的衡量标准取代了距离，而运输成本是产品甜度与消费者偏好之间的不匹配。更一般地说，霍特林认为，尽管它不是许多产品（如家具、房子、衣服、汽车，甚至教育）标准化的主要驱动力，但它推动了以下效果：产品的小幅变化主要是为了占领市场，以便介入竞争对手和大量消费者之间。

1652

霍特林进一步将模型推广，认为现实世界的环境可以从数学角度来看待，企业在多维空间中定位，以最大限度地扩大离它们最近的顾客的数量。有一些条件可能会改变结果的形态，将企业分开，其中包括消费者分布不均、运输成本、定价结构和一些需求弹性的考量。

霍特林对模型的推广同样证明这一方法不仅适用于“经济生活”，也适用于存在竞争活动的极为多样的场合。他把这个应用描述到这样一个领域：

> 在政治方面，这是明显的例子。共和党和民主党之间的投票竞争没有明确描绘问题，提出两种截然相反的立场供选民选择。相反，各党都努力使自己的政治纲领尽可能接近彼此。

霍特林模型已被广泛应用于各个领域。他所预示的在政治空间中的使用可能是最有影响力和最广为人知的案例。唐斯（Downs，1957）采纳了霍特林的思想，并将其应用于政治语境中。下面展示了他的主要假设，并解释了他如何保留霍特林的空间建模方面，但仍从政治角度展开框架设计。

- 任何社会的政党都可以按照全体选民一致同意的方式从左到右排序。这个假设相当于使用一条固定的线作为空间。
- 每个选民的偏好在标尺上的某个点上是单峰值的，并且在峰值的两侧单调地向下倾斜。这一假设意味着，影响消费者/选民效用的唯一因素是到公司/政党所在地的距离，霍特林将其建模为运输成本，唐斯将其建模为偏好的接近程度。
- 选民在标尺上的频率分布随着社会的变化而变化，但在任何一个社会都是固定的。这一假设放松了霍特林关于消费者/选民在路线上均匀分布的假设，但保留了在公司/政党作出选址决策时，这种分布保持不变的假设。
- 一旦被置于政治层面上，一个政党可以在意识形态上向左或向右移动，但不能跨越它正在移动的最近的政党。这个假设表明公司/团体可以在空间中自由移动。"不跨越"的限制是由于变化的一致性和渐进性，因为它禁止政党立场上的微弱变化导致选民投票行为的巨变。

1653

- 在两党制中，如果任何一个政党从最接近自己的极端立场转向另一个政党，那么处于标尺末端的极端主义选民可能会弃权，因为他们看不到提供给他们的选择之间有什么重大区别。这一模型假设认为，在一定的距离之外，运输成本或偏好的差异过大或令人望而却步，消费者/选民宁愿不采取行动（即不愿购买/投票）。它抵消了上面的"不跨跃"规则，并将各方从集聚在标尺两端转移到中心。

这些假设的结果取决于政治制度，特别是政党数量，这又一次反映了霍特林对第三家及此后所有公司进入市场的影响的讨论。最著名的例子是"多数决投票"，双方通过在政治领域定位来争夺胜利。这就产生了"中间选民定理"（median voter theorom），该定理指出，在多数决投票和单峰值偏好的情况下，投票结果将由中间选民的偏好决定，即将人口分成两半的政策空间点。

在霍特林与其他学者建立非竞争性公司的模型时，另一些学者建立了别的相关空间方法，藤田昌久（Fujita，2010）描述了这一过程。马歇尔（Marshall）介绍了他关于工业集聚点的理论，强调了外部性在这一过程中的作用。勒施(Losch, 1940)建立了一个系统的区位理论模型,包括市场区域和经济区域的发展。克里斯塔勒(Christaller, 1933)的中心地理论阐述了与区位和市场分级有关的中心地的概念理论。

藤田昌久(Fujita, 2010)还描述了空间经济学的进一步发展,特别是对一般均衡和竞争市场的关注。

这确实带来了空间不可能性定理,根据藤田昌久的描述,这意味着需要作出下列三种假设之一来理解经济活动的集聚、区域专业化、一般空间分布的实际现象:

(1) 空间是异质的。

(2) 生产和消费存在外部性。

(3) 市场是不完全竞争的。

在此之后发展起来的空间模型通常会结合使用其中一种以上的模型,但是每种模型都有其特定的含义。

- 比较优势模型:这些模型假设空间是异质的,并且在某些方面存在差异,例如禀赋(如自然资源)、基础条件(如气候)或不均匀的运输成本。这种差异考虑到了比较优势,并且即使在收益不变和完全竞争的情况下,也可以展开地区间的贸易。

1654

- 外部性模型:公司、家庭以及企业与家庭之间的非市场互动(知识溢出、交流和互动)产生内生的空间集聚,从而产生贸易,同样是在允许收益不变和完全竞争的情况下。
- 不完全竞争模型:公司不再是价格接受者,空间分布模式影响价格政策,导致潜在的集聚。有两种实现途径:
    - 寡头竞争:这些模型假设有限数量的大型代理者(公司、政府、开发商),它们进行包括位置决策在内的战略性互动。
    - 垄断竞争:公司是价格制定者,并通常被认为是在不断增长的回报下生产差异化的产品。模型倾向于假设多家公司会形成连续体,从而使战略性互动最小化。

虽然所有这些方向的模型都是在过去三十年中发展起来的,但最突出的是最后一个,它使用一个基于迪克西特和斯蒂格利茨(Dixit and Stiglitz, 1977)介绍的垄断竞争的“迪克西特-斯蒂格利茨模型”(Dixit-Stiglitz Model,

简称"D-S模型")。这一研究领域被称为"新经济地理学"(new economic geography, NEG),其研究重点是开发一种统一的一般均衡建模方法,关注收益增长、运输成本和生产要素运动之间的相互作用。这种方法的空间范围非常广泛,包括城市组织、城市系统、区域结构,以及国际和全球模式。

保罗·克鲁格曼(Paul Krugman, 1991)是新经济地理学的奠基者之一,并于2008年获得诺贝尔经济学奖。他解释说,在当代国际贸易文献和更广泛的经济学中,几乎完全没有空间方面的考虑,因此他有兴趣为地理问题开发正式的建模方法。为了弥补这一点,他着眼于市场结构方法论,尤其是垄断竞争模型和收益递增的方法,这些方法在20世纪80年代已经很大程度上改变了国际经济学,似乎适用于克服原先将经济地理学抛至经济学家脑后的约束。

克鲁格曼引用了大量的实证现象作为发展理论的动力:大量的国内贸易,欧洲组成联盟背景下边境相关性的降低,以及特别值得关注的集中和集聚的存在,例如美国的"制造业带"。然而,由此产生的新经济地理学和地理导向的经济学文献发展,非常重视技术和方法(Krugman, 1991, 2010)。这一发展与地理学及其相关学科中的经济地理学家的研究形成鲜明对比,后者远离了数学建模和定量方法。正如克鲁格曼(Krugman, 2010)引用马丁(Martin)的话说,"经济地理学本身"是拒绝抽象模型,并且支持"话语说服"的,需要"坚定地致力于研究真实的地点(承认局部特殊性的重要意义)和历史制度因素在这些地点发展过程中的作用"。

虽然克鲁格曼承认对该项目的部分批评不无道理,但他认为这种强烈的反对在两个方面上是被误导的。首先,一个核心的、实际的目的是将空间思维重新引入经济学主流,而形式化的建模方法是最成功的方法。其次,该方法更概念性的论据是,它更强调"假设"问题。形式化的建模允许反事实和场景的发展,这最终更适合用来分析和评估政策、干预和其他变化,而不是强调每个案例的独特性(Krugman, 2010)。

1655

历史、第一自然地理和第二自然地理

新经济地理模型的发展是由了解经济活动和人口集聚模式的愿望所强烈推动的。什么原因导致人们聚集在某些地方,而不是均匀地分布在各地呢?

既有文献首先将用于生成这些模型的建模分量分为两类,即地貌特征(physical geography)和集聚力(agglomeration forces)。克鲁格曼(Krugman, 1993)根据历史学家威廉·克罗农(William Cronon, 1991)在其《自然的大都市:芝加哥与大西部》(*Nature's Metropolis: Chicago and the Great West*)中的观点,将这些概念推广为"第一自然地理"和"第二自然地理"。他概述了克罗农的观点,即芝加哥的崛起并非主要基于独特的自然优势。这座城市坐落在平坦的平原上,其市内的河流几乎不能通航,港口不足,但由于自我强化的力量,芝加哥确立了自己作为一个中心市场和交通与商业中心的地位。克鲁格曼对此总结如下:

> 正如克罗农所说,"第一自然"未能为城市提供的优势,被自我强化的"第二自然"的优势弥补:芝加哥人口和生产的集中,和其作为交通枢纽城市的作用,为生产的进一步集中提供了激励,进而使各种要素在芝加哥集聚。(Krugman, 1993)

新经济地理文献和经济史研究利用这种建模方法,通常将"第一自然"与自然地理联系起来,描述位置特征和环境,这也被称为"禀赋"。这些物理属性,如自然资源矿藏、河流、山脉或肥沃的农业土壤,通常是具有特定的位置和不可移动的,因此我们可以根据它们的存在或范围清楚地区分不同的位置。

"第二自然"是指人口和经济活动的空间分布的机制,这些机制只依赖于现有的分布形态,主要表现为集聚和空间集群的出现。克鲁格曼(Krugman, 1991)和金(Kim, 1995)的研究表明,美国的产业呈现出很强的集聚结构,其程度从19世纪中叶开始增强,直到20世纪初达到顶峰,之后随着时间的推移逐渐趋于缓和。虽然新经济地理学方法主要集中于收益递增对集聚的影响,但溢出和外部性是潜在的因素,特别是与运输费用和市场准入的影响相结合的话。

1656

第一自然和第二自然的问题以及新经济地理模型的使用与经济史有两个主要的相同之处:第一,使用历史发展和事件来测试模型规范的有效性,特别是对特定的第一自然和第二自然地理现象的相关性和预测。第二,运用这些模型来理解历史发展的潜在原因和后果。这些建模的用途类似于前文提到的空间集中度指数的用途。

新经济地理学的建模通常侧重于横截面和最终的比较统计，然而，这限制了从实证上验证一些模型预测和机制的可能性。因此，不少学者近年来从经济史、长期发展和历史事件等角度，对定量经济地理学的一些模式和机制进行了研究。

一个重要的例子是戴维斯和温斯坦(Davis and Weinstein，2002)的研究。他们使用日本数千年的区域人口密度和整个20世纪的人口增长数据，特别是在第二次世界大战及其对国家的毁灭性影响之前和之后的数据。他们没有建立一个明确的、形式化的空间模型，而是从空间和区域人口分布特征及其随时间变化的其他方面，推导出一些程式化的事实。他们将实证观察结果与文献中理论方法的预测结果进行比较，这些理论方法分为三种解释理论，即收益递增、随机增长和区位基础。他们的"收益递增"理论引用了主要来源于强调第二自然机制和集聚力作用的新经济地理学的一组结果。"随机增长"是指将人口增长视为随机过程，而不是由结构决定的过程。该理论的重点是解释一个与城市规模分布有关的数学定律——"齐夫定律"(Zipf's law)，该定律计算了当城市随机发展时，城市规模分布的结果。该理论同时解释了"吉布拉定律"(Gibrat's law)，即城市规模和增长具有独立性。"区位基础"关注的是第一自然地理的作用，因此解释了这些位置通常具有永久性地理特征的空间分布的原理。

戴维斯和温斯坦将日本空间人口历史的程式化事实与这三种理论的契合性总结如下(表5.1)。

表5.1　来源于戴维斯和温斯坦的研究

程式化的事实	收益递增	随机增长	位置基础
区域密度始终存在很大差异	−	+	+
齐夫定律	−	+	+
随着工业革命而兴起	+	−	−
区域密度持久性	?	?	+
暂时冲击后的均值回归	?	−	+

资料来源：Davis and Weinstein，2002。

他们认为，没有哪一种理论是具有突出优势的。日本人口密度的长期的巨大空间差异，特别是在地区间市场高度整合和工业生产发展之前的空间差异，使得“区位因素”十分重要。而工业革命的空间差异扩大，证明了收益递增对塑造现代人口分布的作用。至于随机增长，他们认为，在第二次世界大战的冲击后所观察到的模式，显示了均值回归和冲击逆转，这与该理论的核心假设强烈矛盾。如果增长过程真的呈现随机状态，那么这种巨大的冲击应该会留下永久性而非暂时性的影响。

1657

雷丁和斯特姆(Redding and Sturm, 2008)采用了一种不同的方法。他们主要关注市场准入的相关性、收益递增的核心方面以及新经济地理学中使用的主要集聚机制，构建了形式化的理论模型，然后用一个历史事件对其预测进行了实证检验。他们的正式方法是一个多位置版本的模型，该模型最初由赫尔普曼(Helpman, 1998)开发，用于解释区域的大小。他们结合了两种集聚机制和两种分散力。两种集聚机制为：更大市场中更激烈竞争导致的更高生产回报与更低生活成本。两种分散力为：更大市场中更艰难的竞争，以及数量有限的当地固定设施。他们假设每个地点的便利程度是一定的，从而用运输成本的变化来确定市场准入变化的影响。他们通过实证检验了模型预测，即随着第二次世界大战后德国的分裂，在市场准入下降幅度较大的地区，人口减少幅度更大。他们用德国战前的数据校准了他们的模型，然后介绍了民主德国和联邦德国的分离对市场准入造成的冲击，并证明城市人口的变化可以用市场准入的变化来解释。

雷丁和斯特姆的模型和分析主要关注集聚力的影响和市场准入的重要性，没有过多关注禀赋和区位特征。普洛克(Ploeckl, 2012)对此进行了研究，并将该模型应用于16世纪至19世纪的萨克森地区，通过实证表明该模型隐含的便利价值可以用特定的区位特征来解释。对一些随时间变化的分布进行的分析表明，特定位置的相对重要性发生了变化。同样，普洛克(Ploeckl, 2015)使用模型和德意志帝国19世纪晚期的实证表明，地理条件(如河流)通常用来作为第一自然效果的替代衡量指标，但它们同时也会影响市场准入的作用，进而影响第二自然机制的存在与强度。这两项研究都为戴维斯和温斯坦的结论提供了证据，即第一自然和第二自然并非排他的，两者共同塑造了人口和经济活动的空间分布。

显式空间建模还可以用于那些虽然包括空间方面内容，但未将其作为主要研究问题的历史分析的再研究。福格尔（Fogel，1964）在分析铁路对美国国内生产总值的影响时，在某些部分使用了空间方法。他所建立的反事实分析以对铁路进行近似模拟后的地价及土地使用变化为基础，效法了屠能对地租的处理方式以及对城市需求的近似模拟。唐纳森和霍恩贝克（Donaldson and Hornbeck，2016）研究了这一空间方面，构建了一个空间模型，将美国每个县的农地价值与其在美国其他地区的市场准入联系起来。在运输网络没有铁路的情况下，纳入市场准入的反事实分析的结果是，农业用地价值的大幅下降，并且国内生产总值意义上的经济损失只比福格尔的类似估计稍微大一点。 1658

形式化建模

正如“中间选民定理”和美国铁路增长的影响所证明的那样，在许多领域和情况下都可以对空间进行显式建模。这种广泛的应用意味着建模方法及其包含的机制的范围都非常广泛。即使只关注位置决策，上述关于第一自然和第二自然地理的讨论也暗示了相关机制是多元化的，因此也需要大量形式化建模来囊括它们。

雷丁和罗西-汉斯贝格（Redding and Rossi-Hansberg，2017）对在定量空间经济学中使用的模型分量和前提条件进行了调查。他们将概述归纳为几个主要方面，即偏好、禀赋、生产技术、贸易、技术和思想流动、劳动力移动和均衡特征。以下各点是由雷丁和罗西列举和说明的，本章还将结合它们在经济史方面的重要性与适用性进行讨论。

偏好

同质化商品与差异化商品

消费者偏好结构的第一个重要含义是商品同质性问题。如上所述，新的经济地理模型强调产品的差异性和消费者对多样性的喜爱。

国际贸易文献从定量角度探究了多样性增加所带来的福利收益（Broda

and Weinstein, 2006),经济史领域也从社会储蓄的角度分析新产品、新技术的福利收益(Leunig, 2011)。但是,差异化商品建模的重要性除了在于计算这些收益之外,还在于建立不单纯基于禀赋或技术差异的地点间贸易机制。

1659

单一部门与多个行业

消费者偏好结构的另一个维度是经济生产的商品范围。技术约束,特别是模型的可处理性,意味着许多模型只使用单个生产部门,或者诸如农业和制造业等大型综合部门。随着建模和计算的进步,现在可以扩展这一领域并在模型中包含更多的部门。

有关部门数量的决定涉及模型精确程度与复杂性、可操作性之间的权衡。某些与经济史相关的重要经济发展,例如迈克尔斯等人(Michaels et al., 2012)所展示的美国从农业到工业的经济结构转型,只用综合部门也运行良好。因此,只有当各部门之间的相互作用是中心研究问题,而且在数据和部门特征方面有足够的差异以利用这些相互作用时,向更多部门的拓展才更可取。

外生便利性和内生便利性

早期的新经济地理模型假设地点的特征之间没有真正的差异,类似于"屠能的无特征平原"。这意味着消费者在地理位置上没有事先差异,仅凭这些不足以解释地理位置决策和经济活动的空间分布。然而,某些地理特征,例如获得水或风景的机会,与生产力差异有潜在关系,也会直接影响消费者的效用。因此,这些影响因素——各种便利性——可以是外生的,也可以是内生的,而最近的建模发展允许存在这两种情况。

固定本地因素的效用

外生"便利性"的一个特殊情况是外生因素具有固定供给。这一因素的突出例子便是居住用地。它与常规便利性的不同主要在可获得性方面——此因素是有竞争性的。如果这种因素被包括在行为体的效用中,则其固定性质与区域规模结合,将根据人口规模与便利性的相关大小,作为吸引力、聚合力或分散力发挥作用。

外生便利性的这种特殊情况主要是便利性的简单表示。这使得它们可以被包含在建模过程和实证估计中,而不需要明确说明具体包含哪些便利性(Redding and Sturm, 2008; Ploeckl, 2010)。这对经济史领域非常重要,因为它允许包括便利性,而不需要一套完整的相关便利性情况或所有观察的完整数据。

共同偏好与特殊偏好

这个假设模拟了代理者是否具有相同的偏好,或者它们之间是否存在特殊的差异。这些差异通常直接体现在地理位置上,虽然与位置便利性相比,偏好差异会带来类似的后果。结合完全流动性和无套利条件,如果为吸引代理者到某地而支付的收入随其偏好的异质性而不同,那么在偏好相同和实际工资不同的情况下,这一假设会导致不同地点的实际工资趋同。

1660

在经济史上,偏好与品位的差异还未受到过多关注。一个主要的原因是,与技能和生产率的差异相比,这些差异的起源和衡量方法存在相当大的问题。最近,阿特金(Atkin, 2013)提出了一种解释食物偏好的区域差异的方法,他模拟了消费当地流行食物的习惯的形成,类似于贸易中的"居家"效应。

生产技术

收益固定与收益递增

如上所述,新经济地理模型的一个核心机制是规模收益递增,以此产生自我强化的集聚力。这种机制通常与对多样性的偏好有关,从而导致空间位置上的专业化和交换。但是,最近模型化的进展表明,与其他机制——特别是根据产地和李嘉图技术差异的阿明顿(Armington)差异——相结合,规模化生产技术的持续收益可能会导致类似的专业化。

包括规模收益在内的生产函数的性质和形状是包括经济史在内的多个领域的关注对象。选择的主要动机取决于问题的焦点、经验证据的知识、部门规模收益的估计或生产品贸易所需的机制。一种方法是将不断增长的收益建模为固定且持续的边际成本的组合(Redding and Sturm, 2008),这将允许固定价格的相对重要性发生变化,从而允许收益递增的相对强度发生变化。

外生生产率差异和内生生产率差异

与可能存在的外生便利性和内生便利性一样，区位的生产率也可以在这两个方面有所不同。无特征平原的出发点显然与更注重内生差异（例如知识溢出）有关。但是，国际贸易模型和经验观察确实强调了外生生产率差异的作用，比如是否可以获得当地矿产资源。这是区分第一自然和第二自然效果的重要基础机制，反映了外生便利性和内生便利性之间的模型选择。

这一选择也影响了大量其他机制分量。如果模型包含内生生产率差异，则需要包含这些差异背后的过程，例如，地点之间的思想转移。经济史确立了生产率差异。然而，有关其内生性或外生性的问题取决于特定的背景、生产过程和研究问题的焦点。

1661

投入-产出联系

关于投入-产出联系（input-output linkages）的假设，特别是关于地点的假设，是解释区域之间如何联系的一个重要方面。它们有力地塑造了特定地区和行业的生产率冲击如何扩散到更广泛的经济领域。这种联系也为集聚提供了一种额外的机制。

投入-产出联系一直是经济史上的一个重要话题，例如，它在福格尔对美国铁路及其与钢铁工业的相互作用的分析中得以体现（Fogel, 1964）。另一个方面是自然资源的重要性，如水资源的可获得性和工业发展对煤炭的获取（Crafts and Wolf, 2014）。然而，鲍德温（Baldwin, 2016）将长价值链的出现与现代通信技术带来的中间产品进行了对比，并将其与第一次全球化中相对较短的链条、集群式生产和最终可贸易产品的运输进行了对比。如果把重点放在作为一个部门的制造业而非独立工业部门之间的差别，那么某些投入关系，特别是当地自然资源的重要性，可以作为整个部门的外生区域生产率差别被纳入模型。

固定的本地生产要素

同样，与效用一样，生产中也有固定的局部因素。固定的土地供应不仅适用于住宅用地，也适用于生产中的商业用地。这一机制具有类似的后果，可以作为聚合力或分散力来运行。

这种机制相当于生产侧的固定便利性系数。在经济史背景中，它最主要的应用似乎是农业用地，其中，假设一定数量的生产投入是合理的。由此，建模的目的是将农业用地作为吸引力或分散力。

贸易

经济学中空间建模的复兴灵感来自国际贸易领域，而中心贸易理论仍然是核心（Krugman，2009）。新经济地理学的兴起使人们注意到区分与赫克歇尔-俄林贸易结构相关的基于禀赋的模型，以及作为新经济地理学基础的收益递增和垄断竞争模型的相关重要性。金（Kim，1995）、戴维斯和温斯坦（Davis and Weinstein，2002）的研究结果表明，两者的结合是适用的。米德尔法特-克尼瓦尔维克等人（Midelfart-Knvarvik et al.，2000）开发了专门用来检验赫克歇尔-俄林理论和新经济地理学机制的模型，沃尔夫（Wolf，2007）在将这一模型用于波兰研究时，也发现了相同的结果。最近，基于李嘉图贸易机制的新模型已经被开发出来，并成功地应用于经济史领域（Donaldson，2018）。由于贸易本身是生产过程、禀赋、偏好共同作用的结果，所以这一部分集中讨论影响这些贸易模式的贸易成本和贸易摩擦。

1662

可变贸易成本与固定贸易成本

对地区之间的货物交换进行建模需要对该贸易的成本结构进行一些假设。通常，这是通过所谓的"冰山可变运输成本"来实现的，这需要 $d_{ij}>1$ 单位货物从位置 i 发货，最终有1单位货物到达位置 j（两者之差在途中"融化"）。

屠能已将可变贸易成本纳入他的计算，他把可变贸易成本指定为马匹把谷物车拉到市场所必需的饲料所取代的谷物的重量（von Thünen，1875）。虽然在一些行业和部门，固定成本似乎更合适，但大多数经济学和经济史研究都使用可变贸易成本。其中的一个原因是，引力方程（其预测的是较长距离的低流量）似乎对那些贸易成本与距离无关的行业也适用。通信行业就是一个例子。不同距离下的单独的电话和信件并不会造成很大的费用差异。这导致了消费者引入了与距离无关的交易成本，最明显的是便士邮政，然而信件和电话的数量还是随着距离增加而衰减(Lampe and Ploeckl, 2014)。

地理摩擦与经济摩擦

贸易成本的差异和变动通常是由某种经济摩擦引起的。这一问题的来源可以是地理上的(如山脉海拔),也可以是经济上的(如国界等制度规则、道路和铁路网络等基础设施)。摩擦的存在,说明了任何两地之间的运输费用通常无法直接获得。经验研究通常依赖地理信息系统方法来估计这些,要么通过网络(如铁路网)找到最便宜的路径,要么是在成本面(如高程图)找到成本最低的路径。

普洛克(Ploeckl, 2010)利用纳入了地理摩擦的地理信息系统方法来估算运输成本,是这一问题的历史案例,他在成本面上应用了最小成本路径算法,其中包括地理成本因素(如海拔和河流),以及经济因素(如道路网络)。贾里姆斯基(Jaremski, 2012)、唐纳森和霍恩贝克(Donaldson and Hornbeck, 2016)采用网络方法,通过寻找连接地点之间的网络中最短的路径来确定两点之间的运输成本。这需要对穿越每个网络连接的成本进行规范,而这两篇论文都基于交通基础设施来分配这些值。这意味着每个连接的地理长度要乘以每英里成本,而每英里成本是基于可用的运输技术——如马车、运河或铁路——来计算的。虽然根据基础设施类型选择不同成本的基本做法是一种经济摩擦,但地理位置对连接本身是否存在有潜在影响。要更明确地包含它们,一个简单的扩展是根据其位置的地理条件修改连接的成本值。

1663 经济摩擦可以有广泛的范围,并取决于分析的规模。另一个不那么明显的例子是潜在的社会差异,如居住地人口的族群构成,正如舒尔策和沃尔夫(Schulze and Wolf, 2009)对哈布斯堡王朝的研究所证明的那样。哪怕只是口音不同,语言也是另一种潜在的摩擦(Lameli et al., 2015)。

不对称运输成本与对称运输成本

运输成本的一个方面是假设它们是对称的(因此从 i 到 j 的运输成本与从 j 到 i 的运输成本相同),这对贸易和收入模式以及均衡结果都有影响。如上所示,“冰山贸易成本”的标准公式是对称的,其中 d_{ij} 只取决于从 i 到 j 的地理距离,这显然与从 j 到 i 的地理距离相等。这类似于重力方程的对称性，其中贸易流动的规模也可以由两个贸易伙伴之间简单的距离所解释。

然而，地理摩擦和经济摩擦可能不会产生对称效应。上山和下山是不同的，而通常情况下，一个国家的关税税率也不等于它的贸易伙伴的关税税率。有时候，不对称运输成本可以被忽略，比如许多市场整合研究就使用价格间的相关关系，即使其背后的贸易流方向以及用于计算的运输成本都是不确定的。比如，普洛克(Ploeckl, 2010)证明，随着运输总距离的增加，某些摩擦变得不那么重要了，因此两个方向的运输成本收敛至同一水平，近似于普通距离下的运输成本。

非贸易商品的作用

另一个特殊情况是存在非贸易商品，这表示这些商品在地点之间的贸易成本无限(或接近无限)的情况。尽管如此，这些产品的存在还是会影响投入-产出联系，影响生产率差异，带来支出冲击。

非贸易商品在国际贸易中占有更重要的地位。在更大的区域范围内，它们可以用作模型机制，以保持特定地点的生产和人口。

技术和思想流动

技术和思想的流动通过影响当地的生产力，在空间建模工作中占主导地位。这意味着，在至少部分内生的地区之间，必然存在生产率差异。

知识外部性与扩散

一个问题是知识和思想是否存在外部性？如果存在，它们如何扩散？扩散到什么程度？回顾马歇尔理论，这种外部性通常被认为是知识溢出、劳动市场密集的外部性以及后向和前向联系(Fujita, 2010)。

经济史文献已经证明了马歇尔外部性在许多情况中存在，特别是在城市历史和特定行业和地区的发展中存在。结合分析的规模，一个重要的建模决策是外部性的空间范围。 1664

创新

与此相关的方面是创新问题，这可能会影响当地生产率，使其成为一种内生的、有意的投资。这种创新投资的主要标准是收益能否成功分配。这取决于想法和创新传播到其他代理者和位置的速度。模型的发展将创新投资的盈利能力与企业和代理者可访问的市场规模联系起来,并捕捉到企业可以将成本分配给消费者的程度。实用建模以具有竞争力的市场和潜在的土地租金创新回报资本化作为机制。

对于认为有意识的研究发挥重要作用的情况,在空间模型中包含革新非常重要。这指向地理范围更大的情况,特别是国家。从历史上看,个人发明家在技术进步中发挥了重要作用,但空间建模更适合在地方或县内进行创新活动。在创新回报方面,市场准入提供了符合历史证据的经验性估计(Sokoloff, 1988)。

思想的可转移性

另一个方面是代理者和位置之间的思想传播是否由于摩擦而变得无成本。这与国际贸易有关,通过外国直接投资转让的思想可能在其他国家不会同样地提高生产率,或者这与某些机制有关,其中的企业在转让为特定地点开发的生产创新时面临成本调整。

与外部性形成鲜明对比的主要方面是技术的有意转移、创新的特殊版本和生产率的内生性提高。虽然专利等技术知识在历史上被交易(Burhop and Wolf, 2013),但它们主要在处理多地企业问题——包括出口和外国直接投资之间的决策建模——时具有重要作用。在其他情况下,思想传播可以归类为内生性生产率变化的基础创新机制的特性。

劳动力移动

迁移成本

代理者移动和改变位置的能力是综合空间模型的重要条件。但是,这些1665迁移的成本可能带来影响。这种摩擦和移动成本的存在提供了解释位置之间实际工资差异的机制,并且要求在迁移成本为0的情况下存在上述机制的一部分,例如独特的偏好。从经验上讲,移动成本和摩擦与具有国际规模的环境的相关性强于与本地和地区分析的相关性。

与明确的移动成本相关的特定情况之一是国际迁移建模,特别是在目的地选择方面。20世纪跨大西洋的大规模移民就属于这种情况，当时，实际工资差距成为迁移动机，并且特定的迁移成本分量，例如连锁移民，不仅影响不同国家的位置选择，也影响同一国家内部的位置选择(Hatton and Williamson，1998)。

通勤

劳动力流动更地方化、城市化的一个方面是潜在的通勤，即工作场所与居住场所的分离，或者生产与消费场所的分离。传统城市形态的模型是以生产活动为中心开始的，住宅所在地和联系地价主要由到中心的通勤成本决定。最近的进展将分析扩展到非单中心模式，但保留了集聚力和通勤成本之间的强大联系。因此，通勤成本也是解释城市系统内规模差异的潜在机制。

通勤是地区和国际环境下的迁移成本的本地等价物。如果着眼于城市环境、住宅和生产场所的明确分离，则它作为单独的机制尤其重要(Alhfeld et al.，2015)。从历史上看，通勤不那么引人注目，因为对个人流动性的限制使远距离的通勤成本极高、规模较小。如果直接关注点并非通勤，它可以被归入局部生产力差异，例如，屠能就讨论了由庄园和田地之间的距离产生的额外生产成本，或者被归入局部便利性，此时的通勤时间将影响居民从特定地点获得的效用。

技能和异质性

迁移和通勤决策受建模决策的影响，这些建模决策与代理者在不同地点的共同或特殊偏好和生产率相关。特质性差异可以用来解释实证观察到的迁移和通勤的特征，即遵循重力方程模式。一个密切相关的机制是，是否存在从系统上可以进行划分的、对位置特征有不同评价的不同类型的代理者。这种机制带来了以空间分类为特征的经济活动的均衡分布，其中，特定类型的代理者根据位置的特性自行选择特定位置。

在跨大西洋大规模移民中，可以观察到根据特定移民和位置特征进行的空间分类，这种选择的基础是来自相同族群或文化背景的其他移民。另一个重要的例子是基于偏好的空间分类，如谢林的隔离模型(Schelling's model　1666 of segregation)(Schelling，1971)所述。族群隔离是其中一个重要的应用(Boustan，2010，2012)。

交通拥堵

另一个具有明确人员流动的模型是“拥堵”模型。移动的成本是否与流量有关？基础设施建设能否缓解交通拥堵？在城市模型中，这涉及高速公路的设置是否能在不导致拥堵的情况下带来车辆行驶的增加，以及公共交通是否会对行驶延迟和拥堵产生重大影响的问题。

这相当于劳动力流动中的贸易成本，也相当于通勤成本的内生版本。它在经济史中的应用相当有限，因为它的主要意义在于对城市基础设施的设想方面，特别是在住宅选择方面。

禀赋

前面描述的一些机制建立在位置的特定特征之上。它们的初始值需要外部指定。因此，在这种情况下，禀赋是指这些特性以被纳入机制为基础的初始分布。

空间范围和单位

模型需要确定范围和空间单位。它是与单一城市、城市体系、国家内部地区的局部情况有关，还是与国际，甚至全球结构有关？空间是位置的集合还是一个连续体？是一维的还是二维的？如上所述，空间单元通常基于可用的数据而不连续，但需要解决集聚问题。显然，空间范围和单位是相联系的，每一项建模决策和数据可用性都限制了其他选择。一个相关的决策是因素的流动性问题。哪些因素在空间单位上是流动的，哪些是固定的？如果是固定的，它们在全体单位的哪个水平上是固定的？

人口和技能

上面讨论过的机制包括差异化偏好、不同的劳动生产率和多种类型的代理者，这些代理者需要通过人口和类型及特征在各地的分布方面的禀赋来反映。

虽然技能水平和生产率等特征的差异暗含于对上述其他机制的选择，但禀赋结构和特征的初始分布会对实证经济史分析产生实质性影响。对应的方面正是空间分类机制，例如，城乡区别、族群隔离，以及为了获得合理的理解，取决于初始分布的迁移目的地的决定。

1667

资本和基础设施

资本作为生产要素的存在使它们能够在不同地点之间移动。但是，由于可操作性原因，这些实物资本通常被认为在每个时间段内完全折旧。除了资本作为地区内的生产要素外，经济结构（即禀赋）也可能包含地区间的基础设施。根据对商品、思想、人力、资本流动的假设和建模选择，这些流动的成本和摩擦的性质可以连接到经济的基础设施和运输网络，这在当前模型中通常被视为外部因素。

然而，这种基础设施在不同地点之间的影响可以归结为受影响地点的生产率或便利性的差异，也可以归结为运输和拥堵成本的摩擦。这可能在经济史中特别重要，因为数据需求随地点数目的增加而大量增加，必要的历史资料可能不完整，甚至无法获得。

均衡

空间模型的均衡可能需要一些技术假设。这些假设取决于特定机制和分量的选择，但最重要的是市场结构、一般均衡与部分均衡、租金分配，以及贸易平衡。市场结构与规模收益假设相联系，并且需要与规模收益假设相一致，因此收益递增通常与垄断竞争相联系。第二个问题涉及附加均衡条件的完备性，部分均衡允许模型外生因素的存在。租金分配问题涉及的是，土地租金的分配是完全纳入模型，还是在模型之外使用“在外地主”的部分均衡方法。最后，由于大多数模型包含了完全平衡交换，但实证数据表明存在持续的失衡，因此有必要考虑位置之间的贸易平衡。修复方法是存在的，尽管它们是外生的，而不是关于本地消费和储蓄的完全内生模型。

另一方面是平衡的唯一性。空间模型可能有多重均衡，但没有明确的选择（Fujita et al.，1999）。尽管在更理论化的环境下，研究重点在于一个特定的统计量或不依赖选择某一特定均衡的其他均衡特征，但空间建模在经济史上的应用常常关注的是实证结果，因此需要选择某一个均衡。这可以通过指定初始分布以确定结果来实现。在这种情况下，必须为上述“禀赋”部分中所述的机制指定数值。

1668

实现

这一长串不同的潜在模型分量显然需要一些方法或标准来进行选择。有一些明显的组合，其中一个方面的选择决定了另一个方面的选择。

讨论的起点是模型与可用数据的相关性。除非该模型的设计主要是出于理论原因，否则实证设置、总体研究问题的性质以及相关数据的结构和范围应该是选择模型分量的理由。

即使有足够的数据可用，形式化模型也应该在分析上易于处理。包含更多的分量增加了获得解析解、确定均衡的唯一性和推导比较静力分析的难度。这也适用于计算方面，计算能力和速度方面的技术进步使解决大规模问题成为可能。然而，得出计算结果所需的计算资源并不总是预先明确的。

数据和模型复杂性的问题还包括对某些建模选择所需的结构参数的假设。许多建模选择需要约束规范，甚至需要参数值的规范。例如，标准“冰山交易成本”的选择需要假设理论模型中规定“融化”成本的参数为负。该模型进一步的实证应用需要一个特定的参数值。对于某些参数，例如关于贸易成本的参数，可能存在对历史背景的合适的估计值，而对于其他参数，经济史学家在选择参数时必须依赖现代估计，甚至是有根据的猜测。该模型也可以是用来校准某些参数的第一步。然而，这确实增加了复杂性，也增加了可追踪性。

最后的决策是界定外部干预，特别是政策干预，在哪些方面影响分量，又有哪些分量保持不变。例如，部分均衡设定中可能包含外生性世界价格，因此，需要假设干预导致国内市场的价格变化是否对世界价格产生影响。如果生产率被认为不因干预而变化，那么它是完全外生性的，还是选择其他建模会暗示能够影响作为干预结果的生产率的外部性和溢出的存在？

替代方法

上述讨论集中在以区位理论为中心的空间建模上，即更一般地说明人、企业或经济活动的横断面空间分布。但是，正如前面所指出的那样，空间建模的应用非常广泛，因此还有其他方法可以对空间关系进行建模。

空间模型最基本的方法是把空间相关性视为噪声和干扰，应在形式分析中忽略空间相关性，并在实证估计中予以简单的纠正。这可以通过修正计量经济学分析中的空间相关性，或通过纳入空间变量——如特定的区域模拟或地理坐标——来实现。 1669

如上所述，有更广泛、更系统地分析空间事件随机性的工具和方法。所谓空间点过程的方法与区位理论的方法不同，它们的差异在于对结果性质的主要假设(Baddeley et al.， 2015)。区位理论将结果视为行为体的选择，而空间点过程将其概念化为基本随机过程的实现。该方法论在生物学和流行病学等领域具有重要的应用价值，观察到的结果是现象和事件，比如病例分布和树木的位置，而不是空间中的经济行为体。该方法与第一自然和第二自然方面类似，通常将表面形式(如海拔或温度)纳入基础共变量，以表示禀赋的影响。结果，事件在特定位置发生的可能性取决于该位置的特定特性以及事件之间的吸引过程，在这一过程中，事件在特定位置发生的可能性取决于其他事件的位置。

类似地，上述关于距离测量的讨论也提到了在经济和经济史领域中开始受到广泛关注的网络(Jackson， 2008)。网络对空间的方法不同，它只关注节点之间的相对位置，而不是线、平面或多维空间上的绝对位置。虽然网络可以反映实际的地理连接，例如铁路，但通常更适合非地理空间中的空间建模，可以用于中世纪城镇的家庭联系网络、银行之间的连锁董事会、国家之间的贸易协定等多种情况。这些网络的边缘和节点使我们能够确定大量的空间情况，特别是行为体的重要性以及它们在更大的网络中与中心位置的距离。

最后，本章没有特别拿出来讨论的是“动态问题”。空间建模不仅有助于理解横截面结构，也可用于明确的动态发展。从技术扩散到基础设施开发，再到国际协定形成等各种经济现象和进展的动态决策过程，都有可能通过空间建模得到解释。

参考文献

Ahlfeldt, G.M., Redding, S.J., Sturm, D.M., Wolf, N. (2015) "The Economics of Density: Evidence from the Berlin Wall", *Econometrica*, 83(6):2127—2189.

Anselin, L. (1995) "Local Indicators of Spatial Association—LISA", *Geogr Anal*, 27(2): 93—115.

Atkin, D. (2013) "Trade, Tastes, and Nutrition in India", *Am Econ Rev*, 103(5): 1629—1663.

Baddeley, A., Rubak, E., Turner, R. (2015) *Spatial Point Patterns: Methodology and Applications with R*. CRC Press, Boca Raton.

Baldwin, R. (2016) *The Great Convergence Information Technology and the New Globalization*. Harvard University Press, Cambridge.

Beckmann, M.J. (1972) "Von Thünen Revisited: A Neoclassical Land Use Model", *Swed J Econ*, 74(1):1—7.

Boustan, L.P. (2010) "Was Postwar Suburbanization 'White Flight'? Evidence from the Black Migration", *Q J Econ*, 125(1): 417—443.

Boustan, L.P. (2012) "Racial Residential Segregation in American Cities", in Brooks, N., Donaghy, K., Knaap, . G (eds) *The Oxford Handbook of Urban Economics and Planning*. Oxford University Press, Oxford, pp.1—25.

Braudel, F. (1981) *Civilization and Capitalism, 15th—18th Century. Volume 1. The Structure of Everyday Life*. Harper and Row, New York.

Broda, C., Weinstein, D.E. (2006) "Globalization and the Gains from Variety", *Q J Econ*, 121(2):541—585.

Burhop, C., Wolf, N. (2013) "The German Market for Patents during the Second Industrialization, 1884—1913: A Gravity Approach", *Bus Hist Rev*, 87(1):69—93.

Christaller, W. (1933) *Die Zentralen Orte in Süddeutschland*. Gustav Fischer Verlag, Jena.

Cliff, A., Ord, J. (1981) *Spatial Processes: Models & Applications*. Pion, London.

Crafts, N., Wolf, N. (2014) "The Location of the UK Cotton Textiles Industry in 1838: A Quantitative Analysis", *J Econ Hist*, 74(4):1103—1139.

Cronon, W. (1991) *Nature's Metropolis: Chicago and the Great West*. W W Norton & Co Inc, New York.

Davis, D.R., Weinstein, D.E. (2002) "Bones, Bombs, and Break Points: The Geography of Economic Activity", *Am Econ Rev*, 92(5):1269—1289.

Dixit, A.K., Stiglitz, J.E. (1977) "Monopolistic Competition and Optimum Product Diversity", *Am Econ Rev*, 67(3):297—308.

Donaldson, D. (2018) "Railroads of the Raj: Estimating the Impact of Transportation Infrastructure", *Am Econ Rev*, 108:899—934.

Donaldson D, Hornbeck R (2016) "Railroads and American Economic Growth: A 'Market Access'", *Approach Q J Econ*, 131(2):799—858.

Downs, A. (1957) "An Economic Theory of Political Action in a Democracy", *J Polit Econ*, 65(2):135—150.

Duranton, G., Overman, . HG. (2005) "Testing for Localization Using Micro-geographic Data", *Rev Econ Stud*, 72(4):1077—1106.

Ellison, G., Glaeser, E.L. (1997) "Geographic Concentration in U.S. Manufacturing Industries: A Dartboard Approach", *J Polit Econ*, 105(5):889—927.

Ellison, G., Glaeser, E.L., Kerr, W.R. (2010) "What Causes Industry Agglomeration? Evidence from Coagglomeration Patterns", *Am Econ Rev*, 100(3):1195—1213.

Fogel, R. (1964) *Railroads and American Economic Growth: Essays in Econometric History*. The Johns Hopkins Press, Baltimore.

Fujita, M. (2010) "The Evolution of Spatial Economics: From Thünen to the New Economic Geography", *Jpn Econ Rev*, 61(1):1—32.

Fujita, M., Krugman, P., Venables, A.J. (1999) *The Spatial Economy: Cities, Regions, and International Trade*. MIT Press, Cambridge.

Gutberlet, T. (2014) "Mechanization and the Spatial Distribution of Industries in the German Empire, 1875 to 1907", *Econ Hist Rev*, 67(2): 463—491. https://doi.org/10.1111/1468-0289.12028.

Hatton, T.J., Williamson, J.G. (1998) *The Age of Mass Migration: Causes and Economic Impact*. Oxford University Press, New York.

Helpman, E. (1998) "The Size of Regions", in Pines D., Sadka E., Zilcha I. (eds) *Topics in Public Economics: Theoretical and Applied Analysis*. Cambridge University Press, Cambridge, pp.33—54.

Hotelling, H. (1929) "Stability in Competition", *Econ J*, 39(153):41—57.

Jacks, D.S. (2005) "Intra- and International Commodity Market Integration in the Atlantic Economy, 1800—1913", *Explor Econ Hist*, 42(3):381—413.

Jackson, M.O. (2008) *Social and Economic Networks*. Princeton University Press, Princeton.

Jaremski, M. (2012) "Estimating Antebellum Passenger Costs: A Hub-and-spoke Approach", *Hist Methods*, 45(2):93—101.

Kim, S. (1995) "Expansion of Markets and the Geographic Distribution of Economic Activities: The Trends in U.S.", *Q J Econ*, 110(4):881—908.

Kopsidis, M., Wolf, N. (2012) "Agricultural Productivity across Prussia during the Industrial Revolution: A Thuenen Perspective", *J Econ Hist*, 72(3):634—670.

Krugman, P. (1991) *Geography and Trade*. Leuven University Press, Leuven.

Krugman, P.R. (1993) "On the Relationship between Trade Theory and Location Theory", *Rev Int Econ*, 1 (2):110—122.

Krugman, P. (2009) "The Increasing Returns Revolution in Trade and Geography", *Am Econ Rev*, 99(3):561—571.

Krugman, P. (2010) "The New Economic Geography, Now Middle-aged", presentation to the Association of American Geographers, 16 Apr. 2010.

Lameli, A., Nitsch, V., Südekum, J., Wolf, N. (2015) "Same but Different: Dialects and Trade", *Ger Econ Rev*, 16(3):290—306.

Lampe, M., Ploeckl, F. (2014) "Spanning the Globe: The Rise of Global Communications Systems and the First Globalization", *Aust Econ Hist Rev*, 54(3):242—261.

Lampe, M., Sharp, P. (2016) "Cliometric Approaches to International Trade", in Diebolt, C., Haupert, M. (eds) *Handbook of Cliometrics*. Springer, Heidelberg, pp.295—330.

Leunig, T. (2011) "Social Savings. Economics and History: Surveys in Cliometrics", Wiley, Somerset, pp.21—46.

Lösch, A. (1940) *Die Räumliche Ordnung Der Wirtschaft*. Gustav Fischer Verlag, Jena.

Michaels, G., Rauch, F., Redding, S.J. (2012) "Urbanization and Structural Transformation", *Q J Econ*, 127(2):535—586.

Michalopoulos, S., Papaioannou, E. (2018) "Spatial Patterns of Development: A Meso Approach", *Ann Rev Econ*, 10:383—410.

Midelfart-Knvarvik, K., Overman, H., Redding, S., Venables, A. (2000) "The Location of European Industry", technical report, Directorate General for Economic and Financial

Affairs, European Commission.

Ploeckl, F. (2010) *Borders, Market Access and Urban Growth; The Case of Saxon Towns and the Zollverein*. Documents de Treball de l'IEB 2010(42).

Ploeckl, F. (2012) "Endowments and Market Access; The Size of Towns in Historical Perspective: Saxony, 1550—1834", *Reg Sci Urban Econ*, 42(4):607—618.

Ploeckl, F. (2015) "It's All in the Mail: The Economic Geography of the German Empire", University of Adelaide School of Economics Working Papers 2015(12).

Ploeckl, F. (2017) "Towns (and villages): Definitions and Implications in a Historical Setting", *Cliometrica*, 11(2):269—287.

Redding, S.J., Rossi-Hansberg, E. (2017) "Quantitative Spatial Economics", *Ann Rev Econ*, 9(1):21—58.

Redding, S.J., Sturm, D.M. (2008) "The Costs of Remoteness: Evidence from German Division and Reunification", *Am Econ Rev*, 98(5):1766—1797.

Schelling, T.C. (1971) "Dynamic Models of Segregation", *J Math Sociol*, 1:143—186.

Schulze, M.S., Wolf, N. (2009) "On the Origins of Border Effects: Insights from the Habsburg Empire", *J Econ Geogr*, 9(1):117—136.

Sokoloff, K. (1988) "Inventive Activity in Early Industrial America: Evidence from Patent Records, 1790—1846", *J Econ Hist*, 48:813—850.

Tobler, W. (1970) "A Computer Movie Simulating Urban Growth in the Detroit Region", *Econ Geogr*, 46:234—240.

von Thünen, J. H. (1875) *Der Isolirte Staat in Beziehung auf Landwirthschaft and Nationalökonomie*, *3rd edn*. Wiegandt, Hempel & Paren, Berlin.

Wolf, N. (2007) "Endowments vs. Market Potential: What Explains the Relocation of Industry after the Polish Reunification in 1918?", *Explor Econ Hist*, 44(1):22—42.

Wrigley, E.A. (1985) "Urban Growth and Agricultural Change: England and the Continent in the Early Modern Period", *J Interdiscip Hist*, 15(4):683—728.

第六章

经济产出的历史测量

亚历山大 · J.菲尔德

摘要

在本章的引言之后，本章的第一部分概述了国民收入和产值测量的逻辑以及概念基础。第二部分描述了上述测量逻辑自20世纪30年代开始的发展历程，这一历程产生了测量经济产出总量的现代方法和惯例。第三部分回顾了定量经济学家、新经济史学家和计量史学家对我们关于20世纪下半叶以前经济的理解所作的贡献。尽管本章提到了部分其他国家的发展，但描述的重点仍在美国。

关键词

国民收入　国民产值　经济增长　国民收入和产值核算　美国

引　言

1674

本章评估了计量史学和计量史学家在经济产出的历史测量方面的贡献，重点放在美国。最近有大量关于欧洲、拉丁美洲、非洲和亚洲的优秀研究，但既有研究已经完整总结了这些成果(Bolt and van Zanden，2014)，而我们暂时不大可能有新的学术贡献。博尔特(Bolt)和范赞登(van Zanden)是麦迪逊计划(Maddison Project)的主要参与者，该计划旨在维持并拓展安格斯·麦迪逊(Angus Maddison)从事了数十年的工作，以收录更久远历史及更广阔地域内对产出和人口数据的估算。2010 年麦迪逊去世后，他的一些同事便和其他学者齐心协力，使他的估算数字扩展至更广的范围，并通过新的研究将其更新。这些数据可在麦迪逊历史统计(Maddison Historical Statistics)(Bolt et al.，2018)中获得，上述博尔特和范赞登的论文已经提供了最新修订的可访问摘要，其中包括新方法和新数据。

麦迪逊的基本方法是从对收入或产出水平进行的单一现代跨国比较(single modern cross-national comparison)(基准年是 1990 年)开始，然后使用国家或地区增长率的估算值进行倒推。博尔特等人(Bolt et al.，2018)提出了这种方法的局限性，即随着离基准时间越来越远，过去的比较水平变得越来越不可靠。因此，这些作者开发了两个独立的数据库，一个数据库被优化为可以在不同的时刻提供最佳的跨国比较，另一个数据库被优化为可以为不同时期的各个国家或地区提供最佳的增长率指标。

比较国家之间在某个时刻(全国范围内)的产出水平是困难的。简单地使用汇率转换两国的产出可能会产生误差，因此，以一套共同的价格对产出进行估值可能会更好，然而应该使用哪个价格又成了问题。将一个相对较不发达国家的产品与一个较发达国家的产品进行比较，如果使用较不发达国家的价格，则通常会夸大它们之间的收入差异；反之，如果使用发达国家的价格，则可能会使差距看起来不切实际地小。麦迪逊的研究结果在开发这些新方法时所反映出来的权衡，提醒了人们在制定跨国和长期经济产出的历史测量时面临的挑战。

本章的重点在于美国内部的发展。尽管其根源可在大多数国家找到，然而现代国民收入和产品核算框架实质上起源于美国。该系统的体系结构在很大程度上是俄裔经济学家西蒙·库兹涅茨的成果。这一成果为他赢得了1971年诺贝尔经济学奖，他于1985年去世。

在定义本章的范围时，很重要的一点是，我们认为"谁"是计量史学家，打算建立多"广泛"的网络？例如，他是否必须是或曾经是经济史协会或计量史学会(Cliometrics Society)的成员？计量史学可以被通俗地理解为将统计数据和方法应用于增长和发展的历史研究。该术语有时也与新经济史——始于20世纪50年代后期并于20世纪60年代蓬勃发展——同义。新经济史学家当然是计量史学家，但他们不仅限于检验定量和定性数据，还通常会将复杂的计量经济学方法应用于这些数据，从而检验经济理论所激发的假设并估计模型参数。在美国背景下值得注意的问题有，南部奴隶农业的盈利能力和效率，以及蒸汽机车铁路对美国经济增长的贡献(这涉及估算铁路的"社会节约")。

1675

本章就计量史学家的范围构建了一个相对广泛的网络——每个应用统计数据和方法来研究历史过程的增长和发展的人都是计量史学家，因此安格斯·麦迪逊、西蒙·库兹涅茨和他的学生约翰·肯德里克(John Kendrick)、罗伯特·高尔曼(Robert Gallman)被视为计量史学家，保罗·戴维、彼得·林德特(Peter Lindert)、克里斯蒂娜·罗默(Christina Romer)、杰弗利·威廉姆森(Jeffrey Williamson)、托马斯·韦斯(Thomas Weiss)以及许多其他学者也被视为计量史学家。

在制定国民收入或产出核算体系中，对于判断应该和不应该包括什么以及如何处理某些生产和支付流的过程中，计量史学家起着核心作用。从20世纪30年代后期开始，随着这些系统的逻辑、方法和目标得到越来越广泛的理解和接受，以前由个人学者或在20世纪初由私人研究组织承担的测量经济产出的任务被政府统计机构承担。政府经济学家和统计学家应该被视为计量史学家吗？笔者认为答案总体上是否定的，因为他们的首要关注阐明当前情况而非历史情况。但是这种区分并非没有歧义，因为政府雇用的统计学家的研究结果的一个副产品是最终可以阐明经济历史的数据。

尤其是整个20世纪已成为历史。由美国商务部经济分析局(Bureau of

Economic Analysis, BEA)维护的数据库(包含可追溯至 1947 年的季度宏观数据、可追溯至 1929 年的年度数据序列、可追溯至 1925 年的固定资本存量数据以及可追溯至 1901 年的投资流量数据)大大方便了对这一时期的探索。决策者首要考虑的确实是提供准确及时的数据,但他们也对历史有浓厚的兴趣。历史宏观数据通常用于构建可用于预测或策略模拟的计量经济学模型,有些时候,决策者对历史的兴趣不止于此,他们还会试图通过类比推理,将当前的挑战与过去的事件进行比较。

然而,决策者希望更快速地获得更高频率的数据是政府开始承担测量经济产出责任的主要驱动力。政府经济学家和统计学家的首要任务是得出当前估值,这是因为在一个季度结束后不久就能得到初步数据,而如果没有这样的估值,国民收入和产品估计值就不太可能影响财政政策或货币政策。

1676

因此,政府统计学家与计量史学家的工作重点并不完全相同。但是,尽管完善历史记录并不是政府统计学家的中心任务,他们所做的工作也极大地丰富了我们对经济历史的理解,至少对产值和收入的同期估计最终能够为我们定义(最近的)历史记录。这些数字的产生可能不以帮助我们撰写经济历史为目的,但它们最终可以实现这一结果。美国为确定众议院的代表人数而进行的十年一次的人口普查,以及对农业、制造业和其他部门的政府普查就是如此。他们这一行为的主要目标也不是协助未来的经济史学家。但是尽管如此,他们还是在事实上这么做了,因为他们提供了大部分经济史学家需要的原材料,经济史学家们据此可以估算出 19 世纪和 20 世纪初的产值和收入。

本章首先在第一部分中概述了国民收入和产值测量的逻辑和历史发展。本章的第二部分描述了 20 世纪 30 年代开始的发展,它们产生了测量这些总量的现代方法和惯例。第三部分回顾了计量经济学家、新经济史学家或计量史学家对我们理解 20 世纪下半叶之前的美国的经济时代所作的贡献。最后是结论部分。

国民收入与产值测量的逻辑与早期历史

肯德里克(Kendrick, 1970)的理论中关于国民收入和产值核算的早期历史的概述仍为至今最佳。肯德里克大量借鉴了斯图坚斯基(Studenski, 1958)对不同国家的研究结论的长篇概述,以第一次世界大战为分界线,将思想史分为两个时期。在更早的时期(和更长的时期)中,估算仅限于一些相对发达的经济体,并且几乎完全是由个人进行的。随着在概念和方法上达成共识,以及统计数据的改进,这项核算任务最终转移到政府统计学家身上并扩展到其他国家。第二次世界大战以后,联合国以国际联盟的努力为基础,在这些体系的标准化和在全球的推广方面发挥了重要作用。

在回顾国民经济核算系统的历史时,肯德里克追随斯图坚斯基的做法,区分了物质产值和综合产值两种类型。最终,综合产值成为国际公认的标准,但是物质产值(如其类别名称所示)集中于有形产出,在整个20世纪的大部分时间内为苏联和其他经济互助委员会国家的统计系统所采纳。综合产值框架不仅包括有形商品(例如商业设备和建筑,以及耐用消费品和非耐用消费品),而且包括最终提供给消费者的服务(例如包括住房服务、个人护理,以及法律、教育和医疗服务)。从技术上讲,运输和电力生产部门、批发和零售分销、金融、保险和房地产,以及通信,也应被视为服务生产的一部分,但这些部门都不生产有形商品。经济互助委员会的国家纳入了有助于最终产品生产的服务,但没有纳入直接由家庭消费的服务,即纳入了货运而非客运、公司而非个人购买的通信服务、生产实物而非家庭消费的能源等。

1677

现代的综合国民收入和产值核算系统通常使用三种不同的方法来衡量产出流量。第一个方法是将各个经济单位的增加值相加。这里的增加值被定义为销售总额减去购买的材料和服务后的余额,其中,被减去的金额被经济分析局(Bureau of Economic Analysis, 2017)称为"中间购买"(intermediate purchases)。中间购买包括原材料或半加工库存、燃料或能源投入,以及外部承包商或企业提供的劳务服务。在考虑对购买的服务进行扣减时,必须区分组织内部的雇员提供的服务与从其他个人或组织那里购买或租用的服务,只有后者需要从总收入中扣除。因此,在计算增加值时,从外部律师事务所购买的法律服务将从销售总额中被扣除,而内部律师提供的法律服务则无需被扣除。

如果以这种方式计算每个为市场生产商品和服务的单位的增加值,然后计算增加值总量,则可以得到一个近似的国内生产总值。它之所以是近似值，是因为根据惯例，非市场服务的一些估算（例如在自有住宅中产生的住房服务）也会被加到这个值上；之所以是总值，是因为它包括维持实物资本存量免受磨损和其他形式的折旧所必需的那部分私人投资；而它之所以是国内的，是因为它不考虑生产要素所有者的国籍而计算增加值。国民或公民身份的衡量标准如下，例如在计算国民生产总值时，不包括由外国拥有的生产要素所增加的价值，但包括由位于国外的国民拥有的劳动和资本生产要素所增加的价值。

这种增加值方法有时被称为测量产值的“生产法”。它测量的是企业、合伙企业和个人独资企业所产生的附加值。经济组织将这些材料和服务与组织的员工和组织拥有的有形资本所提供的服务相结合，以使其价值增加。所生产的商品或服务被出售，最后（也许在进一步转换或改变地理位置之后）到最终消费者的手上。

通过适当的汇总，该方法可以得出不同部门（例如制造业、运输业、农业）在增加值总额或产出中各自所占份额的数据。

肯德里克和其他人称这种方法为“收入来源法”（income originating method），这是因为正是由于在生产和分配的每个阶段增加了价值，组织才产生了收入，收入流向组织雇用的劳动力以及拥有经济实体，从而拥有其固定资产的家庭。每一个经济单位的总收入来源与附加值的一致性，保证了国内生产总值（GDP）和国内总收入（GDI）的总度量指标之间的相等性。经济单位向其雇用的劳动力支付工资。如果这是一家企业，则该实体将代表其所有者拥有建筑物、设备、存货和其他非人力资产（例如专利或商标）的所有权。除了支付的工资以外，它最终还将产生收入流流向资产所有者。 1678

从增加值中减去工资以及间接营业税（生产税和进口税减去补贴），就可以得出美国商务部经济分析局所称的“总营业盈余”（gross operating surplus）。扣除公司所得税和资本消耗（折旧免税额）就可得到税后收入净额。扣除债务融资产生的净利息支出，将获得税后净利润，该利润将作为股息分配给公司所有者，或保留为企业所有人家庭的净储蓄。非公司企业/个人独资企业定期从企业账户中提款到所有者账户，其分配既反映了对企业提供的劳务服务的补偿，又反映了投资资本的回报。

因此，当经济单位生产的商品和服务反映为增加值并按增加值计量时，它们也会产生流向生产要素所有者的收入。衡量流向生产要素所有者的增加值有时被称为"收入法",或者像肯德里克等人那样称之为"要素收入(factor income)法"。收入法是构建下文"社会表格"的基础,它要求测量并汇总每个组织所产生的家庭实际收到的收入流。这种跟踪增加值的方法产生了工资收入的总额,该总额不仅包括养老金和健康保险、社会保险金的雇主缴纳部分,还包括对非劳动因素或生产的支付和资本的收入(以及对土地的少量支付)。增加值减去雇员薪酬产生的总收入又将流向资本。通过对资本消耗的加总和扣除,可以计算劳动力或资本在国民收入中所占的份额。

美国经济分析局将总营业盈余定义为增加值减去员工薪酬,再减去生产税和进口税(另见 Sutch, 2006)。这些间接营业税——包括消费税、进口税、州和地方的销售税,以及地方财产(房地产)税——不是直接对公司或个人收入征收的。补贴(例如付给农民或某些公共住房管理局的补贴)也要从间接营业税中扣除:从某种意义上说,它们与间接营业税相反。这是因为税收是支付给政府的款项,且在当期没有可直接辨认的排他性商品或服务作为回报。补贴或其他转移则恰恰相反,它们是政府向没有提供相应商品或服务的家庭(至少在当期是这样)支付的款项。

1679 从总营业盈余中减去资本消耗准备金,就得到了净营业盈余;减去债务融资成本(净利息支出),则会剩下公司利润,该利润最终注入以下三个类别之一:公司所得税、股东股息和留存净收益,其中留存净收益代表企业所有人家庭所享有的公司储蓄。支付给房地产公司的租金显示为此类公司总营业盈余的一部分。其余部分直接作为个人租金收入流向所有者。非公司企业的收入代表劳动和投资资本的回报,是作为所有者收入单独列在账目中的。至少在现代,通常认为从产出或支出方面衡量的产值比从收入方面衡量的产值更为准确。用收入法得出的总额往往略低于用产品法或支出法得出的总额(见下文),这种差异被视为统计差异。

国民收入就是国民总收入减去固定资本消耗,或者是国内总收入和来自国外的净要素收入之和减去固定资本消耗。[①] 根据前文可以推断,并不是所

① 与许多教科书所述相反,生产税和进口税现在已被包括在国民收入中,而不是将国民收入与国民总收入分开的楔子。例如,可参见 BEA NIPA Table 1.7.5。

有的总收入都会直接流向家庭或可供家庭消费乃至被实际消费。这一方面是因为税收外流，包括间接营业税减去补贴、企业所得税支付，以及个人所得税或工资税的流动；另一方面是因为储蓄外流，包括公司折旧免税额外流，而公司折旧免税额也是国民（总）储蓄的一个组成部分。并且，不是所有的税后公司利润都会作为股息分配给家庭，有些可以保留为净业务储蓄（和个人储蓄一样，是私人储蓄的组成部分）。所有业务部门的总利息支出也不一定都会流向家庭，因为企业之间存在相互借贷。

个人收入衡量的是实际流向家庭的资金。像国民收入一样，它包括全部的劳动报酬、全部的所有者收入以及全部的个人租金收入。除此之外，它还包括个人资产收入（即家庭实际收到的 1099 表格*形式的股息和利息），以及个人经常转移收入（主要包括政府转移支付，即社会保障和医疗保险福利、国债利息等）。因此，从家庭部门向政府部门缴纳的工资税中，有很大一部分作为社会保险转移支付被汇入合并的家庭部门。同样，剩余的政府税收总收入（企业所得税和个人所得税等的一部分）也作为国债的利息汇入了合并的家庭部门。在这两种情况下，政府都实现了家庭间的转移支付：从工作人员转移到老龄或退休人员，以及（主要）从工作人员转移到债券持有人。与国民收入不同，个人收入不包括公司利润、间接营业税、政府社会保险计划的工资税（以股息形式分配的税除外）以及一些其他次要项目。

个人收入最终由以下三个部分组成：个人所得税、消费和个人储蓄。　1680

估算产值的第三种方法是支出法。由于存在税收和储蓄的流出，没有明确的原因证明总支出一定等于国内总收入。此外，还存在另一种外流：部分支出被用于在国外生产的商品和服务（进口）。

如果正确测量，国内总支出（gross domestic expenditure, GDE）应与国内总收入和国内生产总值相等，但事实是它们在统计上仍存在细微差异，其原因是，正如国民收入核算的先驱者逐渐理解的那样，存在三种并非直接来自家庭的支出来源。传统上，我们将这些视为注入，且这些注入的总和应恰好与外流的总和相匹配。这是因为每个外流类别都有一个对应的注入类别，

* 1099 表格是美国政府用来收集各种非工资类所得扣税信息的一种表格。——译者注

例如，税收方面有政府在商品和服务上的支出，进口方面有出口，储蓄方面有投资(在宏观经济意义上被理解为获得新建筑、设备或存货的净积累)等。然而，并不能保证这些对应类别中的每一对都会平衡。例如，政府可能存在赤字或盈余，或者经常账户也可能存在赤字或盈余，私人储蓄可能少于或多于私人投资。但是注入的总和必须可以与外流的总和相等或相平衡。

因为流向个人的总收入最终会分解为下述三个分类之一：消费、储蓄或净税收——$Y=C+S+T$。而在产出方面，若按支出类型细分总收入，则总收入等于消费、投资、政府支出和净出口的总和：$Y=C+I+G+X-M$。使两个等式的右边相等，并都减去 C，可得 $S+T=I+G+X-M$。再在两边加上 M，得 $S+T+M=G+I+X$，即 $S=I+G-T+X-M$，私人国内储蓄必须为私人国内总投资、政府赤字和经常账户盈余(代表了外国资产的净取得)之和提供资金。

我们显然可以松一口气了。因为萨伊定律(Say's Law)证明，供给似乎确实会创造需求。

但其实供给创造需求的速度并没有那么快。事实证明，保证这种平衡有一些技巧，就是将所有净购置的存货都视为总支出以及私人国内总投资的一部分。并且不论是否有购买计划，企业都被视为凭自己的力量额外购买的存货。在 20 世纪 30 年代，也就是库兹涅茨发展国民收入和产值核算体系逻辑的那 10 年，凯恩斯致力于他的著作《就业、利息和货币通论》(*The General Theory of Employment, Interest and Money*)。通过区分是自愿还是非自愿取得的存货并假设价格调整滞后，人们可以对连贯的产出缺口(实际产出与潜在产出之间的差异)持续存在的原因作出一致的解释。大多数 19 世纪及更早的经济学家并未过多关心产出缺口——马尔萨斯(Malthus)是一个例外，并且尽管支出在每时每刻都会与产出和收入相匹配，他们也不关注总需求不足是否容易导致经济衰退。我们不能断言他们理解三种不同的国民收入和产值核算方法应汇总为相同的年度数值的详细逻辑，但是，这些先驱者们确实发现了现代国民收入和产品核算使用的三种估算方法。

1681

总而言之，支出法测量最终支出流量，包括家庭在商品和服务上的支出——个人消费支出(personal consumption expenditure, PCE)、企业在厂房和设备上的支出，再加上所有存货投资——私人国内总投资(gross private domestic investment，GPDI)、政府在商品和服务上的支出(G)，以及对外出口减去进口的支出(净出口)。这种方法有助于计算各级政府拨给产出的份额，或消费在国内生产总值中所占的份额。

历史先贤

肯德里克指出，这三种方法(产出法、收入法和支出法)的先例都可以在第一次世界大战之前找到，并在20世纪第二个25年中得到完善。在此过程中，人们对它们之间的相互关系有了更好的理解，这一理解可以解释为什么原则上三种方法应当加总出相同的数值。例如，为什么总收入一定要等于总产出？因为对于每个经济组织来说，流向劳动力和资本所有者的总收入产生于增加值的流出。如果产生的收入等于每个经济单位的增加值，那么原则上，合计之后可得到的总收入等于总产出。而在总收入流向税收、储蓄和进口的前提下，总支出(包括存货的所有变化，被认为是积累这些存货的公司的支出)为什么仍应该等于总产出？这是因为这些外流的总和与不直接来自家庭的三类支出(政府在商品和服务上的支出、企业的投资支出和出口)的总和相匹配。

那些研究20世纪之前的经济产出的人并不完全了解这一切，但是他们至少可以在直觉上对产出和收入进行估算。肯德里克紧随斯图坚斯基之后，对13个国家或地区的经济产出进行了统计，而这些国家或地区的经济产出数据在1920年之前就已被计算过。17世纪的英格兰先驱者们，特别是威廉·配第(William Petty)和格雷戈里·金(Gregory King)，从收入方面着手解决这一问题。他们构建了社会表格，并采用了后来被称为“政治算术”(Political Arithmetic)的算法，我们能在林德特和威廉姆森(Lindert and Williamson，2016)的著作中看到这种方法的使用。威廉·配第和格雷戈里·金的研究成果与美国19世纪从生产方面构建的大部分研究形成了有效的对照。

配第(Petty，1691)在1665年公布了我们现在所说的英国国民收入估值。根据他对人口和平均收入(4 000万英镑)的合理猜测，土地收入为800万英镑，其他个人财产收入为700万英镑。他把包括租金、利息和利润在内

1682

的“国家股息或财富的年度收益”定为1 500万英镑，并将剩余的2 500万英镑归功于“人民劳动的年度价值”。

在几十年后，格雷戈里·金（King, 1969）通过将人口划分为26个职业或阶层来估算国民收入。他首先估算出每个阶层中的家庭数量、每种类型的家庭的平均人数以及每种家庭的人均收入。然后在每个类别中相乘，把各类别相加，最后加上英国政府的收入估算。他首次得到的估计值是1688年的数值，然后他根据支出估算计算出收入与消费之间的差距，从而算得储蓄或资本积累的估计值。

随后，他建立了一个到1698年的时间序列，以此来估算英国与法国发生军事冲突所产生的资本消耗。他使用类似的方法估算了法国和荷兰在1688年和1695年的收入，以及这三个国家各自的战争负担。不幸的是，他的作品虽然在17世纪末私下流传，并被亚当·斯密在《国富论》(*Wealth of Nations*)(Smith, 1937)中引用，但直到1802年才公开发行。威廉·配第和格雷戈里·金都没有贬低最终服务的产出。因此，就产出概念而言，他们可被划分为“综合产值”阵营。

而法国重农学派（Quesnay, 1972; Gide, 1948）认为情况并非如此，他们相信只有农业才能生产净产品。重农学派反映了产出法独特和不寻常的变化，他们侧重于法国经济的主体，即农业内部的收入和产值。由于他们研究了部门间的流动，因此，重农学派可以说是为里昂惕夫（Leontief）在投入产出矩阵方面的研究打下了基础。与此同时，他们的观点也有助于理解保留部分国家生产总值（他们讨论的是谷物）的必要性，即补充和最终扩大一国的有形资本存量。这种理解最终将反映在总产值与净产品或收入之间的区别上。

斯密也应被置于“物质产值”阵营。承认他的观点，特别是他对生产劳动与非生产劳动的区分，也有助于我们理解为什么马克思是古典经济学家，以及斯密（尽管他反对重商主义，并支持自由放任的经济学）的学说为什么可以说是苏联的会计制度的前兆，而非美国的会计制度的前兆。斯密认为，生产性劳动是固定在可供销售的材料产品上的，例如建筑、设备、耐用消费品以及非耐用消费品，而为最终消费者提供劳力的服务是非生产性劳动。他的这一观点或多或少地得到了李嘉图、穆勒以及马克思的认同。

1683

有人可能会试图解释斯密的偏见：这是因为他渴望通过储蓄和积累来深

化资本(增加有形资本与劳动的比率),而显而易见的是,只有商品能被积累。他指出,服务在其自身创造的瞬间就消失了。然而,这并不意味着以牺牲服务为代价支持商品生产就会带来更高水平的资本积累,因为商品也可以被消费。

斯密在现当代因拒绝重商主义的观点而受到人们的尊敬。重商主义强调,一个希望增强其国家实力的国家应致力于通过保持出口盈余来积累贵金属。相比之下,斯密则认为,一个国家的经济实力不应该通过它所持有的贵金属来衡量,而应该通过它的生产性资源(劳动力、资本和土地)以及这些资源所能带来的产出和收入流来衡量。但是,我们还应该承认,斯密强调区分生产性劳动和非生产性劳动,这是包括李嘉图、穆勒和马克思在内的古典经济学家的主要观点,而这种观点兜了圈子,给信奉它的国家造成了负面影响。因此,举例来说,国民经济核算的物质产品体系在一定程度上被认为限制了社会主义经济中的批发和零售分销部门,造成了巨大的浪费。

斯密区分了生产性劳动与非生产性劳动,马克思在此基础上发展理论,并以此为工具关注积累物质资本的可取性。在古典经济学家中,他对资本主义经济中的生产目标有独特的看法,他认为,资本主义生产仅为资产阶级产生净收入(或剩余价值)。在他看来,非工资性收入(租金、利润、股息、利息)并非使用生产要素的合法报酬,而是通过雇用有偿劳动提取的剩余价值。如果说李嘉图认为地主以牺牲社会其他人的利益为生,那么对马克思来说,工业资产阶级才是主要的寄生虫。

马歇尔的研究代表英美经济思想中对物质产值方法的决定性转折。他开始重新关注威廉·配第和格雷戈里·金所使用的产值和收入核算的综合方法,并强调经济体系的最终目标是满足家庭的需求,并且有形资本的积累应该仅被视为达到此目的的一种手段。

20世纪下半叶前的美国产出收入估计

一般认为,萨缪尔·布洛杰特(Samuel Blodget, 1806)对美国国民收入进行了首次估算。他采用了与一个多世纪前的格雷戈里·金以及最近林德特和威廉姆森所使用的方法相呼应的方法。他在估算中将美国从业人员划分为七类,分别估算了每类人的年人均收入以及相乘后的总和(参见 Blodget, 1806; Rhode and Sutch, 2006)。

1684

1840 年的美国人口普查首次提出了一系列详细问题,为从生产方面估算收入和产出提供了更坚实的基础。乔治·塔克(George Tucker, 1843)利用这次人口普查估算了商品的总产量和各州产量。1855 年,他根据 1850 年的人口普查数据更新了他的研究。叶尔扎·西曼(Ezra Seaman, 1868)根据 1840 年和 1850 年的人口普查数据发表了类似的估计。对于 1880 年和 1890 年的数据,查尔斯·斯帕尔(Charles Spahr, 1896)提出了更全面的估计,并计算出了这两个年份的收入规模分布,他通过这一计算数据得出了有关不平等趋势的结论。威尔福德·金(Wilford King, 1915)使用斯帕尔的框架,将估算值扩展至 1910 年。他得出的结论是:劳动力在收入中所占的份额正在上升。这一结论使他怀疑不平等趋势的现象正在加剧,尽管这一结论并不一定能证明这一观点。

西蒙·库兹涅茨在 20 世纪 30 年代早期的研究协助定义了一个更为完善、逻辑上一致的国民产值和收入的核算体系架构。然而,他作出的关于该体系包括什么和不包括什么的决定,只有部分被纳入当今国际公认的方法。

以下是历史概述。随着 1931 年经济大萧条的加剧,政府经济学家怨声载道,因为美国国家经济研究局的产值和收入估计会滞后几个月或几年,因此它们在商业周期预测或政策分析方面没什么用。国家工业会议局在罗伯特·F.马丁(Robert F. Martin)的指导下发布了一些更为及时的估计,但这些估计仍不足以为决策者提供及时的帮助。

1932 年 2 月,美国商务部国内外贸易局(Bureau of Foreign and Domestic Commerce)的官员与威斯康星州的一名进步派参议员罗伯特·拉福莱特(Robert LaFollette)手下的个人研究者合作。这些讨论的结果是,1932 年 6 月 8 日,参议院引入了一项决议,要求编制 1929 年、1930 年和 1931 年的国民生产总值和国民收入的年度估算。这项工作将由美国商务部国内外贸易局组织实施,并在 J.弗雷德里克·杜赫斯特(J. Frederick Dewhurst)的指导下进行。到 1932 年 11 月,杜赫斯特和他有限的职员显然无法继续进行该项目,于是他们与国家经济研究局达成了一项协议,要求库兹涅茨接手该项目。自1929年以来，库兹涅茨一直致力于为国家经济研究局估算国民收入，并且正在制定更完善的程序，其中包括更明确的定义以及对原始数据源更谨慎的引用。他于1933年1月转任政府，在大约一年后的1934年1月4日，他的报告被提交给参议院。《国民收入报告(1929—1932)》(*National Income, 1929—1932*)详细描述了国民收入的两种测量指标——一种不包含企业留存收益，另一种则包含。该报告在8个月内大约售出了4 500册(Carson, 1975:159)，在参议院的文件中属于畅销作品。美国商务部几乎立即采取措施，承担起持续产生这些估计的责任。

在这些估算中，库兹涅茨排除了金所纳入的某些收入类别，其中包括耐用消费品的服务流、家庭经济中提供的服务价值、非法就业或非正规经济的收入、资本收益，以及救济和慈善支出。对上述类别的前三个的估计是十分困难的，纳入它们可能会引入大量噪声(noise)，而把它们排除在外，虽然可能无法提供令人满意的测量水平，但可以更可靠地计算增长率。 1985

在家庭经济服务范围内提供的非市场服务就是这些类别之一，尽管库兹涅茨指出，在大萧条的情况下，将它们排除在外并不一定能使国民收入的变化更好地代表福利的变化。在1929年至1932年间，他提供的更狭隘的测量标准(不包括家庭内部提供的服务)的可用性急剧下降，这是因为该标准无法测量的家庭部门逐渐占据了“市场经济萎缩所造成的部分富余”(Kuznets, 1934:4)。因此，库兹涅茨报告的措施表明，福利的下降比可能发生的情况更为极端。尽管库兹涅茨的报告仅包含4年的估计，但由于这种生产的重要性往往会随着经济的发展进程而下降，库兹涅茨还担心，这种排除家庭生产价值的做法可能会影响人均产出的长期增长的福利。出于同样的原因，处于不同发展阶段的地区的跨国比较可能会受到影响，以至于人均产出指标被视为福利的代替指标。

库兹涅茨排除资本收益的原因多种多样。一方面，由于这将反映“国民收入及其资本总额的变化”，他认为将这些数据包括在内会导致重复计算，并将“扭曲”国民收入的计算(Kuznets, 1934:5)。排除资本收益的最有说服力的论据是，资本收益并不代表当期生产的增加值，将它们包括在收入中会破坏总收入和总产值之间的假定平等。

库兹涅茨对耐用消费品服务流的处理方式与上述方法相同，并且他还排除了所有者占用的房地产的价值。他的观点是:“……关于列入这一项目是否妥当尚存在一些疑问,因为对房屋的所有权加上对房屋的占有,并不构成业主以其为工资、利润或薪金而工作的公认方式参与国家的经济活动。”(Kuznets, 1934:12)美国商务部则持相反观点,无论房主是否选择消费,都应被视为从事房屋租赁服务业务的公司。目前公认的做法是,对所有者所居住房屋的服务流进行估算插补,增加产品、收入和支出的总计。这样做的理由是,仅仅因为住房使用率的变化而导致国内生产总值增长率发生变化是没有意义的,这可能是接受库兹涅茨方法的结果。

库兹涅茨与现行做法最大的不同之处在于,他将政府在商品和服务方面的支出视为中间产品,认为如果在衡量产值和收入时同时纳入政府支出和它促成的私人部门最终产出,将导致重复计算。但是,吉尔伯特等人(Gilbert et al., 1948:182—183)指出,库兹涅茨将中间商品的概念应用于国防、司法系统、消防和警察保护等政府公共物品时,与将其应用于从实体的销售总额中扣除的购置材料和(非工资)服务,以获取增加值时的情况大不相同。在后一种情况下,向供应商的付款与特定商品或服务的交付有关。例如,就税收支持司法系统的程度而言,将其称为“服务费”似乎有些牵强,并且如果最终我们遭到起诉,那这一点将显得尤为突出。

库兹涅茨认为二者几乎没有什么不同,但是在这一点上,他遭到了许多经济学家的反对,美国商务部适用的惯例也反映了这些反对意见。政府直接生产的商品和服务,以及政府对商品和服务的购买都被视为最终产出的一部分,并且在1942年之后被纳入国民生产总值、国民支出,以及国民收入的测量。

库兹涅茨的立场与他持续关注的问题是一致的,即他不认为国民产出和国民收入的指标一定是福利的良好代表。特别是,他并不认为花费数万亿美元用于军事国防,与将这笔钱直接花费在食物、衣服或住所(及其生产)上相比,二者可以在相同程度上满足人们的需求。同样地,他观察到,通勤等“职业费用”虽然算作消费的一部分,但实际上反映了为满足人类需求的对商品生产和收入的中间投入。通勤本身并没有直接增加福利,只是通过促进我们的收入能力而间接作出贡献。

库兹涅茨多次强调,由于增加值是以市场价格测量的,因此增加值总和不仅取决于产出向量,还取决于相对价格,而相对价格可能受到收入分配的影响。他认为,基于这个原因,人均产出也不应被视为测量福利的标准。所有这些考虑都是有意义并且有效的。但是,期望着经济学家或其他人不去计算一段时间内或不同国家间的人均产出,并从这些数字中得出对物质福利的推断,可能是不合理的。

库兹涅茨关于收入分配可能影响相对价格,并最终对总产出价值产生影响的观点,在随后的几十年中很少受到重视。也许经济学家认为,收入分配变化对市场价格的影响相对较小。另一方面,人们经常注意到,从评估社会满足人类需求的程度的角度来看,产品在家庭之间的分配不均(在收入方面)很重要。例如,成年人的身高反映了青少年的消费或营养,在全国范围内,随着时间的推移,成年人的身高与人均收入的对数强相关(Steckel, 1995)。但对于一个给定的人均收入,较高的基尼系数(用于衡量不平等程度)与较低的平均身高相关。库兹涅茨的观点与此类似,但不完全相同,因为它涉及分配不均对总体估计本身的影响,这种影响最终出现在人均产值测量的分子中。

最后,库兹涅茨的估计是名义收入。在1934年给参议院的报告中,他没有尝试将名义估算值转换为对实际产值和收入的测量,他将自己的沉默归因于缺乏适当的平减指数来涵盖家庭购买的商品和服务。他提醒大家注意家庭用于服务的支出数据的匮乏,但并未强调需要更广泛的平减指数(涵盖投资商品——建筑和设备——和政府商品,也就是他视为中间商品的部分)。假设居民消费价格指数(CPI)或个人消费支出价格指数(PCE)的平减指数是平减消费支出的正确价格指数,与人类福利有着最直接的联系,并且假设我们跟随库兹涅茨的观点,将政府购买品视为中间商品,那么,在衡量实际产出的变化时,我们至少出于某些目的仍希望使用更广泛的平减指数,该平减指数也涵盖了通常用于生产投资品(建筑和设备)产出的大约六分之一。罗伯特·F.马丁(Robert F. Martin)在1939年的出版物中使用居民消费价格指数或广义价格指数作为平减指数,来估算早至1799年的实际产出(Martin, 1939: Table 1, pp.6—7)。到1937年,正如《国民收入和资本形成》(*National Income and Capital Formation*)中所证明的那样,库兹涅茨将实际产出估算值纳入了1929年的物价估计。

1687

有趣的是,"国民生产总值"一词似乎起源于克拉克·沃伯顿(Clark

Warburton, 1934),而不是库兹涅茨。它与国民收入的主要区别在于,总指标包括用于维持有形资本存量从而补偿折旧的那部分产值。经常有人争辩说,因为计算经济贬值很困难,而且近一半的计算往往比较武断——既是科学也是艺术,因此相对于净指标,总指标可以更可靠地估算增长率。1937年,库兹涅茨采用了沃伯顿的方法和术语(Kuznets, 1937)。

库兹涅茨在1934年给参议院的报告,虽然并非确定国民收入和国民生产总值程序的最终定论,但却是它们发展过程中的一个里程碑。由于包括了关于大萧条最严重年份对收入方面的各种影响的观察,这份报告的发表对历史研究也有一定价值。例如,报告发现,财产持有人的收入(以利息和股息的形式)比劳动收入或企业家的收入要好得多(Kuznets, 1934:14);在资本收入和劳动收入均有下降的情况下,劳动收入在其中的占比也会下降(Kuznets, 1934:41)。他一次又一次地报告,对于那些可以辨别出上述特点的行业来说,1929年至1932年的月薪收入在百分比上的下降幅度要小于那些拿周薪的行业。企业收入(今天称为"所有者收入")急剧下降,这是因为它主要由农民和建筑工人主导,而它下降的主要原因是谷物价格的下降(Kuznets, 1934:49),建筑支出的下降也于事无补,同时,这两个群体都没有退出的倾向,这使收入进一步下降(Kuznets, 1934:33)。

就实际收入而言,某些职业或部门在大萧条时期表现良好。如果您在1929年到1932年之间一直在政府或私立高等教育机构任职,那么您的实际收入就会增加。数据表明,1929年至1932年,私立高等教育机构的就业人数及其人均实际薪酬大幅上升(Kuznets, 1934:148)。更一般地说,如果您是一名受薪工人,并在大萧条中保持工作,那么您的生活水平将得到改善。总体而言,库兹涅茨的报告记录了这样一个事实,即收入分配较低阶层的人遭受的损失不成比例:"大萧条似乎把最大的负担加在了那些在经济规模上已经处于低位、最不可能承受损失的人的身上。"(Kuznets, 1934:19)

1688

其他琐碎的笔记如下:采矿业、制造业和建筑业遭受的就业损失最大(Kuznets, 1934:23)。金融业的人均薪酬最高(Kuznets, 1934:28)。蒸汽机车铁路的技术变革"已经成为过去"(Kuznets, 1934:86—87)。与蒸汽机车铁路相比,汽车运输(卡车)受萧条的影响要小得多。与股息相比,利息支出几乎没有下降。抵押贷款的违约(和停止支付利息)远大于公司债务违约

(Kuznets, 1934:120)。

最后,库兹涅茨对有关制造业中生产率周期性影响展开了讨论。从1929年到1932年,食品和烟草方面的人均产出持续增长。并且在1931年之前,化学和石油精炼也是如此(Kuznets, 1934:72)。在大多数其他行业中,特别是在产出量绝对下降的行业,劳动生产率也下降了,这可能反映了初始劳动力储备的影响。

沿着给参议院的报告和1937年的著作的思路,库兹涅茨先将其估算扩展到1919年[《国民收入及其构成》(*National Income and its Composition*),于1941年出版],最后扩展到1869年[《1869年以来的国民产值》(*National Product Since 1869*),于1946年出版]。随着学者们对国民收入和产值核算的逻辑和惯例展开辩论,他们也开始致力于扩展对早期构建收入和产出总量的方法的系统化理解。在此过程中,他们批判地继承了早期学者的努力。由于1840年及以后的美国人口普查可以计算出产出的物质产值部分(商品产出)的增加值,因此对产值综合测量感兴趣的人的估算技术,需要根据后期关于服务产出与货物产出之比的数据进行有根据的猜测,并用它来给商品的总产出"加码"。

库兹涅茨采用这一基本方法来构建早至1869年的年度估计。他对1919年以前的估算是基于肖(Shaw, 1947)的商品(货物)数据进行的,库兹涅茨用运输和分销的假定利润率来给这些数据加码。这些利润率的大小,以及更普遍的服务业(非商品)产出是否与商品产出大致同比例地变化的问题,是克里斯蒂娜·罗默随后质疑第二次世界大战后的经济周期相对于之前的经济周期要温和多少的核心所在(Romer, 1989, 1994)。

但是,对1919年至1929年间的情况,库兹涅茨能够从收入方面(而不是产品方面不完整的数据)来构造他的估计,我们通常认为,他对这些年的估计比对1919年以前的估计质量更高。罗默还赞同库兹涅茨(Kuznets, 1961)附录中所载的1909年至1918年收入方面的估计,尽管库兹涅茨认为这些数字不如1919年至1929年的准确,而对1909年至1918年间的情况,他认为他在产品方面的估计更好(参见Weir, 1986:355)。约翰·肯德里克(Kendrick, 1961)对库兹涅茨的国民生产总值序列中的政府支出的处理方式进行了调整,以使其与美国经济分析局自1929年起所维护的年度序列更

1689

具可比性。如前文所述，库兹涅茨的做法是将政府支出视为一种中间商品，而非最终产品的一部分。此后，肯德里克关于20世纪20年代的数据成了学生参考的标准序列。罗默关于1919年至1929年的国民生产总值序列数据是以库兹涅茨在收入方面的估计为基础，同时进行了肯德里克式的调整以及其他一些小调整得到的。

罗默的大多数修正适用于1909年之前的数据。她与库兹涅茨在观点上的最大区别在于1909年前的国民生产总值在多大程度上会随商品产量的变化而变化。库兹涅茨利用1909年至1938年的数据，用徒手回归法(freehand regression)估算了国民生产总值相对于商品生产的弹性(Kuznets，1961:536—537)。根据这些年份的数据，他得出该弹性接近于1，他还加入了此前几年的商品数据，逆推了国民生产总值序列。罗默使用1909年至1985年的数据[不包括大萧条和第二次世界大战(1929—1946年)的年份]重新估计了上述弹性。她进行了许多其他小的调整，如使用对数差而不是比率、允许弹性随时间变化，并使用她描述为“正常”的年份而不是高峰年份，来建立可以计算偏差的趋势。

基于这些回归，她发现弹性实际上并不具有时间敏感性：“衡量国民生产总值对商品产出敏感性的时变系数从1909年的0.583下降到1985年的0.527。”(Romer，1989:20)她的研究结果最重要的方面不是这两个数字之间的微小差异，而是它们的数值适中。库兹涅茨得出的结论是，国民生产总值几乎1比1地随商品产出而变化。罗默则认为，变化弹性接近于0.5或0.6。因此，相比库兹涅茨的估计，她对1909年之前的国民生产总值的估计的波动要小得多，这就是她的结论——第一次世界大战前的商业周期并没有比第二次世界大战后的周期剧烈。

罗默认为，把1929年至1946年的数据排除在回归之外是合理的，因为我们可以预期，这些年份的国民生产总值对商品产出的弹性将异常地大，因为这两个数据序列都经历了巨大波动。她坚持认为，从这个“异常”时期倒推到1869年至1908年之间的更多“正常”年份是不合理的，她将库兹涅茨的高弹性的估计部分归因于库兹涅茨将1929年至1938年的数据包括在内。韦尔(Weir，1986:355)质疑罗默排除1929年至1946年的数据的合理性，他认为在大萧条时期几乎没有结构性突变的证据。然而，罗默关于第一次世界大战前商业周期相对严重的观点，以及她得出这一结论的方法后来被广泛接受。

应该记住的是，库兹涅茨坚信，尽管追溯到1869年的年度估计有助于计算趋势增长率，但这些估计并不够准确，无法为探索周期性变化奠定基础(Kuznets, 1961; Rhode and Sutch, 2006)。库兹涅茨的学生罗伯特·高尔曼将估计扩展至1834年，并持有相同观点(Gallman, 2000)。库兹涅茨和高尔曼也在估算美国有形资本存量的增长方面做了开创性的工作。高尔曼将这两个序列追溯到1834年，延续了库兹涅茨认真关注细节、对计算进行交叉检查，以及对来源和数据转换进行记录的传统。关于资本存量，高尔曼强调了结构在资本存量和净投资流量中的主导地位，这也是菲尔德(Field, 1985)所强调的主题。高尔曼还认为，对土地开垦的投资等同于创造可复制的有形资产，因此是一种资本商品。他还强调了这一点在19世纪的经验上的重要性。

1690

在1909年或更早的时期，库兹涅茨和高尔曼无法获得比塔克、西曼、斯帕尔或威尔弗雷德·金更好的数据。在大多数情况下，他们也不能使用能让他们工作更轻松的电子表格或其他数据处理的便捷方式。但他们确实对国民收入和产值核算逻辑有更扎实的理解，这是希望在这一领域进行研究的人的一个基本起点。

然而，将总量数据扩展至大大早于19世纪40年代，仍然令这些学者感到震惊。罗伯特·F.马丁在1939年发表的估算报告反映了为进一步追溯历史所作的第一次努力。马丁提供了从1799年开始的以十年为间隔的数据，以及1900年至1938年的年度数据。他得出的结论是，在19世纪的前30年中，实际人均收入有所下降，直到19世纪40年代才开始再次增长(Martin, 1939: Table 3, pp.14—15)。由于在1840年之前的人口普查缺乏可靠的商品生产数据，因此我们通常将此前的年份称为“统计上的黑暗时代”(statistical dark age)。

库兹涅茨(Kuznets, 1952)批评了马丁的估计，保罗·戴维(David, 1967)使用了库兹涅茨建议的方法，试图通过戴维自己所说的“受控猜想”(controlled conjectures)来阐明问题。戴维将矛头指向他所认为的共识，这种共识以罗斯托(Rostow, 1960)的研究为基础，并且显然为马丁的估计所支持。这种共识认为，人均产出增长率在1800年至1840年之间的某个时间显著加快。这与罗斯托认为的，经济起飞通常伴随着经济持续增长的观点不谋而合。戴维主张对1790年至1860年的整个时期采取更加渐进的观点，强调美国内战后的经济发展加速与国民储蓄率的上升有关。

戴维首先观察到，人均产出的增长等于劳动力参与率的增长与人均产出的增长之和，但劳动力参与率的增长相对较小(每年约0.3%)。另一方面，在美国内战前的时期，农业和非农业部门的部门份额发生了重大变化。继库兹涅茨之后，他的猜想也是基于19世纪后期的数据而作出的，这些数据表明，非农业部门的人均增加值是农业部门的两倍(或更多)。戴维假设每个部门的增长率(以及经济的平均增长率)可以由农业内部的进步率作为代替测量指标。他利用这些“活动部件”组装了一个“引擎”，以“追溯”每小时产出的增长，并结合(人均产出)参与率的适度增长的数据进行研究。他的结论是：在1790年至1860年间，人均产出的增长率约为1.3%。这一结论支持了库兹涅茨对马丁的估计的批评，并致力于平缓罗斯托的经济起飞论。戴维的数据结果始终显示，在19世纪前20年和第20年至第40年之间，增长速度在不断加快(在1800年至1820年间，每年增长0.28%；在1820年至1840年间，每年增长2.0%)，这比马丁或罗斯托的结论所显示的要更早。

1691

当纳入类似库兹涅茨主义的框架时，托马斯·韦斯对莱伯戈特(Lebergott)劳动力数据的修正表明，在19世纪初期，人均产出水平有所提高，但在1820年至1840年之间的增长速度较慢，因此，19世纪前60年的总体增长率有所下降(Weiss, 1992:Table 1.2, p.27)。我们对得出这种修正必然反映出较差的经济表现的结论需保持谨慎。如果19世纪前几十年美国居民的人均产出水平高于此前的预期，那么增长率较低本身并不意味着情况变糟了。

在作出最初贡献的几十年后，戴维在一篇未发表的工作论文中表达了一些新的想法(David, 2005)，对他较早前不加批判地接受库兹涅茨在农业和非农业部门的相对生产率水平的观点持保留态度。戴维在2005年时认为，农业以外的劳动力所占比例不断增长导致人均产出增加，这不是因为农业以外的产出率更高，而是因为人们一旦离开农业，每年的工作时间就会增加很多。与马丁或罗斯托的建议相比，戴维仍然推崇对19世纪前60年的人均产出趋势进行更渐进的解读，但这些结果是他使用经过大幅改进的“追溯”引擎得出的。因此，如果要认真对待戴维对相对生产率水平的修正，又会给许多其他工作带来问题。

在最近的几十年中，对于包括美国经济史上的殖民时期和革命时期在内的17世纪和18世纪，经济学家和历史学家们进行了一系列广泛的调查，旨在估算这一长时期内的产出水平、增长率和/或生活水平。这些探索中的精力和兴趣范围可能在一定程度上反映出数据的相对匮乏，因此从现有数据中得出的创造性推论往往存在着"附加费用"。在缺乏有关商品产出的全面数据（19世纪是大多数估计的起点）的情况下，学者们采用了不同的手段来推断人均产出水平和增长率。例如，爱丽丝·汉森·琼斯（Alice Hanson Jones, 1980）的研究利用遗嘱认证记录建立了对财富的估算，她假设财富与收入之比可以估算收入。其他人则试图从进口数据中推断出收入或产值（例如，Egnal, 1998；参见 Mancall and Weiss, 1999）。斯特克尔（Steckel, 1995, 2006）从身高数据中得出了有关消费水平的推论。

罗森布鲁姆和韦斯（Rosenbloom and Weiss, 2014）对殖民时期的研究，以及从研究中得出推论的不同数据源和方法进行了有益的概述，并提供了一套全面的参考资料。然而，他们的主要命题是使用戴维和库兹涅茨开发 1692 的框架来估算中大西洋地区（宾夕法尼亚州、新泽西州、纽约州和特拉华州）的人均产值及增长率，并用以推算其在农业和非农业方面各自的人均产出增长率，随后结合部门之间转移和劳动力参与率变化的估计。他们的研究与林德特和威廉姆森得出的结论相呼应，即在美国独立战争和《邦联条款》发挥作用期间（1775年至1790年），经济发展显著倒退（见下文）。还值得注意的是，住房资本存量（无论是自有还是租用）的服务流对总产出也有重要作用，以及住房积累对增加实际产出和潜在产出的贡献。对于那些视住宅资本为非生产性资本的人来说，这种处理方式是一个有价值的反击。与用于农业、制造业或运输业的资本相比，这种资本确实是不寻常的，因为它在没有劳动力合作的情况下极大地促进了产品的聚集。但是从历史上看，正如今天的情况一样，它对产出和消费作出了重大贡献。他们得出的结论是，1720年至1800年大西洋殖民地的产出增长是中等的。曼考尔等人（Mancall et al., 2004）使用类似的方法估计了南方腹地的产出增长，并且得出了类似的结论。据此，曼考尔和韦斯（Mancall and Weiss, 1999）提出了整个殖民时期没有产出增长的观点。

然而，产出增长并没有那么重要。阶层也是如此，这让我们联想到林德特和威廉姆森(Lindert and Williamson, 2016)，他们的书试图进行全面综合，提供了对从17世纪到20世纪的产出增长以及不平等趋势的概述和新观点。我在这里重点介绍他们对我们了解产量历史趋势——尤其是1800年之前——的贡献。库兹涅茨、戴维和韦斯等人已经从生产方面建立了他们对1919年之前时期的大部分估计值。林德特和威廉姆森恢复了与威廉·配第和格雷戈里·金(以及布洛杰特)有关的政治算术传统。他们通过将人口分成几个不同的群体，并搜索他们各自的劳动和财产收入的信息，构建"社会表格"(social tables)(如威廉·配第、格雷戈里·金一样)来估算收入。林德特和威廉姆森汇总了自由劳动收入、资产收入和(直至1860年的)奴隶留存收入(即其生存成本)的估计值，由此构建了1774年、1800年、1850年、1860年和1870年的五个"社会表格"。这项工作生动地说明了从收入(而不是生产或增加值)方面估算总量所面临的挑战。

他们最根本的结论是："美国早在开国元勋建立新共和国之前就已经达到世界领先地位。"(Lindert and Williamson, 2016:2)它在殖民时期的增长不是很快，但在整个时期的人均产出水平很高(这与身高数据一致)。他们发现，在殖民时期，美国的人均收入超过了英国，在独立战争和《邦联条款》发挥作用期间(1775年至1790年)却相对落后(当时人均收入可能下降了30%)。随着《美国宪法》通过后经济增长的恢复，美国在1860年恢复了对英国的领先地位，随后在与内战有关的衰退中和在20世纪30年代的大萧条时期，美国又再一次失去了领先地位。

1693 他们的总体结论是：麦迪逊认为直到20世纪初，美国的人均收入才超过英国，这一观点是完全错误的(Lindert and Williamson, 2016:9)。林德特和威廉姆森指出，绝大部分跨大西洋移民是从英国到美国的，而非相反。同时，美国的人口增长也非常迅速，妇女生育率和儿童存活率居世界首位。

结　语

随着用于估算国民产值、收入和支出的现代工具的发展和合理化，计量史学家、新经济史学家和政府统计学家进一步完善了我们对美国经济增长历史记录的理解。本章通过探讨现代国民经济核算体系的起源、主要原则和惯例，以及这些核算体系在历史数据中的应用，强调增进我们对过去的理解的契机并非总是或必然需要使用无法获得的历史数据，而是可以创新地使用已知的数据源，并开发新的方法以从中得出推论。

参考文献

Blodget, S. (1964) *Economica: A Statistical Manual for the United States*. Augustus M. Kelley, New York. Reprint of 1806 edition.

Bolt, J., van Zanden, J.L. (2014) "The Maddison Project: Collaborative Research on Historical National Accounts", *Econ Hist Rev*, 67:627—651.

Bolt, J., Inklaar, R., de Jong, H., van Zander, J.L. (2018) "Rebasing Maddison: the Shape of Long Run Economic Development (Internet)". Updated 25 Jan 2018; Cited 28 Jan 2018. Available from https://voxeu.org/article/rebasing-maddison.

Carson, C. (1975) "The History of the United States National and Product Accounts: The Development of an Analytical Tool", *Rev Income Wealth*, 21:153—181.

David, P.A. (1967) "New Light on a Statistical Dark Age: U.S. Real Product Growth before 1840", *Am Econ Rev*, 57:294—306.

David, P.A. (2005) "Real Income and Economic Welfare Growth in the Early Republic. Or, Another Try at Getting the American Story Straight", Working Paper, Stanford University, December 9, 2005.

Egnal, M. (1998) *New World Economics*. Oxford University Press, Oxford.

Field, A.J. (1985) "On the Unimportance of Machinery", *Explor Econ Hist*, 22:378—401.

Gallman, R.E. (2000) "Economic Growth and Structural Change in the Long Nineteenth Century", in Engerman, S.L., Gallman, R.E. (eds) *The Cambridge Economic History of the United States: Vol. 2: The Long Nineteenth Century*. Cambridge University Press, Cambridge, pp.1—55.

Gide, C. (1948) *A History of Economic Doctrines from the Time of the Physiocrats to the Present Day*. DC Heath, New York.

Gilbert, M., Jaszi, G., Denison, E., Schwartz, C. (1948) "Objective of National Income Measurement: A Reply to Professor Kuznets", *Rev Econ Stat*, 30 (August):151—195.

Jones, A.H. (1980) *Wealth of a Nation to be*. Columbia University Press, New York.

Kendrick, J. (1961) *Productivity Trends in the United States*. Princeton University Press, Princeton.

Kendrick, J. (1970) "The Historical Development of National Income Accounts", *Hist Polit Econ*, 2:284—315.

King, W. (1915) *The Wealth and Income of the People of the United States*. Macmillan, New York.

King, G. (1696) *Natural and Political Observations and Conclusions upon the State and Condition of England*. The Johns Hopkins Press, Baltimore, 1936.

Kuznets, S. (1934) *National Income, 1929—1932*. Published as U.S. Congress, Senate, S. Doc 124, 73rd Congress, 2nd session.

Kuznets, S. (1937) *National Income and Capital Formation, 1919—1935: A Preliminary Report*. National Bureau of Economic Research, New York.

Kuznets, S. (1941) *National Income and*

Its Composition, 1919—1938. Assisted by Lillian Epstein and Elizabeth Jenks. 2 vols. National Bureau of Economic Research, New York.

Kuznets, S. (1946) *National Product since 1869*. Assisted by Lillian Epstein and Elizabeth Jenks. National Bureau of Economic Research, New York.

Kuznets, S. (1952) "National Income Estimates for the United States Prior to 1870", *J Econ Hist*, 12(Spring):115—130.

Kuznets, S. (1961) *Capital in the American Economy: Its Formation and Financing*. Princeton University Press, Princeton.

Lindert P., Williamson, J.G. (2016) *Unequal Gains: American Growth and Inequality since 1700*. Princeton University Press, Princeton Maddison Historical Statistics (2018) Available at https://www. rug. nl/ggdc/historicaldevelopment/maddison.

Mancall, M., Weiss, T. (1999) "Was Economic Growth Likely in Colonial British North America?", *J Econ Hist*, 59:17—40.

Mancall, M., Rosenbloom, J., Weiss, T. (2004) "Conjectural Estimates of Economic Growth in the Lower South, 1720 to 1800", in Guinnane, T., Sundstrom, W., Whatley, W. (eds) *History Matters: Essays on Economic Growth, Technology, and Demographic Change*. Stanford University Press, Stanford, pp.389—424.

Martin, R. (1939) *National Income in the United States, 1799—1938*. National Industrial Conference Board Studies no. 241. National Industrial Conference Board, New York.

Petty, W. (1691) *Political Arithmetick: Or, a Discourse Concerning the Extent and Value of Lands, People, Buildings*. R. Clavel, London.

Quesnay, F. (1972) *Tableau Economique*. A. M. Kelley, New York.

Rhode, P., Sutch, R. (2006) "Estimates of National Product before 1929", in Carter, S. et al. (eds) *Historical Statistics of the United States: Earliest Times to the Present: Millennial Edition, vol. III*. Cambridge University Press, Cambridge, pp.3-12—3-20.

Romer, C.D. (1989) "The Prewar Business Cycle Reconsidered: New Estimates of Gross National Product, 1869—1908", *J Polit Econ*, 97(February):1—37.

Romer, C.D. (1994) "Remeasuring Business Cycles", *J Econ Hist*, 54(September): 573—609.

Rosenbloom, J., Weiss, T. (2014) "Economic Growth in the Mid-Atlantic Region: Conjectural Estimates for 1720 to 1800", *Explor Econ Hist*, 51(January):41—59.

Rostow, W. (1960) *The Stages of Economic Growth: A Non-communist Manifesto*. Cambridge University Press, Cambridge.

Seaman, E. (1868) *Essays on the Progress of Nations, in Civilization, Productive Industry, Wealth and Population*. C. Scribners, New York.

Shaw, W. (1947) *Value of Commodity Output since 1869*. National Bureau of Economic Research, New York.

Smith, A. (1937) *The Wealth of Nations*. Modern Library, New York.

Spahr, C. (1896) *An Essay on the Present Distribution of Wealth in the United States*. Crowell, New York.

Steckel, R. (1995) "Stature and the Standard of Living", *J Econ Lit*, 33:1903—1940.

Steckel, R. (2006) "Health, Nutrition, and Physical Well-being", in Carter, S. et al. (eds) *Historical Statistics of the United States: Earliest Times to the Present: Millennial Edition*. Cambridge University Press, Cambridge.

Studenski, P. (1958) *The Income of Nations*. New York University Press, New York.

Sutch, R. (2006) "National Income and Product", in Carter S. et al. (eds) *Historical Statistics of the United States: Earliest Times to the Present: Millennial Edition, vol. III*. Cambridge University Press, Cambridge, pp.3-3—3-12.

Tucker, G. (1843) *Progress of the United States in Population and Wealth in Fifty Years, As Exhibited in the Decennial Census*.

Little and Brown, Boston.

United States Department of Commerce, Bureau of Economics Analysis. (2017) "Concept and Methods of the U.S. National Income and Product Accounts (November)", Available at https://www.bea.gov/national/pdf/all-chapters.pdf.

Warburton, C. (1934) "Value of the Gross National Product and its Components, 1919—1929", *J Am Stat Assoc*, 29 (December): 383—388.

Weir, D. (1986) "The Reliability of Historical Macroeconomic Fata for Comparing Cyclical Stability", *J Econ Hist*, 46:353—365.

Weiss, T. (1992) "U.S. Labor Force Estimates and Economic Growth, 1800—1860", in Gallman, R.E., Wallis, J.J. (eds) *American Economic Growth and Standards of Living before the Civil War*. University of Chicago Press for the NBER, Chicago, pp.19—78.

第七章

制造业普查概述

克里斯·维克斯　尼古拉斯·L.齐巴思

摘要

本章概述了从19世纪初到20世纪末的制造业普查。研究重点在于利用了原始的企业层面普查数据。在总结了随着时间的推移,制造业普查在内容和质量方面的变化方式之后,本章展示了制造业普查在研究各种经济问题方面的可用性。这些问题包括长期产值增长的来源、商业周期的起因和结果,以及收入分配的变化。最后,文章强调了从其他来源收集企业层面补充数据的价值。

关键词

大萧条　制造业　商业周期　企业数据

引　言

1698

制造业对美国经济的发展起到了至关重要的作用。尽管其就业比例在最近几十年中有所下降，但在过去的50年中，制造业在实际国内生产总值中所占份额一直保持稳定，而计算机和电子产品的增长弥补了其他部门的下跌(Baily and Bosworth, 2014)。或许在公众和政策制定者的想象中，制造业始终是中心部门。因此，美国联邦政府自宪法生效后仅21年(1810年)，就开始对制造业进行定期普查。早在19世纪的贸易政策争端中，这些普查数据就为许多政策辩论提供了信息。此外，这些数据也被学术界广泛应用于了解美国经济。鉴于此，本章将概述多年来的制造业普查，重点在于企业层面的普查所产生的洞见。

本章首先讨论制造业，然后讨论在这样的前提下，我们为什么要把研究中心设定为企业层面数据，而不是已发布的表格数据。关注制造业的第一个原因纯粹是，至少从19世纪中叶开始，制造业在美国经济中就已经具有重要地位。其就业人数和在国内生产总值增加值中所占的份额令我们低估了制造业在经济中的中心地位。造成这一现象的一个原因是，尽管在过去两个世纪里，技术变革同样席卷了农业和服务业，但这些行业的变化有赖于技术变革带来的制成品生产的显著进步，因此制造业历来处于技术变革的核心位置。

第二，研究制造业的相关动机是它在经济思想史上起的关键作用，这可以追溯到亚当·斯密著名的针工厂的例子。例如，关于规模回报率的判断往往与制造业企业的运作方式交织在一起。由于对投入和产出通常有更明确的定义并且将两者联系起来的过程更清晰，因此与银行等企业相比，工厂似乎更适合进行经济理论化。了解生产在工厂层面如何进行，可以帮助我们深入了解这些经济概念。当我们思考过去类似电力的重大技术革新时，商品的生产方式就显得尤为重要。为了充分利用这些创新的价值，需要对工厂进行彻底的反思和重组(David, 1991)。

既然决定要研究制造业，那么为什么要使用企业层面数据，而不是已发

1699 布的、大部分细节能达到显著水平的数据集呢？这些已发布的表格通常会列出许多重要的变量，并提供相对精细的分类，而且它们的最大优势是更容易收集。而使用企业层面数据的一个明显原因纯粹是它提供了更多的数据。已发布的数据集不会包含所有可能的交叉列表，或地理或行业的细分级别。例如，大部分已发布的数据集并不能按城镇提供特定行业的信息。并且出于某些现在已无从知晓的原因，普查局以前曾收集特定的变量，但并没有将其制成表格。然而，这并不能为收集所有表格提供真正具有说服力的理由，因为这些交叉表的估计值可以通过对相关的亚群体进行随机抽样来获得。诚然，收集这个亚群体的所有记录可能会使估计更精确，但这么做并不划算。一个比较典型的例子是，在大萧条时期，有人问过关于工作周长度的问题，但答案没有出现在发表的报告中。这是因为人们可以根据行业和地理随时间变化的协变量来估计这个变量，而不需要完全记录所有数据。

本章强调了企业层面报告本身在回答经济史核心问题中的重要性，而且这些问题无法依靠已发布的数据集得到解决。对我们来说，收集这些企业层面记录的根本目的是发掘企业层面的差异。在微观经济学导论中，学生们会接触典型的企业（或消费者）的概念。这种抽象虽然非常有用，但却抹除了定义特定企业的所有差异。经济学家们并非认为企业之间没有差异，而是质疑这种差异是否重要。企业层面数据的价值最终成为一个实证问题。

企业层面的差异之所以重要，有多种原因。首先，这种差异是回答一些问题的关键，而这些问题也可以被算作产业组织问题，例如，一个产业内的企业如何相互竞争？其次，企业之间的差异有助于确定宏观经济因果关系，这是近来企业层面数据的一种普遍用法。例如，富克斯-申德尔恩和哈桑(Fuchs-Schuendeln and Hassan, 2016)讨论了使用自然实验来确定如财政乘数的参数或确定引起经济增长的因素的方法。再次，企业层面的这些差异有助于准确回答关于这些差异的问题。在考虑收入不平等时，一个自然的问题是基于企业差异而发生的薪酬差距有多大。此外，了解这些差异的来源可以为其他关键问题提供信息。例如，企业层面的价格变化证据已经成为需求冲击和货币政策效应模型的重要输入之一(Nakamura and Steinsson, 2013)。

本章的内容如下。首先，本章将简短介绍 19 世纪上半叶的制造业普查历史,重点是制造业普查的创建和发展,直至 1850 年出现第一个"真正"的制造业普查。接下来,本章更详细地讨论了制造业普查的三个独立的"时代":19 世纪末、大萧条时期,以及现代。讨论的内容包括从这些时代收集的重要样本,以及已解决的主要问题,重点在于对企业层面报告的利用。另有一些基于已发布的数据集的论文,此处不作评论。 1700

19 世纪早期的制造业普查

制造业普查的历史可以追溯到 1810 年,当时它是与第三次人口普查同时进行的。事实上,早在此前 20 多年,詹姆斯·麦迪逊(James Madison)就提议在 1790 年的人口普查中加入职业统计数据(Fishbein, 1973)。托马斯·杰斐逊(Thomas Jefferson)要求在 1800 年人口普查中增加类似的问题。尽管国会驳回了这些提案,但这些提案的提出展示了从这些创建者开始,人们对收集经济变量信息就已有浓厚兴趣。尽管农业普查涵盖了 19 世纪经济中更为重要的部门,但直到 1840 年,首次农业普查才进行。在某些方面,制造业普查的存在和持续是显著的。宪法规定,为了妥善完成众议院议员分配的目的,人口普查应每十年进行一次,但制造业普查没有这种权力。然而在整个 19 世纪,制造业普查得到了广泛的支持,许多政治家发现了这一重要部门对精确数据的需求。菲什拜因(Fishbein, 1973)讨论了"拿破仑战争和 1819 年大萧条之后,欧洲商品向美国市场倾销如何导致对(这一类型)数据的需求增加",这也是麦迪逊总统要求国会批准 1820 年普查的主要动力。一旦考虑到早期的美国国会在使用公款方面的吝啬,制造业普查的存在便显得更为引人注目。

同时,由于缺乏明确的宪法授权或固定机构,早期的各次制造业普查在完整性和质量上参差不齐。1810 年第一次制造业普查的普查员几乎没有受过训练,甚至没有实际的调查问卷。由于企业拒绝回答问题也不会受到惩罚,这次的制造业普查受到了抵制,企业主拒绝提供信息。菲什拜因(Fishbein, 1973)甚至说,由于有太多的不准确之处,这次普查数据"对研究的可用性可能会遭到严重质疑"。这些问题在那个时代是显而易见的,包括负责编制报告的坦奇·考克斯(Tench Coxe)在内的众多作者,都指出了涵盖漏报、误报,以及抄写错误在内的无数问题(Coxe, 1814)。

来自费城的国会议员亚当·西伯特(Adam Seybert)在1820年推动了第二次制造业普查。针对1810年制造业普查的不足,西伯特成功地要求第二次普查基于明确的调查问卷,并且普查员应收到关于调查企业类型的明确指示。然而,这些改进仍然没有让制造业普查结果变得准确,《尼尔斯记事报》(*Niles Register*)讽刺道:"如果完全省略调查的主题,那就更好了。"(Fishbein, 1973)1830年人口普查期间并没有进行制造业普查。1840年的制造业普查通过删除定性问题,在很大程度上实现了简化。例如,1820年的普查要求"根据当前和过去的状况,以及企业所制造的产品的需求和销售情况,提出关于企业的总体评价"。同时,为了提高答复率,1840年的这次制造业普查不再要求回答企业或企业主的名称。不幸的是,基于相同的原因,1840年的答复率和1820年的结果一样不尽如人意。尽管人们在编制调查问卷上作出了努力,但是实际数据收集的组织问题却基本上无人关注。当时的著名经济学家弗兰克·鲍恩(Frank Bowen)甚至批评政府试图进行制造业普查的行为(Fishbein, 1973)。

1701

就本章作者目前所知,自19世纪上半叶以来,没有主要收集企业层面数据的制造业普查记录。菲什拜因(Fishbein, 1973)指出,人们认为美国1810年的大部分制造业普查表都在1812年第二次独立战争中,由于英国人烧毁华盛顿而丢失了。剩余的部分普查表之所以被保存下来,是因为它们被记录在人口普查表格中,并且当时并不全在华盛顿。索科洛夫(Sokoloff, 1982)在论文中收录了1820年美国东北地区的记录样本。索科洛夫(Sokoloff, 1984, 1986)随后基于这些普查表,研究了不同企业的生产率差异。前一项研究表明,规模较小的企业生产效率更高,这一规模报酬递减的结论令人费解。

19世纪90年代末的制造业普查

1850年的制造业普查,是第一次达到现代计量经济学研究的质量标准的制造业普查。1850 年的《普查法》规定了制造业企业的综合性细则。随后，直到 1900 年，制造业普查和人口普查每十年同时举行。1905 年，制造业普查改为五年一次，并且第一次与人口普查分开进行，然后从 1919 年开始改为两年一次。本节重点介绍 1850 年、1860 年、1870 年和 1880 年的制造业普查。这些普查提供了美国经济史上奴隶制的消亡和制造业的兴起这个关键时期的数据。

美国国会认识到早期制造业普查数据的局限性，并进行了一些改革(Fishbein, 1973)。他们成立了一个普查委员会来准备普查表，并且该机构会向顶尖的统计学家寻求咨询等帮助。普查员按照所报告的公司数量获得报酬(尽管并不充足)，企业不服从的行为也会受到处罚。制表过程的进一步改革减少了已发表报告中的制表错误。这些改革继续进行，并作了进一步的修改和改进。到 1880 年，委员会聘用专家来收集数据，并且为特别重要的企业准备特殊表格。

这些普查根据类型、数量和价值，对产出方面的问题进行细分；并根据劳动力、资本和原材料，对投入方面的问题进行细分。正如阿塔克和贝特曼(Atack and Bateman, 1999)指出的，这些数据的质量与给予普查员的指示直接相关。相比 19 世纪早期的制造业普查，负责这次普查的官员尽量对企业提出清晰的问题，并且向普查员提供了明确的提问方法。即使如此，这些问题也需要进行细化和修改，以简化企业和普查员的工作流程。

1702

表 7.1　制造业普查所纳入变量对比

时　间	实际产出	资本价值	工作时长	就业细分
19 世纪	有	有	无(半工半薪)	男性，女性，儿童
20 世纪初	有	无(一些为实物)	无(轮班时长)	白领，蓝领
20 世纪末 *	有	有	有	生产性，非生产性

注：“19 世纪”包括 1850 年、1860 年、1870 年和 1880 年的制造业普查；“20 世纪初”包括 1929 年、1931 年、1933 年和 1935 年的制造业普查；“20 世纪末”包括 1962 年以后的所有制造业普查。

表 7.1 总结了 19 世纪以来特定变量是否包括在普查中。在 19 世纪，制

* 原书此处为“21 世纪末”，疑有误。表 7.1 注释中同样如此。——译者注

造业普查包含了非常详细的信息，例如关于实际产出的信息——一些现代企业层面数据集所没有的信息；资本的信息——20世纪30年代普查所没有的信息；以及工作时间的信息。同时，阿塔克和贝特曼(Atack and Bateman，1999)强调，在不同普查中对特定问题的描述会发生变化。例如，从1850年到1860年，在"雇佣劳动力"的问题上对普查员的指示更加精确。尤其是从1860年开始，普查员要基于"全年平均就业人数"进行记录，而不是像1850年那样，用一个数字反映一整年的平均值或选择某一个"就业人数为平均值"的日子用以代表。

20世纪30年代的制造业普查表明，制造业普查所提出问题的精确度并未都随着时间的推移而有所提高。一部分原因在于，1902年之前没有固定的普查机构，这导致了不同普查之间的不一致性。例如，在1880年，"普查员没有接收到收集除表格问题以外的制造业数据的要求"(Atack and Bateman, 1999)。此外，由于无法获得所调查企业的总清单，有关普查质量的问题也一直存在，并且在不存在中央储存库的19世纪的普查中，这个问题更加复杂。许多州的普查表格被归还到各州的档案中了。尽管华盛顿特区的国家档案馆收藏了大量的制造业普查表，但鉴于手写表格难以辨认且微缩胶片质量低下，很多文本仍然存在着难以阅读的问题。

阿塔克-贝特曼-韦斯样本

最初由杰里米·阿塔克(Jeremy Atack)、弗雷德·贝特曼(Fred Bateman)和托马斯·韦斯(Thomas Weiss)(三人姓氏首字母缩写为"ABW")收集的19世纪的制造业普查样本，是所有企业层面研究工作的基础。弗雷德·贝特曼和托马斯·韦斯最初收集了1850年至1870年的数据，杰里米·阿塔克和弗雷德·贝特曼随后增加了1880年的数据，并扩展了1850年至1870年的数据集，以构建具有全国代表性的样本。阿塔克和贝特曼(Atack and Bateman, 2004)、阿塔克等人(Atack et al., 2006)的文章可以在政治和社会研究大学间联合体(ICPSR)中获取。正如阿塔克和贝特曼(Atack and Bateman, 1999)在论文中更详细地讨论的，这个数据集由1850年、1860年、1870年和1880年制造业普查中的代表性样本组成。"抽样计划是根据各州普查统计摘要中报告的企业数目制定的。我们的目标样本是从各州分别抽

1703

取 200 到 300 个企业。”(Atack and Bateman, 1999:183)

这一样本是在数字存储比现在贵得多的时候创建的,因此样本的创建者们需要决定最终记录什么。例如,样本没有记录除其所在城镇外的企业的名称或其他识别信息。这使得人们无法研究企业在一定时间内的数据(如企业的营业额)。当然,即使想要构建具有“足够的微观层次多样性”的代表性样本(Atack and Bateman, 1999:183),能够实际构建这种长期联系的概率也很低,就连企业存活十年的概率都很低。

表 7.2 总结了样本,只报告了在一年内拥有超过 50 家企业的行业。显而易见,样本涵盖了从木工等技术含量较低的行业,到“钢铁”等当时的“高科技”行业在内的多种行业。这些技术水平的差异反映在经营规模的差异上。例如,平均而言,一个“钢铁企业”的固定资本是木工企业的 39 倍,雇员人数是 13 倍。有趣的是,这里的就业变量是由男性、女性和儿童的就业总和分别推导出来的。这些问题为某些行业内和行业间的性别(以及儿童与成人)区隔提供了有趣的见解。

表 7.2　19 世纪样本的汇总统计

1704

行　业	企　业	员工的对数值	资　本
农业服务	118	0.076	34.808
木工	1 037	0.059	20.995
肉类包装	359	0.081	269.375
乳品厂	161	0.038	21.433
面粉加工	2 197	0.024	67.794
面包糕点	458	0.044	27.731
饮料	309	0.054	128.172
雪茄	483	0.127	25.451
粗纺羊毛	210	0.342	295.551
纱线	106	0.247	273.153
男装	794	0.323	91.767
女帽	242	0.177	56.393
锯木	3 108	0.053	51.779
构件加工	387	0.068	47.254
木制容器	555	0.059	23.236
木制家具	713	0.097	59.025
造纸	145	0.247	289.273

续表

行　业	企　业	员工的对数值	资　本
报纸	141	0.133	113.924
图书出版	155	0.224	105.175
有机化学品	129	0.136	64.158
含氮化学品	96	0.120	197.511
皮革鞣制	800	0.069	110.695
鞋靴	2 289	0.089	22.491
鞍具	779	0.061	37.094
砖瓦	411	0.118	41.069
钢铁	153	0.645	776.240
铸铁	197	0.264	199.750
有色金属	367	0.053	68.027
刀具	160	0.223	148.696
金属薄板	119	0.383	160.280
其他金属制品	186	0.166	97.356
蒸汽机	256	0.306	241.504
农具	460	0.125	130.673
马车	112	0.019	7.899
货运马车	837	0.082	46.720
珠宝	172	0.119	115.159
铁匠	2 325	0.022	7.559
综合企业	299	0.327	371.287

注:所有统计数据均按四个普查年度数据计算。企业是指企业的总数,雇员是雇员对数的平均数,其中包括男性、女性和儿童。资本以100为单位。这些统计数字没有加权。我们只报告四个年度的企业数超过100的行业统计数据。

对于理解美国经济发展的价值

即使在样本规模、所提问题以及答复质量方面存在局限,实践证明,阿塔克-贝特曼-韦斯样本对于理解美国经济的长期发展仍然具有极大的价值。齐巴思(Ziebarth, 2013a)在一篇论文中使用了这个样本,对19世纪的美国与中国和印度这两个当代的发展中经济体,进行了企业间资源分配方面的具体对比。通过谢长泰和克列诺(Hsieh and Klenow, 2009)的核算体系,他发现三个国家具有类似水平的错误分配。这一点尤其引人注目,因为人们相信美国拥有(且仍然拥有)比这些国家更好的经济制度,而这些制度对资本的有效配置至关重要。

其他人利用这些表格来追踪资本深化和关键技术扩散的过程。阿塔克等人(Atack et al., 2005)关注企业规模的作用及其与单位劳动资本的关系，由于这一时期的企业平均规模增大，他们将这种关系解释为从手工作坊向工厂系统的转变。在阿塔克和贝特曼(Atack and Bateman, 2008)研究企业规模和盈利能力的问题时，阿塔克(Atack, 2008)也同时和其他学者开始研究蒸汽动力、企业规模和劳动生产率之间的关系。利用这些记录以及铁路网公布的信息，阿塔克等人(Atack et al., 2011)将运输网络与制造业企业平均规模的增长联系起来。上述研究基本上基于企业层面的数据，而这些信息并不存在于制造业普查公布的表格中。

1705

这些数据的另一个主要应用要回到规模和生产率负相关的谜题上，这一关系在现代数据中完全相反。早在19世纪初，索科洛夫(Sokoloff, 1984)便对此有所研究。他认为，这种"小公司效应"是由于漏报了"企业家劳动力"的投入，索科洛夫尝试通过向上调整小公司的劳动力投入来"解决"这个问题。通过这一修正，他找到了规模报酬递增的有力证据，并以此作为劳动分工报酬的证明。马戈(Margo, 2015)关注的是索科洛夫所作的调整，他认为这种调整没有任何依据。因此，谜团依然存在。

大萧条时期的制造业普查

尽管1880年至1929年间也进行过制造业普查，但就目前所知，由于一些意外(比如一场大火摧毁了1890年的大部分普查数据)、官僚机构的忽视，或者为了腾出国家档案馆的空间而主动销毁，这些记录已经丢失了。因此下一个可用的企业层面制造业普查数据是1929年的数据，这也是大萧条时期的第一次制造业普查。在1904年至1919年间，制造业普查每五年进行一次，从1919年开始改为两年一次。由于某些未知的原因，1929年以及随后的1931年、1933年和1935年，即涵盖了大萧条前半部分的制造业普查数据都得以保存。国家档案馆的实物表格是按行业和年份整理的，因此，收集行业级别的样本要比州级别的样本容易得多，因为后者需要遍历所有行业，并且在大多数情况下要找到州内给定行业的一些企业。实际上，由于报告的排列顺序，用随机数生成器生成随机样本其实也是复杂的。例如，考虑以下构造随机样本的步骤：对每隔4个企业进行简单抽样。虽然这是合理的，但由于这种抽样只会对企业数量较少的州-产业组合代表不足，因此不会产生随机样本。特别要考虑到这样的情况，即某个州-产业组合可能只拥有不到5家企业，在这种抽样策略下，抽到大于1个此类企业的概率为0，而在简单随机抽样方案下，此概率将严格为正。

1706

这些普查表提供了关于一个企业在产出和投入方面的关键变量的大量细节，它们包含按产品列出的收入来源和实际产出信息。在投入方面，有一系列关于劳动力使用的问题，包括工资总额和工资单、按月雇用的体力劳动者人数，以及计时工的平均轮班时间。这些普查表还询问了企业运营天数和使用的中间产品的成本，以便进行增加值计算。最后，中间产品类别不仅包括在生产过程中直接使用的产品（如制造家具的木材等），还包括电力和其他发电燃料。企业所使用的中间产品有时按照数量和生产过程中的价值进行细分。各种问题的纳入情况可见表7.1。

在处理这些记录时，要注意的一点是所提问题的描述每年都会发生变化。例如，1929年的普查修正了关于收入的最基本问题。除1929年以外的所有年份，这个问题都是“经济学家版”，询问当年生产的产品的价值。但在1929年，普查中的问题是当年销售的产品的价值。原则上，库存的变化可能会对这一价值产生重大影响，特别是当库存与商业周期的峰值相互作用时。1929年之后，由于普查报告的结果“不尽如人意”，制造业普查又回到了以生产为基础的问题。与此同时，制造业普查结果表明，这一转变并没有使1929年的报告与其他年份的比较失效。基于对水泥行业表格上的总产出与外部来源数据进行的比较，我们怀疑的是，这些企业纯粹是忽略了问题的不同描述方法，继续报告生产总量。这种差异一开始很小，且在1929年也似乎并没有系统性地扩大（Chicu et al.，2013）。在劳动力投入方面，制造业普查提供了白领和蓝领劳动力投入的一些细分，以及蓝领劳动力的集约边际和工作时间的信息。必须强调的是，由于不同年份的问题各不相同，必须小心对待这些变量。首先，1931年的制造业普查根本不包括白领工人，并且就蓝领工人来说，就业人数上也有两种不同的选择。在1929年、1933年和1935

年，制造业普查要求选择12月的特定日期确定雇佣劳动力的总数，并要求提交每个月雇佣劳动力的人数，1929年还进一步细分到男女人数。注意，这里的“蓝领”不是指“非熟练”劳动力。1929年和1933年的普查表要求企业将“所有阶层的熟练和非熟练工人，例如工程师、消防员、看守员、包装工等”，以及“从事类似于由其监督的雇员所做工作的小工头和监督员”纳入统计(Bureau of the Census, 1932, 1936)。1935年，这一群体的问题有些不同，普查要求受访者包括“受雇于企业的所有计时计件工人”，而不包括算在其他统计类别中的高级职员、管理人员、书记员和“技术人员”等(Bureau of the Census, 1938)。

对于白领工人来说，哪怕忽略1931年的信息遗漏，不同年份的区别也更为复杂。至于蓝领工人，1929年、1933年和1935年的雇佣人数都是基于12月的某一特定日期计算的。每一次普查都会询问一年中支付给高级职员的金额和经营者的数量，但不包括支付给经营者的金额。对于剩余的白领工人，1929年的制造业普查纳入了“经理、主管和其他负责的行政人员，将全部或大部分时间用于监督工作的工头和监督员，书记员、速记员、簿记员和其他在职文员”，以及支付给这个群体的总金额(Bureau of the Census, 1932)。1933年，管理人员和普通职员以及他们的工资总额是分开报告的，其中并没有提及工头。在1929年及1933年，普查特别将“从事与其下属雇员类似工作的次要职位”的工头视为雇佣劳动者(Bureau of the Census, 1932, 1936)。1935年，普查报告开始包含同为白领类别的高级职员、管理人员和文员，其中文员总数在四个独立的月份中被报告。这一年还加入了“技术人员”的条目，包括“受过培训的技术人员，如化学家、机电工程师、设计师等”以及他们的收入，这在其他任何年份都没有被提及(Bureau of the Census, 1938)。

这些普查表格中最欠缺的信息是企业所用股本的账面价值，这是所有行业的一个关键生产要素。此外，由于没有关于该企业所作投资的资料，因此也无法推断出有关股本的某些情况。也就是说，多个行业在资本使用的“数量”上仍然存在问题，特别是在1929年和1935年。例如，在制冰行业中，普查表要求各机构报告用于制冰的压缩机的数量和压缩机的马力。同样，烘焙行业和木材行业的普查表分别包含有关烤箱数量和电锯功率的信息。从理论上讲，人们可以通过假设一定的折旧率，来对比如某一特定制冰厂一段时期的压缩机数量，从而推算出几年内的隐含投资。这种做法的实际困难在于，在 1931 年到 1933 年的中间年份，关于资本存量的信息总体而言甚至更少。

要了解这些普查表的丰富性，可以将它们与现代企业层面数据集进行比较，这些数据集包括：(1)现代制造业普查；(2)制造业年度调查(ASM*)。制造业年度调查和制造业普查在就业、工作时间、蓝领和白领的工资、材料和能源投入，以及收入方面都有类似的信息。然而，它们在 20 世纪 30 年代的制造业普查中占主导地位，提供了如库存、投资和企业存在时间，以及机构和公司标识符等额外信息。这些现代的资料来源也都有各自的缺点。制造业普查五年一次，因此不适合用于商业周期的研究，而每年一次的制造业年度调查虽然具有代表性，但缺乏普查的全面性。由于企业只按产品报告总收入，这导致制造业年度调查的更大局限性在于缺乏有关产品价格和实际数量的信息。与 20 世纪 30 年代的制造业普查相似，现代制造业普查把劳动力分为生产性工人和非生产性工人(所有白领员工都属于非生产性工人)。一些按小时雇用的蓝领员工(如看门人)，在现代分类系统中也被归类为非生产性工人。

1708

数据的质量尚存问题，最突出的或许是这些数据报告的完整程度。这实际上是一个由两部分组成的问题：(1)调查员对企业的调查有多充分？(2)档案馆对所收集资料的保存有多妥善？齐巴思(Ziebarth，2015)提出了更多关于这些问题的细节。关于第一个问题，基库等人(Chicu et al.，2013)将制造业普查中调查的一系列波特兰的水泥企业与包含所有水泥企业名录的《矿坑与采石场手册》(*Pit and Quarry Handbook*)进行比较，发现两者几乎完全一致。至于第二个问题，确实存在个别行业的特定州数据完全缺失的情况。例如，1931 年得克萨斯州的制冰行业报告就不在国家档案馆。

表格中报告的数据质量和数据完整性同样重要。尽管可以对不填写表格的企业实施处罚(是否真的执行是另一个问题)，但也没办法对这些自报的数字进行核对检验。通过检查表格本身，可以很明显地看出报告是经过改动的，一些数据被删掉并替换上新的数据。有时很明显是修正企业部分的计算错误。例如，“总成本”一栏应该是三个其他部分的数据加总，一些企

---

* 英文全称为 Annual Survey of Manufacture。——译者注

业错误地加总了这些成本，普查局的办事员对此作出修正。而其他情况下，一个数字被替换为在表格中完全无迹可循的数字，其理由不得而知。

也许我们所能期望的最好的结果是测量误差都是经典形式的，虽然这似乎不太可能。至少在今天，最大的一批企业都会被指派专员管理，以确保这些企业在普查中给出令人满意的答复。2007 年经济普查的官方文件（Gauthier，2007:49）中有如下文字：

> 为了确定在答复截止日期后需要电话跟进的企业，国家处理中心（NPC）定期生成并更新答复迟延的企业名单（按企业支付工资总额排序）。制造业普查局按工资总额降序（从最大的企业开始）联系未答复的企业，并尝试与该企业指定的普查联系人沟通。

这种测量误差过程相当于所有企业的平均测量误差为 0（假设正误报和负误报被识别的可能性相同）。然而，在企业规模的函数中，测量误差存在异方差性。通过以下的计量模型可以更形式化地表达这一问题：

1709

$$y_i = \beta_0 + \beta_1 x_i^* + \varepsilon_i$$

$$x_i = x_i^* + \eta_i$$

其中 $E[\eta_i | x_i^*] = 0$，$\mathrm{Var}(\eta_i) = \sigma(x_i^*)$，只有 (x_i, y_i) 是被观测值。与经典的测量误差不同的是，此时测量误差的方差取决于 x_i^*。假设 $\sigma(x_i^*)$ 是递减的，限制观测值 $x > \bar{x}$ 并运行回归，则在一定条件下，普通最小二乘法（OLS）估计量收敛于 $\beta_1\left(1 - \frac{\mathrm{Var}(\eta | x > \bar{x})}{\mathrm{Var}(x | x > \bar{x})}\right)$。假设 $\mathrm{Var}(\eta | x > \bar{x})$ 递减，那么随着 $\bar{x}$ 变大，经典测量误差的边界变窄。在不存在诸如 $\mathrm{Var}(\eta | x > \bar{x})$ 趋于 0 或随着 $\bar{x}$ 增加而以一定的速率下降等其他假设的情况下，这已经是能做到的最佳结果。这种设置能产生一种有趣的偏差和方差的权衡。若 x 的值足够大，则不仅可以减少偏差，同时可以减少有效样本规模，以及估计值的方差。$\sigma(x_i^*)$ 递减同样如此。于是，在最终权衡相同的情况下，可以取足够小的值。

那么这种状况的问题有多大？为了提供一些实证证据，本章研究了一个数据集，该数据集是由 26 个行业中每个行业随机抽样 25 家企业生成的，我们有这些行业的原始普查表的图片。检验是否存在改动的标准是表格上的收入变量是否有普查局改动过的标记。如果依此方法存在不同的测量误差，那么更大的企业应该有更多的标记。我们同样记录了改动幅度占收入数字的百分比。

第一个回归是关于修正大小的概率，以及一个表格是否"非标准"。有时，公司会收到一个不同于1929年的普通表格或行业特定表格的"通用表格"，这种表格包含的信息比其他表格少得多。结果见表7.3的第一列。以企业最终收入十分位数衡量的企业规模，并不能有力地预测表上总收入的数字是否经普查局更正。

第二个回归是在存在修正的前提下，检验这些特征能否决定回归向上倾斜。第三个回归检验了变化的程度。这些回归显示在表7.3的第二列和第三列中。大小也不是这些变量的预测变量。要注意的是，这里的样本量较小有两个原因。其一，这些回归是以所报告的收入存在变动为条件的。其二，在许多情况下，收入变量的原始值无法被破译，因为被划掉的值是无法辨识的。

表7.3 对收入变量改动的预测

	修正	更正后的收入向上?	变化的对数
非标准表格?	−0.08	0.85***	−0.13
	(0.05)	(0.13)	(0.31)
最终收入的十分位数	0.01	0.03	0.02
	(0.01)	(0.03)	(0.05)
N值	627	90	71
修正的R^2	0.069	0.158	0.113

注：这些数据来自1929年的制造业普查。所有回归都包括行业固定效应，并且标准误差都是稳健的。最后两次回归以企业最开始的收入变化为条件。"非标准表格"指标适用于收到特定行业表格以外的表格——"表格B"——的企业。"***"表示显著性水平小于0.01。

1710 从这些结果可以得到的结论是，条件异方差下的测量误差可能不是什么大问题。

布雷斯纳汉-拉夫样本

从这些报告中所获的第一个样本来自蒂莫西·布雷斯纳汉(Timothy

Bresnahan)和丹尼尔·拉夫(Daniel Raff)的研究。他们专注于对特定行业完整报告的研究。在他们已出版的著作中,被着重讨论的两个领域是汽车行业(Bresnahan and Raff, 1991)和炼铁行业(Bertin et al., 1996)。他们二人(Bresnahan and Raff, 2011)发表了棉花制品和汽车行业的数据,随后,他们与李昌根(Changkeun Lee)和玛格丽特·莱文斯坦(Margaret Levenstein)合作对棉花商品数据进行了修改,并以拉夫等人(Raff et al., 2015a, 2015b)的名义出版。此外,布雷斯纳汉和拉夫还收集了来自软木塞、火柴、肥皂、炼油、轮胎、玻璃、钢铁和香烟行业的报告。本章作者们从政治和社会研究大学间联合体的玛格丽特·莱文斯坦那里获得了他们的原始 Excel 电子表格。这些电子表格的一个问题是,某些行业(如玻璃行业)存在变量缺失。[①]在下文讨论的样本中,这些缺少的变量已被重新输入。

维克斯-齐巴思样本

维克斯-齐巴思(Vickers-Ziebarth)样本是在众多项目之上构建出来的,这些项目包括本章作者和基库等人(Chicu et al., 2013)合作参与的研究、维克斯和齐巴思(Vickers and Ziebarth, 2014)的研究,以及齐巴思(Ziebarth, 2013b)的研究,此外还有李(Lee, 2014)和莫林(Morin, 2016)的研究。在这里,最初的行业样本只包括制冰行业、水泥行业和通心粉行业。随着时间的推移,样本开始包含原始的布雷斯纳汉-拉夫样本,以及他们收集的一系列行业数据,然而就我们所知,这些行业数据并未被用于已发表的研究。表 7.4 展示了合并样本的一些基本汇总统计数据。该合并样本涵盖的众多不同类型的行业具有多样性,不仅有飞机和无线电等“高科技”产业,也包括水泥和钢铁等耐用品行业,以及雪糕和制冰等非耐用品行业。此外,这些行业是主要以消费者为导向(如饮料),还是主要以商业为导向(如刨床),这也是这些行业间的差异。除此以外,如表所示,作为多工厂企业[multiplant(MP) firms]——由两个或以上企业组成的公司——一部分的企业,其相对重要性在不同行业之间也存在很大差异,所占份额可以从通心粉行业的 0,到橡胶

1711 1712

① 一种理论认为,最初的电子表格被转换成 Excel 格式,但早期版本的 Excel 限制了电子表格的列数,因此当表格上列有行业的多种产品时,部分变量会被删去。

轮胎行业的72%不等。如果忽略企业数量而从行业的就业人数或收入份额来看，来自多工厂企业的数字可能更高：例如在肥皂行业中，95%的就业和96%的收入来自多工厂企业。

表7.4　20世纪30年代样本汇总统计

行　业	企　业	雇员的对数	已注册	耐用性
饮料	14 907	1.25	43.7	0
雪糕	10 105	1.38	54.0	0
制冰	13 242	1.47	78.9	0
通心粉	1 269	2.09	49.3	0
麦芽	131	3.04	96.8	0
蔗糖	279	4.45	71.9	0
精糖	77	6.40	88.3	0
棉花制品	4 483	5.03	91.7	0
油毡	23	6.15	100	1
火柴	82	4.87	93.8	0
刨床	12 582	2.27	66.9	1
骨炭	223	3.13	98.1	0
肥皂	1 004	2.38	80.9	0
炼油	1 547	4.05	94.9	0
橡胶轮胎	224	5.40	95.2	1
水泥	638	4.56	98.6	1
混凝土制品	5 733	1.51	57.5	1
玻璃	923	4.95	94	1
炼铁	329	4.97	100	1
钢铁铸造	1 720	5.62	98.5	1
农具	916	3.17	80.4	1
飞机及零件	379	3.30	92.0	1
机动车	627	4.99	93.9	1
雪茄和香烟	145	3.97	77.2	0
无线电设备	786	3.91	86.9	1

注：本表摘自 Benguria et al.，2017。所有统计数字都是基于四个普查年度数据计算出来的。“企业”是企业的总数，“雇员的对数”是各企业雇员对数的平均数。“已注册”是已注册的企业的百分比，“耐用性”是指我们是否将一个行业的产品认定为耐用品。

普查报告包括协调变量名称和企业标识符，在一组选定的行业中还同时包括了公司标识符。除了有水泥企业名录可供使用的水泥行业外，在其他行业中，我们通过母公司的名称人工将企业和它们的母公司联系起来。但如果公司随着时间的推移而更名，这一过程就会变得十分困难。但是相较于作出错误配对，遗漏正确的匹配是更容易犯的错误，这也将导致我们低估属于多工厂企业的企业比例，最终产生常见的衰减偏误。

表7.5显示了这一数据集中制造业企业的所占份额，以及制造业总收入和工资总额。在四次制造业普查中，每一次的数据都包括了大约10%的制造业企业。因为我们的样本偏向于更大规模的行业，因此它最终覆盖了近20%的制造业收入和工资。另外一个问题是我们样本的地理覆盖范围，这一点难以计算，因为已公布的行业-县总数仍在收集过程中。然而，1930年的制造业普查提了一个关于个人就业行业的问题，此时，我们能够将我们的就业总数与之进行比较。图7.1显示了1930年样本中按县划分的制造业就业比例。显然，由于我们只有一组选定的行业数据，虽然无法达到100%的覆盖率，但我们的地理覆盖率也相当不错。

表7.5　20世纪30年代全美国制造业总额的百分比

年　份	1929	1931	1933	1935
企业	11.3	10.5	9.91	9.48
总工资	20.5	18.2	19.0	20.7
产品价值	20.5	18.4	21.0	18.8

注：本表摘自Benguriaet al.，2017。所有的全美国总额数据都来自1935年公布的制造业普查报告，该报告也包含前几年的总额。

对于理解商业周期的价值

事实证明，这些普查数据对于了解大萧条的概况，以及罗斯福新政众多政策的效果非常有用。布雷斯纳汉和拉夫(Bresnahan and Raff, 1991)最早的研究集中在大萧条的“清洗”性质上。他们以汽车工业为中心，认为生产力最低的企业往往是那些手工艺生产商，并且这些企业会更快地退出。李(Lee, 2014)的后续工作对他们关于生产率是汽车行业最重要的选择标准的解释提出了质疑。斯科特和齐巴思(Scott and Ziebarth, 2015)在一项对无线电行业的研究中赞同李的观点，即认为淘汰似乎与企业的纯粹规模，而非与生产力本身有关。布雷斯纳汉和拉夫最初的研究展示了企业层面报告的巨

1713

大价值。他们提出的问题无法通过已发布的普查数据解答。拉夫(Raff，1998)也强调了许多相同的观点。

除了这项关于产业组织问题的研究外，企业层面数据对于理解大萧条时期的生产率动态也很有用。从1929年到1933年，生产率有明显的下降，这一下降远远超出了人们的预期(Ohanian，2001)。伯廷等人(Bertin et al.，1996)试图通过对炼铁行业的研究来证明短期规模收益递增的理论。齐巴思(Ziebarth，2017)从另一个角度，即异质企业间资源错配的影响探讨了这一难题。这与卢阿利什等人(Loualiche et al.，2017)研究企业内部资本市场在资源配置过程中的作用的后续工作相吻合。

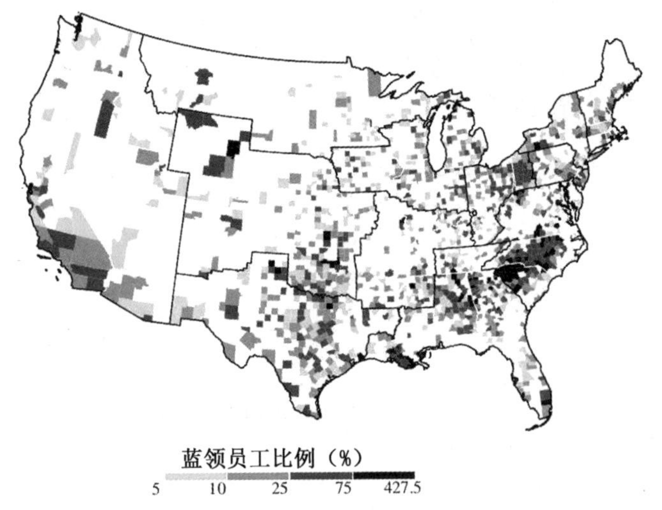

几何图形：人口普查；数据来源：Census of Manufacturer, 1929。

注：其中雇佣劳动者的比例是我们1929年样本中雇佣劳动者的总数相对于海恩斯(Haines，2010)1930年人口普查报告的制造业雇佣劳动者的总数的比例。如果在1929年至1930年间，各县雇佣劳动者多于该县的居民，或者制造业就业人数大幅下降，那么雇佣劳动者的总数可能超过100%。

资料来源：摘自Benguria et al.，2017。

图7.1　20世纪30年代样本的地理覆盖

1714

最后，有一组论文利用企业层面报告更好地说明了宏观经济冲击的因果效应。例如，齐巴思(Ziebarth，2013b)以理查森和特罗斯特(Richardson and Troost，2009)最先描述的以自然实验为基础的密西西比州当地银行破产程度的差异为理论依据，发现银行倒闭对产出和就业产生了负面影响，这与银行业危机中，某种非货币效应的影响是一致的。马蒂和齐巴思(Mathy and Ziebarth，2017)关注路易斯安那州和密西西比州的边界，以确定休伊·朗(Huey Long)不稳定的行为所引起的政治不确定性的影响。然而通过这种不确定的渠道，他们并不能证明存在任何负面的影响。

现代制造业普查

制造业普查在1937年和1939年持续进行，在第二次世界大战期间暂停，并在1947年恢复。而在随后十年内，仅在1954年、1958年和1963年进行了断断续续的制造业普查。最后，从1967年开始恢复了五年一次的普查计划，并沿续至今。此外，制造业普查局还进行年度调查，即制造业年度调查(ASM*)(Nucci，1998)。1963年、1967年和1972年至2015年的纵向微观数据，可以通过普查局的研究数据中心(Research Data Centers)网络获得(United States Census Bureau，2015)。但要注意的是，访问这些数据需要获得安全许可，并实际前往一个安全研究的数据中心。人们一度认为20世纪50年代和60年代的制造业年度调查的大部分数据已经丢失，但是普查局近来已经恢复了这些文件，并“存储在磁带上，只能由一个旧的、过时的、相当脆弱的Unisys Clearpath IX 4400大型机读取，这是最早的大型机的后代”(Becker and Grim，2011)。正如贝克尔(Becker)和格里姆(Grim)指出的那样，要将这些恢复的文件真正转换成可供研究人员使用的数据集，还有大量的工作要做。在最近的制造业普查中，这台大型机还被用以恢复信息，包括总就业、运输总值、材料总成本，以及生产工人的工资和工时(White，2014)。

现代制造业普查方法的背景

这一时期的制造业普查方法基本上包含了早期普查的所有问题，包括按数量和价值衡量的产出信息以及投资信息。制造业普查的缺点是，由于它每五年才举行一次，所以对于解决商业周期问题没有多大用处。研究人员

* 英文全称为Annual Survey of Manufactures。——译者注

反而必须依赖每年都要进行一次的制造业年度调查数据。然而商业周期的持续时间通常不超过一年,因此这种时间安排同样有一定的局限性。更成问题的是,制造业年度调查数据只是一个调查,提问的问题有限,它不是严格随机的,甚至不是分层的调查。最大的企业总会被调查,但是较小的企业则根据被抽样的概率轮换。尽管随机抽样到的小企业也会被调查一段时间,但是这仍然使得除了最大的企业外,很难研究其他企业的内部变化。

1715

制造业年度调查数据变量有限导致的另一个问题反映在只报告收入,不提供关于实际产出的信息上。当然,如果企业都设定了高于边际成本的固定价格,此时收入的相对比较可以揭示实际产出的相对差异,问题便能得以解决。根据这一定价规则,生产率较高的企业应收取较低的价格,最终将导致基于收入(而非单位投入的实际产出)的生产率在各企业之间相等。然而,正如福斯特等人(Foster et al., 2008)所示,事实并非如此。实际上,通过使用具有实物数量和价格信息的制造业普查数据,他们发现,对于一组销售同质产品的行业而言,实物生产率的分散度远远大于收入生产率,同时收入生产率更能预测一个企业的生存。

现代制造业普查的一个明显好处是对收集信息的程序有更清晰的文件记录。例如,尽管在20世纪30年代及更早的时期,制造业普查会有调查企业的名单,但是这样的名单至今还没有被找到。这份名单将非常适用于验证一个联合假设,即普查局很好地调查了名单所示的全部企业,并且美国国家档案馆是否妥善保存了所有企业的资料将非常有助于检验联合假设。而由于企业调查名单是基于现存企业的国税局记录,因此对于现代普查来说这根本不成问题。

关于现代制造业普查的研究

事实证明,现代制造业普查在许多研究领域都非常重要。本部分将重点介绍如何利用这些普查数据证明雇主造成了收入不平等。基于充分的理由,早期的劳动经济学家明瑟(Mincer, 1975)倾向于关注雇员特征在解释薪酬差距中的作用。直到最近,在戴维斯和霍尔蒂万格(Davis and Haltiwanger, 1991)的研究中,经济学家才脱离了行业层面,开始研究雇主层面的收入决定因素。例如,他们发现企业存在的时间是薪酬的重要预测因素,企业存在的时间越长，相应的薪酬也就越高。然而由于他们所研究的纵向研究数据文件中没有这些信息，因此这项研究无法解决雇员特征在决定薪酬方面的作用。本古里亚等人（Benguria et al.，2017）也研究了大萧条时期的类似问题。

这些记录之所以重要，是因为它揭示了那些被总数完全掩盖的事实，例如净就业流动和总就业流动之间的区别。很显然，经济学家已经知道，年净就业人数增加并不意味着本年度没有失业，而是就业的总流量超过净流量。然而，直到戴维斯和霍尔蒂万格（Davis and Haltiwanger，1990）的研究发表后，经济学家才知道这些总流量的具体数据。他们发现，虽然1947年至1993年间的制造业净就业增长率大约平均为0，但就业减少率和新增率的总和超过了12%。并且由于戴维斯和霍尔蒂万格（Davis and Haltiwanger，1990）无法使用匹配的雇员-雇主数据，这个数字仍然低估了总流量的大小。因此，他们无法区分既没有就业增加也没有就业减少的企业与有就业变动但增加和减少数量相同的企业，这两种企业的净增长都为0。

1716

理解这些就业流也影响了经济学家对总生产率增长来源的思考。如前文所述，在企业层面存在较大的生产率差距，因此，通过将工人从低生产率企业重新配置到高生产率企业，有可能提高总生产率。接下来的问题是，量化这些总流量有助于将工人和生产从生产率最低的企业重新分配到生产率更高的企业。贝利等人（Baily et al.，1992）发现，这些再分配结果，特别是净进入，是解释生产率增长的一个重要部分。

未来的研究方向

长期以来，由于缺乏数据——或者更准确地说，是缺乏数据收集能力，经济史学家不得不默默地回避有关美国制造业发展的关键问题。相比之下，至少在收集、存储和筛选大量历史数据的能力方面，现在是一个黄金时代，这些数据一直存在，只是遥不可及。上述情况一方面反映在越来越多文献借鉴了本章调查的原始制造业普查时间表上，另一方面则更为广泛，反映在经济史的主要著作的风格上。这项研究工作试图总结从企业层面的制造业普查报告中所获取的价值非凡的数据。从制造业的发展到竞争政策的作用,再到工资不平等的根源,这些数据会让我们了解许多经济史上的关键问题。

经济史上的这种向定量的转变,似乎没有理由会在短期内放缓。随着可以从相对非结构化的图像中提取信息的算法的兴起,经济史上的"大数据"只会变得越来越大。那么,这个专业将何去何从,尤其是涉及制造业普查的时候?有一个显而易见的答案:已有的东西会变得更多。19世纪的制造业普查尤其是这样,在这些制造业普查中,阿塔克-贝特曼-韦斯数据集的大小实际上限制了可以沿不同维度限制样本的范围,但仍保持了足够的功效。这一过程应该会相对简单,因为 FamilySearch.org* 与美国国家档案馆已经联合完成了第一步(也是最耗时的一步),将多个州19世纪的表格数字化并供人免费使用。因此,需要做的只是将这些图像的数据输入电子表格中。①

1717

毫无疑问这是有用的,但是它也有不足之处。从企业层面的数据集中去收集其他信息,反而能提供更大的视野。经济史学家永远不会有像制造业普查纵向业务数据库(Census' Longitudinal Business Database)这样的,包括对应匹配的雇主-雇员普查数据的数据集。但毫无疑问,将制造业普查数据与其他数据源配对仍有许多创造性的用途。这些配对可以帮助填补制造业普查的空缺。例如,19世纪的制造业普查的一个缺点就是频率低。在最好的情况下,一个企业每十年才会被观察一次,因此任何一个企业都不太可能在多次普查中被观察。填补这一空白的一个可能的方法是使用邓白氏公司(Dun & Bradstree)(当时的一家信用评级机构)的记录。这些数据实际上涵盖了包括制造业在内的所有行业,但是仅限于用于信用评级和净资产估计的变量。尽管如此,能够确认一家企业何时退出市场,甚至是确认一些微不足道的财务变量,都将是非常有用的。汉森和齐巴思(Hansen and Ziebarth, 2017)针对大萧条时期做了这项研究。

提供制造业普查未涵盖的信息是匹配其他信息来源的另一种能够发挥

---

① 关于可获取的资料的更多细节,参见 https://www.archives.gov/digitization/digitized-by-partners.html。

* 这是从事家谱研究的非营利组织,1999年由耶稣基督后期教会赞助成立。它免费提供来自政府和教堂的历史记录资源。——译者注

作用的方式。例如,除了有关19世纪的资本投资的问题以外,制造业普查也非常缺乏关于企业的财务方面的信息。一种可能性是与诸如《穆迪手册》(*Moody's Manuals*)之类的资料相结合,该手册涵盖了金融市场上债券发行量最大的一批企业。这些记录非常详细地介绍了债券的期限和数量。例如,本米莱克等人(Benmelech et al., 2016)研究了在大萧条期间不幸经历了债券到期的企业对就业的影响。

我们始终乐观地认为,尽管经济史学家们已经研究这些数据近30年,但这些数据仍有待进一步分析。数码相机、廉价的数据存储和外包(或许在不久的将来是自动化)的数据输入已经彻底改变了经济史,而且这种情况在未来仍可能持续。

参考文献

Atack, J., Bateman, F.(1999) "Nineteenth-century U.S. Industrial Development through the Eyes of the Census of Manufactures: A New Resource for Historical Research", *Hist Methods*, 32:177—188.

Atack, J., Bateman, F.(2004) "National Sample from the 1880 Census of Manufacturing (ICPSR 9385)", Inter-university Consortium for Political and Social Research(distributor).

Atack, J. and Bateman, F.(2008). "Profiability, Firm Size, and Business Organization in Nineteenth Century U.S. Manufacturing", in *Quantitative Economic History*, edited by Joshua L. Rosenbloom. Routledge: Abingdon, UK.

Atack, J., Bateman, F., Margo, R. A. (2005) "Capital Deepening in United States Manufacturing, 1850—1880", *Econ Hist Rev*, 58:586—595.

Atack, J., Bateman, F., Weiss, T.(2006) "National Samples from the Census of Manufacturing: 1850, 1860, and 1870(ICPSR 4048)", Inter-university Consortium for Political and Social Research(distributor).

Atack, J., Bateman, F., Margo, R. A. (2008) "Steam Power, Establishment Size, and Labor Productivity Growth in Nineteenth Century American Manufacturing", *Explor Econ Hist*, 45(2):185—198.

Atack, J., Haines, M.R., Margo, R.A. (2011) "Railroads and the Rise of the Factory: Evidence for the United States, 1850—1850", in Rhode, P., Rosenbloom, J., Weiman, D. (eds) *Economic Evolution and Revolutions in Historical Time*. Stanford University Press, Stanford.

Baily, M.N., Bosworth, B.P.(2014) "US Manufacturing: Understanding Its Past and Its Potential Future", *J Econ Perspect*, 28(1):3—26.

Baily, M.N., Hulten, C., Campbell, D. (1992) "Productivity Dynamics in Manufacturing Plants", Brookings papers on economic activity, microeconomics, pp.187—249.

Becker, R.A., Grim, C.(2011) "Newly Recovered Microdata on U.S. Manufacturing Plants from the 1950S and 1960S: Some Early Glimpses", CES working paper 11—29.

Benguria, F., Vickers, C., Ziebarth, N.L. (2017) "Earnings Inequality in the Great Depression", unpublished.

Benmelech, E., Frydman, C., Papanikolaou, D.(2016) "Financial Frictions and Employment during the Great Depression", NBER

WP 23216.

Bertin，A.L.，Bresnahan，T.，Raff，D.M.G.(1996) “Localized Competition and the Aggregation of Plant-level Increasing Returns：Blast Furances，1929—1935”，*J Polit Econ*，104：241—266.

Bresnahan，T.，Raff，D.M.G.(1991) “Intra-industry Heterogeneity and the Great Depression：The America Motor Vehicles Industry，1929—1935”，*J Econ Hist*，51：317—331.

Bresnahan，T. F.，Raff，D. M. G. (2011) *Census of Manufactures，Motor Vehicle and Textile Industry Plants，1929，1931，1933，1935 (United States) (ICPSR 31761)*. Inter-university Consortium for Political and Social Research(distributor).

Bureau of the Census. (1932) *Fifteenth Census of the United States：Manufactures：1929*. United States Government Printing Office.

Bureau of the Census.(1936) *Biennial Census of Manufactures：1933*. United States Government Printing Office.

Bureau of the Census.(1938) *Biennial Census of Manufactures：1935*. United States Government Printing Office.

Chicu，M.，Vickers，C.，Ziebarth，N. L. (2013) “Cementing the Case for Collusion under the NRA”，*Explor Econ Hist*，50：487—507.

Coxe，T.(1814) *A Statement of the Arts and Manufactures of the United States of America，For the Year 1810*.

David，P.(1991) “Computer and Dynamo：The Modern Productivity Paradox in a not-too Distant Mirror”，in *Technology and Productivity：The Challenge for Economic Policy*. OECD Publishing，Paris，pp.315—347.

Davis，S. J.，Haltiwanger，J. C. (1990) “Gross Job Creation and Destruction：Microeconomic Evidence and Macroeconomic Implications”，*NBER Macroecon Annu*，1990，5：123—168.

Davis，S.J.，Haltiwanger，J.(1991) “Wage Dispersion between and within U. S. Manufacturing Plants，1963—1986”，Brookings papers on economic activity microeconomics，1991，pp.115—200.

Fishbein，M. H. (1973) “The Census of Manufactures：1810—1890”，in Fishbein，M.H.(ed) *The National Archives and Statistical Research*. Ohio University Press，Athens，pp.1—31.

Foster，L.，Haltiwanger，J.，Syverson，C. (2008) “Reallocation，Firm turnover，and Efficiency：Selection on Productivity or Profitability?”，*Am Econ Rev*，98：394—425.

Fuchs-Schuendeln，N.，Hassan，T.A.(2016) “Natural Experiments in Macroeconomics”，in Taylor，J. B.，Uhlig，H. (eds) *Handbook of Macroeconomics，vol. 2A*. Elsevier，Amsterdam，pp.923—1012.

Gauthier，J.G.(2007) *History of the 2007 Economic Census*. Technical report，U.S. Census Bureau.

Haines，M.R.(2010) “Historical，Demographic，Economic，and Social Data：The United States，1790—2002. ICPSR02896-v3”，Inter-university Consortium for Political and Social Research.

Hansen，M. E.，Ziebarth，N. L. (2017) “Credit Relationships and Business Bankruptcy during the Great Depression”，*AEJ：Macroecon*，9：228—255.

Hsieh，C-T.，Klenow，P.J.(2009) “Misallocation and Manufacturing TFP in China and India”，*Q J Econ*，124：1403—1448.

Lee，C.(2014) “Was the Great Depression Cleansing? Evidence from the American Automobile Industry，1929—1935”，unpublished，University of Michigan.

Loualiche，E.，Vickers，C.，Ziebarth，N. L.(2017) “Firm Networks in the Great Depression”，unpublished，Auburn University.

Margo，R.A.(2015) “Economies of Scale in Nineteenth Century American Manufacturing：A Solution to the Entrepreneurial Labor Input Problem”，in Collins，W.，Margo，R.A.(eds) *Enterprising America：Business，Banks，and Credit Markets in Historical Perspective*. University of Chicago Press，Chicago，pp. 215—244.

Mathy，G.P.，Ziebarth，N.L.(2017) “How

Much does Political Uncertainty Matter? The Case of Louisiana under Huey Long", *J Econ Hist*, 77:90—126.

Mincer, J.(1975) "Education, Experience, and the Distribution of Earnings and Employment: An Overview", in Thomas Juster, F. (ed) *Education, Income, and Human Behavior*. NBER, New York, pp.71—94.

Morin, M.(2016) "The Labor Market Consequences of Electricity Adoption: Concrete Evidence from the Great Depression", unpublished.

Nakamura, E., Steinsson, J.(2013) "Price Rigidity: Microeconomic Evidence and Macroeconomic Implications", *Annu Rev Econ*, 5: 133—163.

National Archives and Record Administration.(2017) "Microfilm Publications and Original Records Digitized by Our Digitization Partners", https://www.archives.gov/digitization/digitized-bypartners.

Nucci, A.R.(1998) "The Center for Economic Studies Program to Assemble Economic Census Establishment Information", *Bus Econ Hist*, 27:248—256.

Ohanian, L.(2001) "Why did Productivity Fall so much during the Great Depression?", *Am Econ Rev*, Pap Proc 91:34—38.

Raff, D. M. G. (1998) "Representative Firm-analysis and the Character of Competition: Glimpses from the Great Depression", *Am Econ Rev*, 88:57—61.

Raff, D.M.G., Bresnahan, T.F., Lee, C., Levenstein, M.(2015a) "United States Census of Manufactures, 1929—1935, Cotton Goods Industry(ICPSR 35605)", Inter-university Consortium for Political and Social Research (distributor).

Raff, D.M.G., Bresnahan, T.F., Lee, C., Levenstein, M.(2015b) "United States Census of Manufactures, 1929—1935, Motor Vehicle Industry(ICPSR 35604)", Inter-university Consortium for Political and Social Research (distributor).

Richardson, G., Troost, W.(2009) "Monetary Intervention Mitigated Banking Panics during the Great Depression: Quasi-experimental Evidence from a Federal Reserve District Border, 1929—1933", *J Polit Econ*, 117: 1031—1073.

Scott, P., Ziebarth, N.L.(2015) "The Determinants of Plant Survival in the U.S. Radio Equipment Industry during the Great Depression", *J Econ Hist*, 75:1097—1127.

Sokoloff, K. L. (1982) "Industrialization and the Growth of the Manufacturing Sector in the Northeast, 1820—1850", PhD dissertation, Harvard University.

Sokoloff, K.L.(1984) "Was the Transition from the Artisinal Shop to the Non-mechanized Factory Associated with Gains in Efficiency?: Evidence from the U.S. Manufacturing Censuses of 1820 and 1850", *Explor Econ Hist*, 21: 351—382.

Sokoloff, K. L. (1986) "Productivity Growth in Manufacturing during Early Industrialization: Evidence from the American Northeast, 1820—1860", in Engerman, S.L., Gallman, R.E.(eds) *Long-term Factors in American Economic Growth*. University of Chicago Press, Chicago, pp.679—736.

United States Census Bureau.(2015) *Federal Statistical Research Data Centers*. Online.

Vickers, C., Ziebarth, N.L.(2014) "Did the NRA Foster Collusion? Evidence from the Macaroni Industry", *J Econ Hist*, 74: 831—862.

Vickers, C., Ziebarth, N.L.(2018) "United States Census of Manufactures, 1929—1935 (ICPSR 37114)", Inter-university Consortium for Political Science(distributor).

White, T.K.(2014) "Recovering the Item-level Edit and Imputation Flags in the 1977—1997 Censuses of Manufactures", CES working paper 14—37.

Ziebarth, N. L. (2013a) "Are China and India Backward? Evidence from the 19th Century U.S. Census of Manufactures", *Rev Econ Dyn*, 16:86—99.

Ziebarth, N. L. (2013b) "Identifying the Effects of Bank Failures from a Natural Experiment in Mississippi during the Great Depression", *AEJ Macroecon*, 5:81—101.

Ziebarth, N.L.(2015) "The Great Depression through the Eyes of the Census of Manufactures", *Hist Methods*, 48:185—194.

Ziebarth, N. L.(2017) "Misallocation and Productivity during the Great Depression", unpublished, Auburn University.

第八章

去殖民化的计量分析

——非洲经济史的计量史学转向

约翰·福里　农索·奥比基利

摘要

在过去20年中，我们对非洲经济史的理解——尤其是关于非洲殖民前政体、奴隶贸易、国家形成、非洲争夺战、欧洲殖民统治和民族独立等方面的原因和影响的理解——有了显著的提升。这主要是非洲经济史研究中的计量史学转向所导致的结果，有些人称之为“复兴”。即使计量史学并非首次被应用于非洲经济史，本章还是整理了该领域近期的学术贡献并指明方法论的优化。本章将该领域划分为四个主题：深层特质的长期影响、奴隶制、殖民主义和民族独立。在本章的结尾，我们使用文献计量的方法，指出目前非洲计量史学的前沿领域缺乏非洲本土学者的贡献。

关键词

非洲　历史　贫穷　命运的逆转　撒哈拉以南　贸易　奴隶制　殖民主义　传教士　民族独立

引　言

1722

非洲并非一直是最贫穷的大陆。尽管在2016年，撒哈拉以南非洲的人均收入为1 632美元(以2010年的美元为标准计价)，是世界七大主要区域中最低的(The World Bank, 2017)。①但是根据荷兰学者埃武特·弗兰克玛(Ewout Frankema)和马鲁斯·范韦任堡(Marlous van Waijenburg)在《经济史杂志》(*Journal of Economic History*)上发表的一篇备受赞誉的论文中所论证的，在五十年之前，至少撒哈拉以南非洲的某些地区并非处于如此悲惨境况。这篇文章用大量的研究展示了量化非洲经济史的贡献，增进了我们对非洲发展路径的理解。弗兰克玛和范韦任堡指出，在20世纪中叶，城市非熟练工人的实际工资远高于维持生计所必需的水平，并且还随着时间的推移显著上升。他们还指出，在毛里求斯和西非的部分地区，城市非熟练工人的实际工资水平比同等亚洲劳工要高得多(Frankema and Van Waijenburg, 2012)。

除此之外，我们还有其他充分的证据证明，16世纪的非洲并不是全世界最贫穷的大陆。阿西莫格鲁等人(Acemoglu et al., 2002)在一篇著名的开创性论文中，描述了非洲地区的"财富的逆转"：1500年前后，撒哈拉以南非洲的部分地区在前殖民时期人口稠密，说明其生活水平较高，与世界其他地方持平，甚至更高。然而，在受到欧洲及北美地区这些发生了工业革命的国家的殖民侵袭之后，非洲这些地区的财富发生了逆转(Acemoglu and Robinson, 2010)。

那么，非洲的相对富裕消失的原因究竟是什么呢？他们的生活标准从何时何地开始改善，又是从那个节点开始衰弱呢？是什么抑制了非洲人在过去的两个世纪中从技术和体制创新中获益呢？最后，鉴于非洲大陆目前的低生活水平，非洲经济史能够为当代决策提供哪些有效信息呢？

这些只是在过去十年引发非洲经济史研究"复兴"的问题的冰山一角

① 仅略低于南亚1 690美元的人均收入。

(Austin and Broadberry, 2014)。新一代经济学家和经济史学家们正努力借助更大的数据集和更新的实证技术来改写非洲经济历史(Fourie, 2016)。正因如此,在经济学规范化、历史文化转变,以及非洲国家经济不景气表现所引发的"非洲悲观主义"的催化下,从 20 世纪 80 年代开始,非洲经济史学术研究发生了极大的逆转,开始"衰退"(Collier and Gunning, 1999; Hopkins, 2009; Austin and Broadberry, 2014)。而后,随着 2000 年后非洲地区的经济增长,以及对未来几个世纪的人口红利的预期①,人们才逐渐对了解非洲的经济发展史感兴趣。例如,就五本顶尖经济史期刊上关于非洲经济史的论文数量而言,1997 年至 2008 年期间只有 10 篇,而自那以后已有 35 篇。

1723

本次"复兴"主要有如下两种途径。其一,"注重史实"(history matters)学派通常试图将发生在(较远)过去的变量[如阿西莫格鲁等人(Acemoglu et al., 2002)使用的殖民者死亡率],与当前(或者近期)的结果变量建立因果关系。这种方法依赖于严谨的计量经济学技术,寻求建立单一的因果关系,并且它们通常利用已发布的资料,例如鲁姆的地图(Roome map) * 、默多克的地图集(Murdock Atlas) ** 或联合国粮农组织(FAO)的农作物适应性指标,而不是从历史档案中收集新的一手资料。这个学派的研究集中于非洲内部发展成果在某一时间点上的变化,而不是跨时间段的历史波动和趋势。在计量经济学术语中,这属于"大 N 小 T"的研究。

相比之下,"重建历史"(historical reconstruction)学派则着重于填补我们对于包括人口水平、税收、工资水平、社会差异、生物学意义上的生活水平、教育水平、社会流动性在内的长期变化趋势等非洲经济史数据的认知空白。弗兰克玛和范韦任堡(Frankema and Van Waijenburg, 2012)的研究就是此学派的一个典例。在这些研究中,历史核算和基本量化方法往往比解释因果

① 今天,地球上 1/6 的人生活在非洲。到 2050 年,这一数字可能会增加到 1/4,到 2100 年,达到 1/3。参见 Pison, 2017。

* 即威廉·鲁姆制作的关于 20 世纪初非洲传教士的历史位置信息地图,参见 Roome, W. R. M. (1924) "Ethnographic Survey of Africa: Showing the Tribes and Languages; Also the Stations of missionary Societies (map)" (1: 5, 977, 382)。——译者注

** 即默多克于 1967 年发布的民族志地图集,参见 Murdock, G, P. (1967) *Ethnographic Atlas*. Pittsburgh: University of Pittsburgh Press。——译者注

性的计量经济方法更受欢迎。尽管这些研究也具有比较性(英国与法国,殖民经济与农民经济),但它们的比较通常只有一个相当小的特征变量。换句话说:这属于"小 N 大 T"的研究。

本章将展示这两个学派的广度和深度,并着重指出计量史学分析在理解非洲历史发展的原因和结果方面的应用。首先,我们将讨论有关非洲财富波动的最新证据;接下来,我们将探索引起 20 世纪后期非洲经济变化的可能解释,包括如农业发展、疾病和文化特质在内的,根植于非洲历史的影响因素及事件。在第四部分,我们将会回顾非洲奴隶制的相关文献,奴隶制作为非洲经济增长缓慢的原因之一而受到广泛关注。第五部分将叙述传教士、殖民者的殖民影响,后殖民国家的兴起及其对非洲经济表现的影响。最后,我们将讨论非洲经济史学术研究。谁将书写非洲经济的历史?我们的结论是,需要做更多的工作来吸引非洲学者进入这一领域。

被逆转和修正的财富

1724

尽管非洲并非始终是最贫穷的大陆,但衡量其起伏不定的财富水平也并非易事(Jerven, 2018)。书面记录——尤其是前殖民时期记录的缺乏,使得所有长期分析复杂化,迫使经济史学家去寻找开创性的方法来衡量生活水平随时间的变化轨迹。

描述整个非洲历史生活标准的难题之一是不准确的人口估计——尤其是对前殖民时期的人口数量估计。弗兰克玛和耶文(Frankema and Jerven, 2014:908)在试图倒推撒哈拉以南地区人口数量时总结道:"由于前殖民时期的实证证据非常稀缺,以至于我们要追溯到桑顿(Thronton)对刚果王国传教士洗礼记录的相关研究。然而,由于殖民者的人口普查数据广受质疑,因此也不被视为具有权威性的数据标准。尽管殖民后的非洲人口普查数据有较为完整的记录,但仍然存在良莠混杂、时间不规律和内容不完整等问题。"尽管有以上不足之处,弗兰克玛和耶文(Frankma and Jerven, 2014)还是推算出在 1950 年,撒哈拉以南非洲人口约有 2.4 亿。他们还利用了其他地区(尤其是东南亚地区)的人口增长率,估算出 1850 年非洲人口约为 1 亿。这一数据与早期曼宁(Manning, 2010)用印度人口增长率来推算撒哈拉以南地区前殖民时期人口数量的结果相差很大。图 8.1 比较了两者人口数量推算修正后的差异。

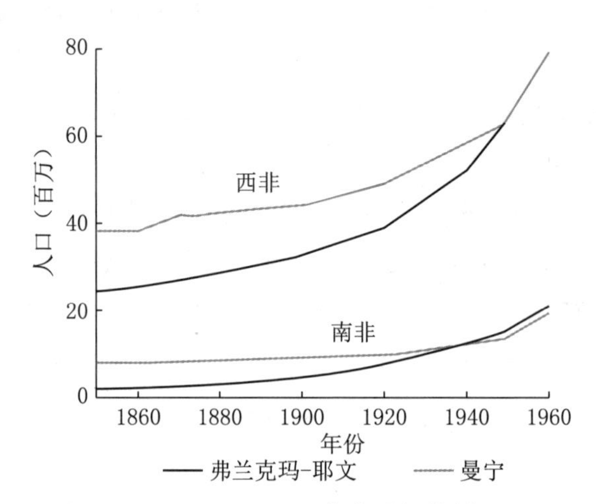

资料来源:Frankema and Jerven, 2014;作者重新绘制。

图 8.1 南非和西非的人口规模

明确人口数据对于理解非洲经济发展的进程有着重大的意义。人口密度经常被用作衡量前殖民时期地区繁荣程度的替代指标:一般假定,人口更密集的地区,也需要更多盈余以养活这些人(Acemoglu et al., 2002)。但如弗兰克玛和耶文所指出,即使是在殖民时期,人口数据也可能存在严重偏差,从而导致对经济结果的错误推断。富里和格林(Fourie and Green, 2015)提供了一个相关例子:他们将 18 世纪荷兰开普殖民地(Cape Colony)的殖民者生产数据与克瓦桑(Khoesan)农场工人的民间账户结合起来研究,并指出,克瓦桑人虽然没有被纳入殖民官方正式统计,但仍是殖民地农场劳动力的重要组成部分。随后,通过更精准的人口数据,富里和格林(Fourie and Green, 2015)表明,之前的研究结果高估了奴隶生产率、社会不平等,以及国内生产总值水平。

1725

当然,国内生产总值比单纯的人口数据更可以准确地反映生活水平的升降。但这样的估算,即使在当下也被公认为不可靠。莫滕·耶文(Morten Jerven, 2010:147)在研究非洲地区的历史国内生产总值估算时表明:“后殖民时期的数据比人们普遍认为的更不可靠。”耶文（Jerven，2013）在他一本备受称赞的书中曾提出警告：不要在跨国回归分析中不加分辨地使用后殖民时期的国内生产总值数据，这些估计的来源，是有错误或有偏差的。基于这些原因，尽管仍有许多学者（Fourie and Van Zanden，2013；Bolt and Van Zanden，2014；Inklaar et al.，2018）尝试着去构建非洲国家或地区的历史国内生产总值序列数据，但是很少有非洲国家可以自信地称其拥有长期的国内生产总值序列数据。

在缺乏可靠的国内生产总值统计数据的情况下，使用工资数据也不失为一种研究思路。弗兰克玛和范韦任堡（Frankema and Van Waijenburg，2012：896）指出，实际工资“可以更好地反映非洲普通工人的生活水平……它们更能体现非洲劳工的购买力水平，并且将收入水平远高于非洲土著的欧洲殖民者和/或亚洲移民工人排除在外”。尽管他们不是最先计算非洲实际工资水平的学者（Bowden et al.，2008；De Zwart，2011；Du Plessis and Du Plessis，2012），但却是首次使用跨国家和殖民时期跨年度数据计算的学者。在使用一组标准化的商品计算实际工资水平时（Allen et al.，2011：922），他们得到了一个史无前例的研究结果，即在殖民时期的大部分时间里，西非工人比亚洲国家的非熟练工出人意料地享受着相对较高的生活水平。因此，他们呼吁“重新解释非洲经济发展的路径依赖特性”。

需要注意的一个问题是，他们的结论仅仅刻画了城市劳动力的生活状态。德哈斯（De Haas，2017）则使用典型农场的规模、产量及收入数据重构了一个模型，用以推算乌干达农业生产活动的实际收入情况。他这一与众不同的计算方法得到的结论是，乡村农民与非熟练城市工人的情况相似，生活水平远高于维持生计所需的水平，并且随着时间的推移，该生活水平显著稳定。德哈斯（De Haas，2017）还指出，在20世纪50年代和60年代，城市和农村的收入水平开始出现强烈的分化。独立后的内外部政治压力带来了城市工资水平的上升，但是经济作物的价格以及由此产生的农村综合收入却并没有得到同样的持续改善。逐渐地，城市劳工成了更有经济优势的群体。如果德哈斯关于乌干达的研究经验可以被推广，那么这个时期就是许多非洲经济体后殖民时期的城乡巨大收入差异的根源。博叙鲁瓦和科尼奥（Bossuroy and Cogneau，2013）使用当前家庭调查数据进行反向预测，指出与 1726

三个原英属殖民地相比，三个原法属殖民地的城乡收入差距要大得多。他们还创新性地使用了群组分析法来探究殖民晚期与后殖民时期的收入差距变化趋势。

针对非洲经济史的总体数据质量差这一问题，有两个解决途径，一是转向使用“自下而上的历史”数据，二是使用个人层面的数据(Fourie, 2016)。例如，在遗嘱认证和税务普查中，使用个人层面的数据能够更精确地测量收入、财产和产出等数据。尽管这些数字的转化成本很高，但其对于研究跨时代的财富转移有着十分宝贵的价值，特别是在农民人口占绝大多数的地区。富里(Fourie, 2013)使用 2 500 多个 18 世纪荷兰开普殖民地的遗嘱认证清单数据得出，有关开普殖民地“社会与经济停滞”的早期描述并没有得到实证证据的支持。但不幸的是，这些都是殖民者记录的数据。

经济史学家并没有停止他们创新的脚步。那些记录在政府或教堂档案中的个人层面数据，如军人登记表记录、洗礼记录或者婚姻记录，现在被用于与原本目的无关的地方，从而规避了殖民统治对于数据统计的潜在偏差影响。比如，教会记录能够使社会流动(Meier zu Selhausen et al., 2017; Cilliers and Fourie, 2017)与性别不平等(Meier zu Selhausen, 2014; Meier zu Selhausen and Weisdorf, 2016)两个方面的研究成为可能。除此之外，还有很多新的大型研究项目正在进行，以便于数字化转录更多类似的相关记录。

军人登记表中经常包含应征新兵身高数据。人的身高或身材通常被用作衡量生活水平的替代因子，因为它不仅包括遗传特征，还包含了相应的环境条件影响，例如营养获取情况和疾病环境(Steckel; 1995; Baten and Blum, 2012)。身材数据最初用于记录被运往美洲的非洲奴隶的生活水平(Steckel, 1979; Moradi and Baten, 2005; Moradi, 2010)，因此奴隶们是第一个应用非洲的身高数据的人群，这一数据可以从 20 世纪的家庭调查中获得，用来描绘非洲大陆的生活水平和不平等情况。研究的困境一般在于获取殖民早期，甚至前殖民时期的数据。莫拉迪(Moradi, 2009)选择使用个人层面的数据以解决这一问题。他通过使用肯尼亚新兵的登记表(Moradi, 2009:719)发现，士兵体型在殖民时期与后殖民时期呈上升趋势。他的研究结果表明：“无论恶劣的殖民政策还是毁灭性的短期危机有多糟糕，殖民时代的个体营养与健康方面都取得了重大进展。”最近，姆佩塔等人(Mpeta et al., 2018)结合军队登记表、死亡记录,以及家庭调查数据描绘了整个 20 世纪南非黑人的身高变化情况。随着更早期的身高数据被发掘和转录,非洲不同人群的生活水平将被更进一步地追踪。

差异化发展的深层根源

1727

缺乏前殖民时期个人层面的实证数据并没有阻止新一代的社会科学家调查研究影响当今非洲经济发展的深层历史因素。事实上,我们有在深层历史中将环境、政治及文化等因素在空间上进行绘制,并与当代结果叠加的能力。这种能力为经济学家们探究因子间的相关性,甚至是因果性提供了可能。这是经济史学家们在过去无法实现的,因为那时没有充足的计算能力和可使用软件,以及更重要地,那时没有计量经济学技术。差异化发展的深层根源确实已经引起非洲计量史学家的极大兴趣。

有人认为,差异化发展的深层根源甚至可以追溯至 7 万年前智人(Homo sapiens)走出非洲时。在一项开创性但存在争议的研究中,阿什拉夫和加洛尔(Ashraf and Galor, 2013)指出,某一地点与埃塞俄比亚的距离(这被认为是智人离开非洲的路线)和当今的收入之间呈现出倒"U"形的相关关系。他们指出,太多或者太少的遗传多样性都是有害的,这解释了美洲原住民和非洲人落后于欧洲人和亚洲人的现象。

针对阿什拉夫和加洛尔的研究结论,部分人类学家和其他领域社会科学家指出,他们论文中的数据质量和假设存在不一致之处(Guedes et al., 2013)。比如,他们指出,阿什拉夫和加洛尔用于计算 1500 年人口密度的数据质量较差,都是过时很久的数据。同时,阿什拉夫和加洛尔的某些假设也与其他领域的相关研究不一致。格德斯等人(Guedes et al., 2013)指出,阿什拉夫和加洛尔缺乏将遗传多样性与一般多样性联系起来的研究。

而有些人却试图在不同的背景下复制阿什拉夫和加洛尔的研究方法。阿松古和科迪拉-特迪卡(Asongu and Kodila-Tedika, 2017)仅使用非洲国家数据,发现"贫穷并不在非洲原始 DNA 中",与阿什拉夫和加洛尔的研究结果形成了巨大的反差。还有学者使用了迁徙距离(阿什拉夫和加洛尔所使用的工具变量)来调查比如文化特征,而非基因遗传方面的结果(Gorodnichenko and Roland, 2017; Desmet et al., 2017)。此外,有人使用了更精确的遗传特征,例如DRD4外显子Ⅲ等位基因频率,以推断其对经济发展的影响(Goren, 2017)。特别是在非洲——由于其遗传成分的多样性——随着越来越精确的遗传信息的出现,反映在基因遗传中的漫长历史可能成为新的研究沃土。

除此之外,非洲遗传的多样性也是其丰富的环境条件,以及环境对自然选择的影响的结果。除人之外,这里的昆虫也不断向着适应环境的方向进化。舌蝇(TseTse fly)仅存在于非洲热带地区,它传播一种对人类有害且对牲畜致死的寄生虫。阿尔桑(Alsan, 2014)是第一位通过实证方法,研究舌蝇对经济增长的长期影响的学者。她首先展示了图8.2所示的信息,舌蝇主要分布在适合农业发展的区域。除此之外,她进一步指出,舌蝇的存在降低了人们使用家养动物和犁的可能性,从而减少了农民的农产品剩余,进而降低了当地人口密度,最终使得当地的政治集中程度较低。

1728

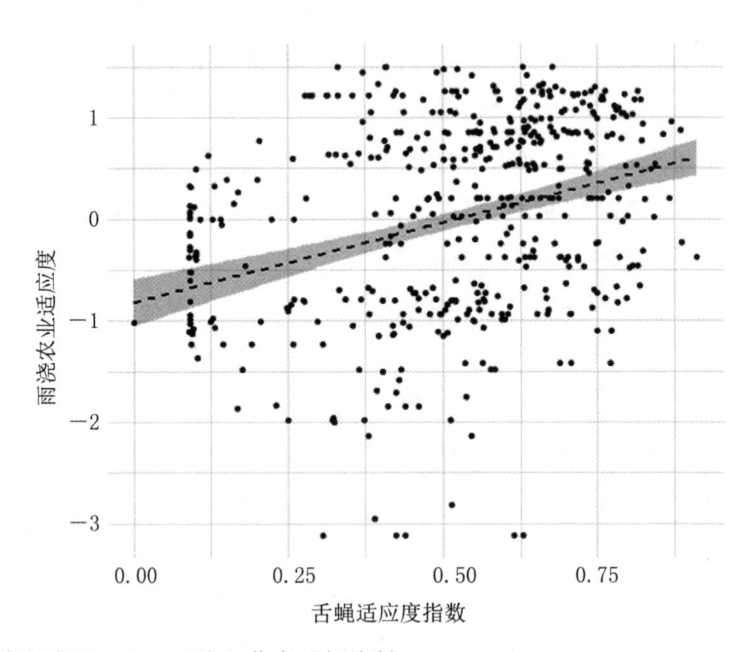

资料来源:Alsan, 2014;作者重新绘制。

图8.2　雨浇农业与舌蝇适应度的相关性

气候和环境条件也影响着农业技术采用的类型和速度。米哈洛普洛斯等人(Michalopoulos et al., 2016)发现,在前殖民时期,从农业经济中获得较大部分生计份额的族群中的个人,如今受教育程度更高且更富有。他们认为其原因是态度和信仰方面的地区差异,以及他人的差别对待。这些早期的农业习俗得以持续的一种可能机制是前殖民时期的政治制度的复杂性,这些政治制度就产生于这些农业习俗。

真纳约利和雷内(Gennaioli and Rainer, 2007)表明,前殖民时期政治机构的力量是影响殖民时期和后殖民时期政府提供公共物品能力的重要因素。在一项开创性的研究中,米哈洛普洛斯和帕帕约安努(Michalopoulos and Papaioannou, 2013)展示了前殖民时期,当地族群的空间分布情况如何影响当代经济表现。在前殖民时期,政治集中程度较高的地区当今有更多的经济活动(由卫星所拍摄的夜间灯光密度衡量)。他们还发现,这种关联性独立于地理特征,也独立于其他可观察的特定族群文化变量和经济变量。

在非洲,政治集中(或正式机构)的持续存在,及其与居民态度、文化规范和信仰(或非正式机构)的相互作用,是最近一项关于中非库巴王国(Kuba Kingdom)的大型研究项目的主题。库巴王国是一个具有不成文宪法的中央集权式国家,它同时拥有配置了法院和陪审团的司法系统、警力、税收以及公共物品供应机制。洛斯等人(Lowes et al., 2017)针对生活在17世纪的库巴王国边界内和边界外不远处的居民个体的后代,选取499名受试者进行了一项实验,以资源分配博弈和标准最后通牒博弈为实验的具体内容。受试者中的一部分是曾居住在库巴王国边境两侧,且具有相似文化的武特(Woot)人的后代。研究者发现,那些定居在具有较少正式机构设置的边界外侧的居民,在当今更加倾向于制定严格的法治规范,并且欺诈的倾向较弱。他们认为这与模型所暗示的“随着正规机构在社会上强制推行道德行为的有效性提高,家庭对于孩子道德价值观的内生投资将随之减少”的表述有异曲同工之妙(Lowes et al., 2017:1065)。

1729

由于米哈洛普洛斯和帕帕约安努(Michalopoulos and Papaioannou, 2013),以及洛斯等人(Lowes et al., 2017)在研究方法上的创新性贡献,他们的研究成果都得以在《计量经济学》(*Econometrica*)上发表,是计量史学方法在非洲研究中的前沿成果。首先,这些学者使用了有创新性的现代因变量——卫星图像及分组实验;其次,他们对因果解释的谨慎也极具先锋意识。米哈洛普洛斯和帕帕约安努(Michalopoulos and Papaioannou, 2013:114)在论文中明确承认,他们得到的结果并不具有因果上的解释力:"由于我们无法随机分配族群,因此这种相关性不一定意味着因果关系。"尽管洛斯等人的研究(Lowes et al., 2017:1089)可以将受试者在库巴王国边界内外进行随机分配,但他们还是谨慎地注意到,他们的实验只能测试"一部分特定国家机构的因果关系"。由此可见,探索前殖民时期的人类学证据与如今正式或非正式机构之间的因果影响机制仍充满挑战。不过,精心选择的工具变量可能会提供另一条解决路径。接下来,我们就来看看这一策略是如何在探究非洲最臭名昭著历史事件——大西洋奴隶贸易——上大显身手的。

奴隶贸易:原因、影响与争议

非洲历史学家长期以来一直在研究有关非洲奴隶贸易造成的破坏。据一些估计,倘若没有1400年至1900年间运往大西洋的约1 200万非洲奴隶,以及另外运往撒哈拉以南地区、红海和印度洋的共计约600万奴隶,当今的非洲人口将大约翻一倍(Mannning, 1990)。

对非洲奴隶贸易的研究是在非洲经济史领域中最早利用大规模数据和统计分析的核心课题之一(Eltis, 1977; Eltis, 1987; Inikori, 1976)。经过了一代人的时间,随着计算能及易于使用的统计软件的巨大发展,在采用数据方法研究方面,非洲奴隶贸易仍然是被研究最多的主题之一。我们将这些研究大致分为两个焦点领域:(1)贸易本身,即贸易规模及其产生的原因和机制;(2)贸易后果。

1730

供求关系解释了为什么出现于16世纪的大西洋奴隶贸易是迄今为止规模最大的海外贸易,还解释了为什么大多数奴隶拥有非洲血统。从需求侧看,自15世纪末期起,在被欧洲人逐步"发现"并殖民的新大陆上,非洲劳工是强生产力的代表。埃尔蒂斯等人(Eltis et al., 2005:696)计算得出,在1674年至1790年间,加勒比海地区的"奴隶农业全要素生产率显著提高,与此同时,奴隶劳动力的需求至少增加了四倍"。

从供给侧看，非洲人对热带病的抵抗力及其所属地与美国的距离优势，使他们比欧洲、印度和中国劳动力相比更具吸引力（Bertocchi and Dimico，2014；Angeles，2013）。安杰利斯（Angeles，2013）指出，从成本角度分析，在非洲捕获奴隶的成本极低，且大部分的奴隶捕获成本由非洲人自己承担，这也进一步增加了美国对非洲劳动力的青睐。较少大型国家的地缘特色和世界上主要宗教的有限渗透推动了非洲内部的族群分裂，同时，这一分裂推动了非洲奴隶的捕获，使得获得非洲大陆奴隶劳工的成本更加低廉，也使得奴隶贸易变得更有利可图。

气候条件也会影响奴隶的供应。芬斯克和卡拉（Fenske and Kala，2015）研究发现，在非洲沿海地区气温较低的年份，奴隶出口相对增加。这是因为较低的温度降低了奴隶死亡率并提高了农业产量，从而进一步降低了奴隶运输的成本。他们指出，气温每升高 1 摄氏度，每个港口的奴隶年出口量将减少约 3 000 个。除此之外，降雨，或者说降雨不足也是重要原因之一。利瓦伊·博克塞尔（Levi Boxell，2017）的研究显示，19 世纪的干旱增加了特定地区奴隶的出口数量。他还使用 19 世纪非洲冲突的地理编码数据，证明了干旱会增加冲突发生的可能性，但此结论仅适用于非洲的奴隶出口地区。

欧洲的技术，尤其是枪支，在奴隶贸易中也发挥了关键作用。惠特利（Whatley，2017）使用年度奴隶贸易统计数据的向量误差修正模型（Vector Error Correction Model，VECM）得出结论：火药的进口和奴隶出口存在长期协整关系。火药的进口“催生”了更多的奴隶出口，而更多的奴隶出口也吸引了更多的火药进口。他采用了多组安慰剂测试，以及英国军火业的超额生产力作为工具变量来支持其“枪支-奴隶”的假说。

奴隶贸易本身效率非常低。多尔顿和梁天卓（Dalton and Leung，2015）发现，若以在美洲下船的奴隶数量来衡量航海产出，在同一欧洲国家的不同航次中也可能存在显著差异。比如，产量的分散性在葡萄牙航次中最高，在法国航次中较低，在英国航次中最低。接下来，多尔顿和梁天卓（Dalton and Leung，2015）计算了扭曲的分散性消失后的全要素生产率，结论表明，扭曲的分散性对全要素生产率的损害最小的国家是英国，其次是葡萄牙，最后是法国。

尽管历史学家对非洲奴隶制的成因十分感兴趣，但经济学家更倾向于关

1731

注其后果。[①]然而,奴隶贸易对直至20世纪末非洲不佳的经济表现的影响程度是难以衡量的。内森·纳恩(Nathan Nunn)发表于2008年《经济学季刊》(*Quarterly Journal of Economics*)上有关就业市场的论文是解释奴隶贸易与经济表现之间的因果性的首次尝试(Nunn, 2008)。纳恩首先指出,那些奴隶贩卖较多的国家在现代的经济表现更不佳。之后,他列举了两条具有因果关系的论点:第一,从历史和基础描述性证据来看,似乎是相对富饶(而不是最贫穷)的地区更容易被选中进行奴隶贸易。然而,纳恩贡献的新奇之处在于他的第二个论证,即对于工具变量的应用。他以每个非洲国家到美洲奴隶市场的距离为工具变量,发现某国与美洲的距离越远,从该国运来的奴隶就越少。这需要作者作出以下假设:此工具变量除了对奴隶贸易存在影响外,与当今的经济状况(即因变量)无关。纳恩的工具变量支持普通最小二乘法估计及其论点:奴隶贸易在20世纪后期仍在对非洲的经济产生负面影响。

纳恩的因果性解释激发了学者的研究兴趣,即确定纳恩所发现的奴隶制持续影响为什么会存在。纳恩本人曾在他2008年所发表论文中的最后一个章节中首次尝试解决这个问题。他指出,非洲地区的族群分裂和非洲的国家发展模式是两个合理的解释。接下来,直到他开始研究信任及地理崎岖程度,才为奴隶制的持续影响提供了更加精确的解释。

在迭戈·普加(Diego Puga)的帮助下,纳恩指出地理条件或许是非洲奴隶贸易影响当今经济状况的机制之一(Nunn and Puga, 2012)。他们认为,崎岖的地形可以为那些在奴隶贸易中遭到袭击的非洲人提供保护。因此,许多非洲人民逃去了这些崎岖的地区,这些地区"难于耕种,穿越的成本高昂,而且往往不宜居住"(Nunn and Puga, 2012:20)。虽然这些地区能够提供更好的人身保护,但是却很难产生大量生产盈余或提供更好的贸易机会。因此非洲地区的经济前景被崎岖的地理位置所阻碍,这是几个世纪以来长期奴隶贸易的结果。

纳恩与普加合作不久之后(Nunn and Puga, 2012),又与莱昂纳尔·万特切肯(Leonard Wantchekon)合作发表了另一篇论文,该论文提出了奴隶贸易

① 有关奴隶贸易遗产的详尽评论,请参见Bertocchi, 2016。

对于经济产生持续性影响的第二种可能机制。纳恩和万特切肯（Nunn and Wantchekon，2011）在发表于《美国经济评论》（*American Economic Review*）上的《奴隶贸易与非洲不信任的起源》（Slave Trade and the Origins of Mistrust in Africa）一文中指出，较高程度的奴隶贸易将导致该地区民族信任度降低（如图 8.3 所示），并且这种文化规范将会随着时间的推移而持续存在。他们将奴隶贸易时期，不同族群所在地与海岸的距离作为衡量奴隶数量的工具变量。以离海岸的距离与非洲内外民族信任之间的简化型关系为检验对象的一系列证伪检验均表明，此工具变量能够满足严格的外生性条件。他们 1732 指出（Nunn and Wantchekon，2011：3223）："离海岸较远的地方奴隶贸易较少，因此在现代展示出更高的民族信任度。假设离海岸的距离只能通过奴隶贸易影响社会信任水平，那么在没有奴隶贸易的非洲以外的地区，离海岸的距离与社会信任水平之间应当不存在相关性。这正是我们所发现的事实。"

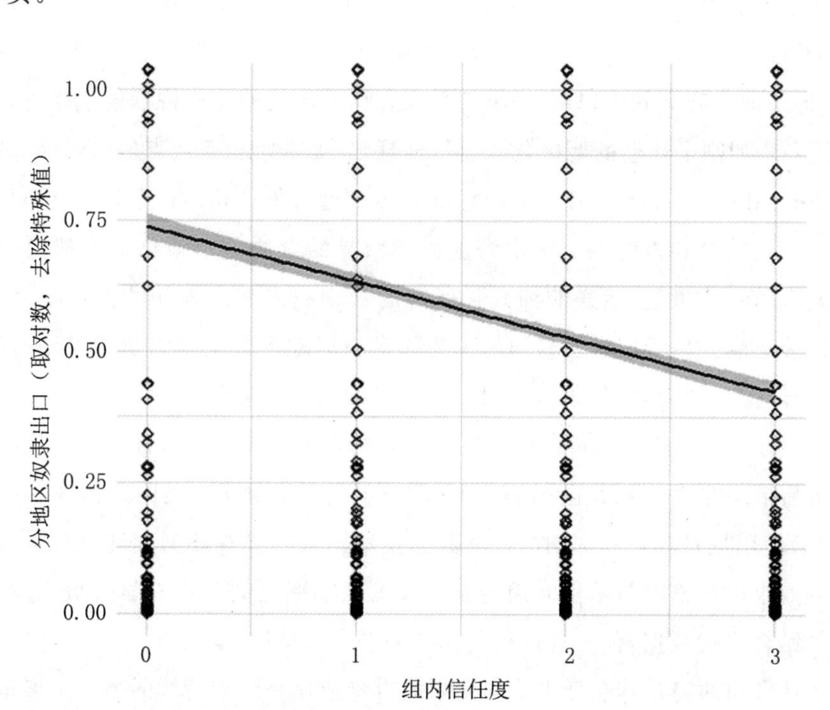

资料来源：根据纳恩和万特切肯（Nunn and Wantchekon，2011）的研究计算得出。

图 8.3　奴隶出口与族群间信任的相关关系

奴隶贸易对几个世纪之后的信任水平产生了影响是一项重要的实证发现，但这仍然无法为奴隶贸易对经济的持续性影响机制（或渠道）提供合理的解释。对此，纳恩和万特切肯（Nunn and Wantchekon，2011）提出了两种可能的原因。其一，奴隶贸易改变了受其影响的族群的文化范式，从而增加了族群间的不信任水平。其二，奴隶贸易可能引起法律和政治制度的恶化。如今，受到奴隶贸易严重影响的人可能缺乏信任感，因为其所在地区的领导者和领导机构更不值得信任。作者进行了三项实验来衡量这两种机制各自的影响规模和深度。实验结果均表明，这两个渠道都有十足的重要性。但是其中的内部影响机制，即通过文化规范产生的影响，显示出了至少两倍于外部渠道的影响力。①

1733

奴隶贸易可能为非洲商人和农民带来有益影响吗？勒恩贝克（Rönnbäck，2015）指出，来自外部奴隶贸易的农产品需求过小，无法对非洲的商业性农业产生实质性的影响。他以黄金海岸地区（Gold Coast）为研究重点，指出一些沿海欧属殖民地的非洲劳工虽然在奴隶贸易刚开始时生活水准有所提升，但随即下降。其中，只有一小部分享有高度特权的雇员持续性地受益，这也进一步加剧了社会的两极化。达尔林普尔-史密斯和弗兰克玛（Dalrymple-Smith and Frankema，2017）也同意此观点。通过对 1681 年至 1807 年间英国、法国、荷兰和丹麦的 187 次海上奴隶贸易的食物供给策略进行研究，他们发现，在 18 世纪，运送非洲奴隶所需的食物越来越多地从欧洲而不是西非被装上船。尽管奴隶贸易国与主要奴隶上船地区会使食物供给策略有很大差异，但平均而言，奴隶贸易引起的需求冲动十分微弱。

此方面研究的热点一直在于奴隶贸易所带来的长期持续性后果，以及奴隶贸易带来的冲击持续至今的机制。教育就是一个例子。奥比基利（Obikili，2015）使用尼日利亚和加纳的奴隶数据及殖民人口普查数据发现，前殖民时期的奴隶出口密度与殖民时期的非洲人民识字率之间存在着显著负相关关系。结合当代数据，他发现这种负相关关系一直持续至今。

暴力和冲突及其在低水平均衡中的自身强化是影响持续的另一个渠道。

① 一项使用更新的数据集的复制研究证实了纳恩和万特切肯的结果，见 Deconinck and Verpoorten，2013。

芬斯克和卡拉(Fenske and Kala, 2017)发现,在1807年后,被奴隶贸易影响地区的内部冲突呈现不连续的增加状态。这些地区的奴隶贸易虽然渐渐衰退,但当地的政治领袖往往习惯于使用暴力手段以维持其影响力。随着奴隶贸易向东部和南部的迁移,这些地区的暴力事件也逐渐增多。此外,奴隶贸易还会导致政治分裂。此影响渠道最早由纳恩(Nunn, 2008)提出,但它在奥比基利(Obikili, 2016)的论文中得到了额外的支持。奥比基利指出,在前殖民时期,奴隶出口更多的族群,其村镇的政治分裂程度更高,同时,这种政治分裂也反映在当今的政治表现中。

其次,奴隶贸易还影响了难以计数的社会观念、范式,以及其他民间风俗。例如,奥比基利(Obikili, 2016)就曾在论文中指出奴隶制、政治分化与贪污受贿倾向之间的相关性。此外,奴隶贸易也有助于解释西非和东非一夫多妻制的比率差异。在西非,更多的男性奴隶被贩卖,而在东非,则是更多的女性奴隶在印度洋贸易中被贩卖。多尔顿和梁天卓(Dalton and Leung, 2014)将历史奴隶数据与现代的一夫多妻制比率相结合,发现跨大西洋的奴隶贸易导致了族群层面的一夫多妻制盛行,而印度洋的奴隶贸易则没有此结果。

奴隶贸易的长期后果甚至影响了融资渠道。皮尔斯和斯奈德(Pierce and Snyder, 2017)发现,奴隶贸易的存在显著地降低了正规贸易信贷准入市场的可得性。这对非集团化的小型企业的投资产生了十分强烈的影响。由于奴隶贸易无法解释其他商业障碍的产生,所以他们认为,奴隶贸易主要通过加剧商业环境中的不信任,或者削弱社会制度等非正规的渠道得以持续存在。莱文等人(Levine et al., 2017: i)的研究支持这一观点,他们指出:"奴隶贸易与信息共享及信任机制有强烈的负相关关系,而与法律机制不相关。" 1734

当然,纳恩在计量史学方面的贡献不仅仅局限于他激发了人们对于非洲奴隶制后果的研究兴趣,他的研究也引起了学者在非洲经济史方面的争论,尤其是让历史学家们开始思考非洲经济史原始资料的质量(Reid, 2011; Austin and Broadberry, 2014)。尽管加雷斯·奥斯汀(Gareth Austin, 2008)对于非洲历史研究的复兴抱有十分积极的态度,但他也告诫人们不要"压缩历史",即不要将跨年,甚至跨世纪的数据混为一谈。同样,安东尼·霍普金斯(Anthony Hopkins)虽然也对新方法的“独创性、新颖性,以及使历史学家重新进入非洲经济史研究领域的可能性”表示欢迎,但对于它们的方法论,以及实证基础提出了批评(Hopkins, 2009:155)。他特别指出,这些研究使用的数据质量低下——“它们所采用的人口数据……并不具有足够稳健的解释力”(Hopkins, 2009:166)。他还指出,“只有在所采取的数据可靠这一前提下,相应的回归分析才能具有稳健性”。(Hopkins, 2009:168)①

当然,关于数据质量和原始资料偏差的争论并不局限于奴隶方面的相关数据。需要说明的是,殖民时期的书面记录将引入新形式的测量误差和偏差,这是必须予以考虑的。

殖民主义与民族独立

非洲在奴隶贸易时代之后迎来了殖民主义时代。19世纪以来,欧洲传教士和探险家们开始深入非洲内部传播教义并寻找财富。紧接着,殖民者与帝国主义者来到了这片土地,为欧洲列强夺取这片大陆的大片土地。

这里至少有两个经济问题值得我们注意:第一,如何解释殖民主义的诞生?殖民主义,或者说殖民化,不是一个单纯的事件,而是一个融合了政治、经济和心理上的征服与剥夺的外生性过程,通常伴随着殖民者推进政治及经济实力的目的。

但为什么它发生在这一时刻?应如何解释殖民体制所呈现的多样性?第二个问题或许更难回答:殖民主义带来了什么后果?传教士们在非洲大陆上做了什么?这些行为将如何塑造非洲民族的态度、信仰,乃至自由?当地人对于带着崭新农产品、科技及疾病的欧洲殖民者的到来作何反应?欧

① 霍普金斯有关实证方面的担忧引发了来自詹姆斯·芬斯克的回复,这位年轻学者是耶鲁大学的经济学博士。芬斯克引用了纳恩在非洲经济史方面研究所激发的各项研究,并指出它们“之所以卓越,并不是因为它们广泛的理论,而是因为它们对因果推理的细致研究”(Fenske, 2010:177)。霍普金斯和莫滕·耶文都对他予以回复,并且芬克斯在此之后又进行了回复(Hopkins, 2011; Jerven, 2011; Fenske, 2011)。

洲人的到来对于当地生产体系、劳动市场，乃至人口趋势有何影响？这些问题很难回答，正如赫尔德林和罗宾逊（Heldring and Robinson, 2012:4）所解释的："我们需要思考不存在殖民情况下的非洲社会发展路径。"这样的反事实思考要求我们对于所有的假设拥有精准的掌握，还需要我们坦诚地面对潜在的偏差。而这，正是计量史学的严谨性的用武之地。

为了解释这两个问题，我们将首先考虑传教士的影响，然后额外对前工业化的南非进行一些研究，再回过头来考虑非洲争夺战和殖民时期的相关问题。基督教传教士给非洲社会带来了深刻的影响。[①]显然，新的宗教信仰是最明显的变化。纳恩（Nunn, 2010）指出，居住在有欧洲传教士定居的地区的非洲人在如今更有可能是基督教徒。换句话来说，从表面来看，传教士似乎完成了他们来非洲的主要目的——转化信仰。但与此同时，传教士也带来了教育。加莱戈斯和伍德伯里（Gallego and Woodberry, 2010）通过对非洲地区180个省级数据的研究指出，与天主教教徒驻扎的传教站相比，新教徒驻扎的传教站与当今的教育变量的相关性更大。他们认为，这是由天主教殖民地区新教徒与天主教传教站之间日益激烈的竞争所导致的。尽管传教站建立的首要目的是进行宗教传播，但是弗兰克玛（Frankema, 2012）使用英国蓝皮书（Blue Books）中的数据表明，在1940年之前，传教站几乎可以解释非洲地区有关学校入学率的所有相关变量。他指出："基督教教育在引导当地人民转化为基督教教徒并成为长期信徒方面十分有效，因为受过教育的皈依者可以很好地用当地语言帮助传播基督教知识。"（Frankema, 2012: 336）

传教士的到来不仅增加了这些非洲地区对阅读的需求，也增加了书籍的供应能力。卡热和吕埃达（Cagé and Rueda, 2016）建立了有关1903年清教徒传教站及其印刷投资的地理编码数据集。他们发现，拥有早期印刷机的传教站的周边地区在当今享有更高的报纸读者群、族群信任率、教育水平，以及群众政治参与度。然而，需要担忧的是，传教士在非洲大陆内并不是随

① 早在18世纪就有传教士抵达南非，设立杰南登代尔（Genandenda）等传教站，旨在转化当地的克瓦桑人（Khoesan）。不过，直到19世纪晚期，传教士规模才实现了在南非的迅猛扩大，以及在全非洲版图内的扩张。

机分布的。大多数学者承认了这一缺点,但也认为这一点不太会影响他们的研究结果。并且,即使分配是随机的,这种影响的持续机制仍不明朗。历史中的早期教育是否为当今更长的受教育年限及更高收入做了铺垫,还是有不可观察的因素可以解释这种相关性?富里和斯瓦内普尔(Fourie and Swanepoel, 2015)利用南非传教站的数据指出,移民有助于解释这种现象的持续性:设有传教站的地区往往可以吸引最聪明的人,而他们一般来自远方。他们的研究表明,一旦移民在模型中得到控制,历史早期教育对当今经济的影响就会消失。另一个问题是,相关研究仅使用偏向于欧洲传教士的传教地图。在一项新的研究中,耶德瓦布等人(Jedwab et al., 2018)发现,通过对加纳殖民地地区教会活动的更深层的研究,得到了许多能够推翻仅使用欧洲传教士地图信息所得到的结论。不过抛开这些,显而易见的是,在有关传教士的影响以及其持续机制方面,我们仍需要进行更加细致的研究。

1736

早在19世纪末的非洲争夺战之前,就已经有欧洲殖民者在非洲大陆的南端定居。随着17世纪荷兰东印度公司在亚洲的扩张,环绕好望角的航运也有了迅速的增长。由于航运需要补充船只的淡水、食物、燃油储备,因此,"十七绅士"(Lord XVII)* 决定在桌湾(Table Bay)建立一个专为过往船只提供补给的补给站。1652年4月,一群鱼龙混杂的官员和工人团队来到这里建造堡垒、农场,并且开始与当地的克瓦桑人进行交易。然而,他们的第一次尝试并没有收获令他们满意的财富。随后,东印度公司被迫开垦土地,并释放一些工人为自由农民。对于非洲大陆南部尖端地区的殖民就此拉开了序幕。

富里(Fourie, 2013)使用遗嘱认证清单来确定开普地区殖民者的财富状况。他发现了"令人印象深刻的财富",比如,开普地区的农场主平均拥有54头牛和350只羊。开普地区对于货物的高需求(Boshoff and Fourie, 2010),以及低征地成本与以进口奴隶为劳动力降低了农场生产成本,共同带来了这巨额的财富积累。此外,人力资本和对土地与奴隶明晰的所有权规定同样起着重要的作用(Fourie and Von Fintel, 2014; Fourie and Swanepoel,

---

* 又名"十七人董事会"(Heren XVII),是文献上最早的股份有限公司董事会,也是16世纪创立的荷兰联合东印度公司的最高权力核心。——译者注

2018)。但是在推动开普地区经济繁荣的众多因素之中,廉价劳动力是最重要的因素。马来西亚、印度尼西亚、印度、马达加斯加和莫桑比克都是开普地区奴隶的主要来源地。巴腾和富里(Baten and Fourie, 2015)通过结合庭审资料与奴隶资料,计算了不同出生地的奴隶的计算能力,并以此作为对18世纪印度洋经济体相对生活水平的估计。

尽管大多数撒哈拉以南非洲地区的殖民经历与19世纪末的非洲争夺战相关,但是第一个明显的问题是确定争夺战发生的时间。弗兰克玛等人(Frankema et al., 2017)使用最新的贸易数据集发现,在非洲争夺战发生前的19世纪,撒哈拉以南非洲地区经历了长达50年(1835—1885年)的进出口交换比率*激增。他们指出,鉴于西非地区在法国的帝国贸易中的极大权量,法国对于西非内部的侵略具有经济上的合理性。

尽管欧洲对于非洲的系统性探索与吞并在19世纪60年代就已开始,但是直到奥托·冯·俾斯麦(Otto von Bismarck)在1884年11月至1885年2月召开柏林会议,欧洲的殖民主义才真正得以体现。在一篇开创性的论文中,米哈洛普洛斯和帕帕约安努(Michalopoulos and Papaioannou, 2016: 1807)研究了柏林会议产生的影响之一——随意的土地划分:“尽管柏林会议只讨论了有关中非地区(刚果自由国)的边界划分问题,但是这象征着族群划分的开端,因为此次会议规定了欧洲人在划分非洲大陆方面的基本原则。会议的关键结论是保持现状,避免欧洲人在征服非洲的过程中发生冲突,因为他们对18世纪和19世纪的欧洲战争还记忆犹新。这也就导致了在绝大多数情况下,欧洲政权在划定边界时没有考虑到当地的条件。”他们将这一外生性冲击事件作为一项“准自然”实验来衡量族群分裂对于民族冲突的影响。通过使用在1997年至2013年间发生的政治暴力事件的地理数据集,他们发现,与没有被国界分割的民族定居地相比,存在族群分裂的区域,其冲突发生率高出约40%。简而言之,殖民者随意划分的国界是当今经济及政治方面的结果的一部分原因。

1737

* 国际贸易术语,指一篮子出口商品价格与进口商品价格的比率。它衡量一个国家的贸易状况,当出口价格上升快于进口价格或下降慢于进口价格时,贸易状况就会改善。——译者注

现在人们普遍认为，殖民主义主要是通过影响社会制度而导致许多不良的经济和政治后果的。阿西莫格鲁等人（Acemoglu et al., 2002）解释了在1500年至2000年间全球收入发生的著名的“财富逆转”，他们认为，殖民主义引发的攫取性制度是这种逆转的原因之一。但是，这种攫取性的具体内容尚存争议。计量经济学技术中的因果推断或许可以提供一定的帮助。正如之前所提到的，米哈洛普洛斯和帕帕约安努（Michalopoulos and Papaionnou, 2016）指出了随意地划定殖民地边界所产生的影响。阿西莫格鲁等人（Acemoglu et al., 2014）通过采用走访调查与回归分析相结合的方法指出，最初由英国殖民政权所认可的塞拉利昂地区的殖民统治家族分布可以解释当今发展的结果。洛斯和蒙特罗（Lowes and Montero, 2016）通过建立沿刚果自由国边界的非连续地理回归模型，发现了一种特殊的攫取性制度，即当地私人企业使用暴力的手段攫取橡胶资源，这对当今当地的教育、财富积累，以及国民健康都有着持续性的负面影响。莱希勒和麦克纳米（Lechler and McNamee, 2017）通过研究纳米比亚境内殖民统治的空间不连贯性，指出了殖民统治对于民主参与度的直接和间接影响。阿奇邦（Archibong, 2018）的研究则表明，尼日利亚持续至今的族群不平等是历史上外国联邦政府对于不同族群实施不同政策的结果。

在某些时期的某些殖民地，欧洲政权大多出于自身利益的考量，会对当地物质和社会基础设施进行投资。铁路就是这些基础设施投资中的一个。埃兰斯-隆坎和富里（Herranz-Loncán and Fourie, 2017）指出，1873年至1905年，开普殖民地的劳动生产率提升影响因子中，铁路建设占了22%—25%。耶德瓦布和莫拉迪（Jedwab and Moradi, 2016）通过加纳殖民地铁路从诞生到最终消亡的历史，研究殖民地基础设施对于此后的经济结果的影响。他们指出，铁路对于殖民时期经济活动的分布有着重大的影响，尽管最后铁路被废弃使用，但这些影响仍持续至今。通过在肯尼亚研究中复制这一方法论，耶德瓦布等人探究了铁路对欧洲殖民者、亚洲商人，以及民族独立时的城市位置产生影响的途径（Jedwab et al., 2017）。尽管最终铁路已被弃用，但它在殖民时期产生的空间分布影响持续至今。贝尔塔齐尼（Bertazzini, 2018）发现，在1935年至1940年间，意大利人在埃塞俄比亚地区建造的公路网络也具有类似的持续性空间影响。

殖民者的投资也有利于当地的教育情况的改善，尽管教育的改善有很大一部分来自传教活动。于耶里(Huillery, 2009)的研究表明，法属西非地区现代教育的良好表现很大程度上要归功于殖民时期殖民者对教育的投资，而非他们对医疗或者基础设施的投资。这主要是因为教育投资有很强的持续性，“在早期殖民时期获得较多教育投资的地区，可以持续性地获得更多”(Huillery, 2009:176)。科尼奥和莫拉迪(Cogneau and Moradi, 2014)使用第一次世界大战后对德属多哥兰(Togoland)的划分作为自然实验，来检测英国及法国的殖民影响。1908 年至 1955 年加纳殖民地的新兵数据显示，早在 20 世纪 20 年代，在英国及法国殖民控制下的多哥兰边境两侧，识字率和宗教归属就存在差异。他们认为，边境两侧对传教学校的政策差异导致了这样的结果。

1738

另一方面，博尔特和贝泽默(Bolt and Bezemer, 2009)的研究指出，除传教活动外，殖民地居民与欧洲人或者欧洲式教育的广泛接触也会对教育产生影响。他们发现，殖民地的教育方式会影响该地的后续发展，而这又受到欧洲人口密度的影响。万特切肯等人(Wantchekon et al., 2014)利用贝宁(Benin)殖民地随机分布的学校来评估殖民地教育对于那些率先接受教育的居民的后代的影响。他们发现，教育对于第一代居民及其后代，以及很多村级外部性因素存在显著影响：“在有学校的地区，即使是没有接受教育的居民的后代，其发展也比没有学校的村镇居民的后代们表现得更好。”(Wantchekon et al., 2014:705)

同时，殖民政府也会投资于医疗卫生。洛斯和蒙特罗(Lowes and Montero, 2017)调查了法国殖民政府的医疗改革对于当今民众对医疗的态度，以及当今医疗现状的影响。他们发现，曾经经历过强制性检查的村镇，如今其居民对于医学的信任度较低，同时，世界银行在这些地区推行的卫生项目也不太成功。

那么，欧洲列强的殖民代价有多大？于耶里(Huillery, 2014)以法国为例进行了研究。她指出，法属西非殖民地的支出仅占法国年度支出的 0.29%，且其中仅有 0.05%用于殖民地的当地发展。相反，西非却承担了不成比例的负担，法国公务员薪水占据了西非当地开支的一大部分。加德纳(Gardner, 2012)在对英属非洲殖民地的研究中得出了相似的结论。

数据引导去殖民化分析

这些数据,以及计量经济学的革命大大提升了我们对于非洲过去经济表现的认识。对此,至少可以归功于两个原因。首先,由于在过去,非洲的历史研究主要基于殖民文献,而这种学术研究通常不是由非洲人进行的,因此非洲历史记录难免会受到原始资料,以及研究人员的隐性偏差影响。而定量记录则通常被用于与其初始收集时的目的全然不同的领域,故而可以减少这种偏差的影响。其次,在定量和定性资料匮乏,甚至完全缺失的领域,经济史学家开创并采用了创新的替代分析资料。比如,久远的气候数据可以帮助我们研究奴隶贸易(Fenske and Kala, 2017),津巴布韦的树木年轮数据可以帮助研究印尼火山引发19世纪早期南非地区部落间的战争的原因(Hannaford and Nash, 2016)。此类定量记录有助于对那些被殖民政权烙印所扭曲的非洲经济历史进行"去殖民化"。

1739

同时,数据引导去殖民化分析的第二个层次是为了鼓励非洲大陆学者积极参与非洲历史的研究。非洲计量史学几乎是一个没有非洲学者涉足的领域。为了展示在这方面非洲学者参与的相对短缺,我们使用来自科学信息研究所(ISI)的学术信息资源库(Web of Science, WoS)和爱思唯尔(Elsevier)的SCOPUS数据库的数据进行了一个简单的文献研究。使用WoS和SCOPUS的原因很简单,它们包含了有关作者属性及他们在权威学术期刊上发布的论文的信息。①

由于经济学期刊也经常刊登经济史论文,我们利用WoS和SCOPUS中有关作者姓名、论文标题、摘要和关键字的可用信息,将经济史学(Economic History, EH)论文与主流经济学论文分开分类。为了完成这项研究,我们建立了一个经济史论文数据库,其中包括在样本期刊中在标题、关键词或者摘要中包含"经济史"或者"历史"等字样的论文。我们将其余的论文归类为

① 在研究结果领域与这两个数据库并驾齐驱的谷歌学术搜索最近脱颖而出。与WoS和SCOPUS不同,谷歌学术搜索会收集有关任何已发布文献的信息——甚至包含那些作为工作底稿发布的论文。因此,它具有更广泛的引用清单。因此,在本项研究中被囊括的引用数将远少于在谷歌学术搜索中显示的内容。

"经济学"论文。我们随机选取了经济史和经济学论文中的70%(5 643篇),用这两个组别中的论文标题、摘要及关键词中的用语来训练我们的支持向量机(Support Vector Machine, SVM)机器学习算法。之后,我们使用剩下的30%(2 419篇)的随机论文来检测我们得到的算法模型的预测精度。表8.1展示了我们通过检测得到的混淆矩阵,它表明我们的模型在区分经济学类论文时有98%的准确率,在区分经济史类论文时有96%的准确率。

表8.1 混淆矩阵

	经济学	经济史	合计	经济学(比率)	经济史(比率)
经济学	1 269	30	1 299	98%	2%
经济史	44	1 076	1 129	4%	96%
合计	1 313	1 106	2 419		

接下来,我们将该算法应用于一个收录了自1992年以来的17种经济史期刊[①]和顶尖的25种经济学期刊的,共计49 444篇文献的数据库,并将其中的论文分为经济学和经济史两类。因此,我们以96%的精度获取了18 835篇经济史论文。然后,通过编写函数,我们调用了在这个列表中所有在标题、关键词或摘要中提到非洲或包含非洲国家当前或历史名称的论文。最终,我们从这些经济及经济史期刊文章中筛选出了238篇相关论文。借助此清单,我们编译了从事研究非洲经济史的顶级学者的H指数和欧几里得指数(见表8.2)。

1740

① 它们是《经济史评论》(*Economic History Review*)、《经济史杂志》、《欧洲经济史评论》(*European Review of Economic History*)、《经济史探索》(*Explorations in Economic History*)、《计量经济学》、《发展中地区的经济史》(*Economic History of Developing Regions*)、《南非经济史杂志》(*South African Journal of Economic History*)、《澳大利亚经济史评论》(*Australian Economic History Review*)、《非洲经济史》(*African Economic History*)、《斯堪的纳维亚经济史评论》(*Scandinavian Economic History Review*)、《低地国家社会史和经济史杂志》(*Low Countries Journal of Social and Economic History*)、《(伊比利亚和拉丁美洲)经济史杂志》(*Revista de Historia Economica*)、《印度经济史和社会史评论》(*The Indian Economic and Social History Review*)、《欧洲经济史杂志》(*Journal of European Economic History*)、《(意大利)经济史评论》(*Revista di Storia Economica*)和《经济史研究》(*Research in Economic History*)。

表 8.2　研究"非洲"的经济史学者的欧几里得指数排行

	作　者	H 指数	欧几里得指数	G 指数	引用数	发布数	国家
1	N.纳恩	5	167.2	7	337	7	美国
2	G.奥斯汀	5	94.7	7	171	7	英国
3	J.威廉姆森	4	88.7	6	113	6	美国
4	E.于耶里	3	68.3	3	102	3	法国
5	E.弗兰克玛	7	60.9	9	156	9	荷兰
6	D.理查德森	3	41.3	3	71	3	美国
7	D.埃尔蒂斯	3	37.2	3	60	3	美国
8	J.巴腾	4	35.5	4	58	4	德国
9	J.罗宾逊	2	32.1	3	34	3	美国
10	R.贝茨	2	30.1	4	32	4	美国
11	M.沙茨米勒 (M. Shatzmiller)	3	28.3	3	417	3	加拿大
12	R.艾伦(R. Allen)	2	27.5	2	32	2	阿联酋
13	F.刘易斯 (F. Lewis)	2	25.6	2	33	2	美国
14	J.富里	3	24.8	4	43	4	南非
15	D.冯・芬特尔 (D. Von Fintel)	3	22.8	4	36	4	南非
16	A.莫拉迪	2	22.8	2	30	2	英国
17	S.帕慕克 (S. Pamuk)	2	18.0	2	25	2	土耳其
18	J.芬斯克	4	14.9	5	35	10	英国
19	M.耶文	3	13.7	3	19	3	挪威
20	B.范莱文 (B. Van Leeuwen)	2	10.6	2	15	2	荷兰

值得注意的是，我们的方法并不完美。比如，纳恩和万特切肯(Nunn and Wantchekon, 2011)有关奴隶制与社会信任的研究，尽管与经济史有着明显的相关性，却被我们的算法划分为经济学类，而非经济史类论文。[①]但是，尽

① 我们尝试了该算法的几种版本，但是因为"历史"(history)一词未包含在这篇论文的标题、摘要或关键字中，导致我们的算法无法将论文归类为"经济史"。在未来的研究中，将历史主题(如大西洋奴隶贸易或殖民主义)纳入训练算法，或许是我们提升的一个方向。

管存在这些问题，我们仍然相信本次研究能够较好地反映该研究领域的状况。

表8.2展示了根据欧几里得指数（Perry and Reny，2016）排名前20的非洲经济史方面的学者。显而易见的几种趋势有：除了2位隶属于南非斯泰伦博斯大学（Stellenbosch University）的学者，其余18位主要的非洲经济史方面的学者都分散于非洲大陆之外的世界各地，且不是非洲人。正如本章引言所说，仅有很少的非洲本土学者为他们地区的计量史学作出贡献。富里（Fourie，2016）提出了解决这种明显不平衡的两种方案：首先，应当有更多的非洲学者被纳入优质的博士项目，特别是那些拥有顶级学者的美国学校和欧洲学校的博士项目；其次，在有关非洲经济史项目的研究中，应当任命更多资质合格的非洲学者担任博士后研究者或终身教职。许多由欧洲或美国捐助者资助的大型非洲经济史项目仍然经常缺乏非洲参与者。与非洲院校建立更强的合作网络或许可以加快这一进程（Green and Nyambara，2015；Austin，2015）。

1741

结　语

非洲经济史研究在经济史的计量史学转向中获得了急需的复兴。允许因果分析的创新型统计技术的发展，更大、更可靠的数据集的可获得性，不断上涨的发展中国家史学研究热情，以及许多非洲经济体的重振，这些因素共同推动了学者们对非洲起伏不定的财富水平、历史和现状的研究热情。本章概述了近20年来在此方面最重要的贡献。

但是，我们仍需采取更多的措施以吸引更多非洲学者进入该研究领域。好消息是，这似乎正在发生。在2017年的非洲经济史网络会议中（African Economic History Network Meetings），超半数的与会者是非洲学者，且多数还是硕士或者博士。一个由埃武特·弗兰克玛、艾伦·希尔布姆（Ellen Hillbom）、乌舍韦杜·库发库里纳尼（Ushehwedu Kufakurinani）和费利克斯·迈尔·楚·泽尔豪森（Felix Meier zu Selhausen）协调组织的免费教科书项目，也是为了使更多年轻学者了解非洲经济史的一种尝试。随着非洲国家的逐步富裕，以及高等教育资金的改善，对非洲经济史的研究也会愈加流行。非洲计量史学的未来取决于该领域能否吸引年轻学者，并为他们提供必需的科学研究工具和学术自由，以便他们探索自己大陆的经济史。

参考文献

Acemoglu, D., Robinson, J. A. (2010) "Why is Africa Poor?", *Econ Hist Dev Reg*, 25 (1):21—50.

Acemoglu, D., Johnson S, Robinson, J.A. (2002) "Reversal of Fortune: Geography and Institutions in the Making of the Modern World Income Distribution", *Q J Econ*, 117 (4): 1231—1294.

Acemoglu, D., Reed T, Robinson, J. A. (2014) "Chiefs: Economic Development and Elite Control of Civil Society in Sierra Leone", *J Polit Econ*, 122(2):319—368.

Allen, R.C., Bassino, J-P., Ma, D., Moll-Murata, C., van Zanden, J.L. (2011) "Wages, Prices, and Living Standards in China, 1738—1925: In Comparison with Europe, Japan, and India", *Econ Hist Rev*, 64 (s1):8—38.

Alsan, M. (2014) "The Effect of the Tsetse Fly on African Development", *Am Econ Rev*, 105(1):382—410.

Angeles, L. (2013) "On the Causes of the African Slave Trade", *Kyklos*, 91:1—26.

Archibong, B. (2018). "Historical Origins of Persistent Inequality in Nigeria", *Oxford Dev Stud*, 46 (3):325—347.

Ashraf, Q., Galor, O. (2013) "The Out of Africa Hypothesis, Human Genetic Diversity, and Comparative Economic Development", *Am Econ Rev*, 103(1):1—46.

Asongu, S.A., Kodila-Tedika, O. (2017) "Is Poverty in the African DNA (gene)?", *South Afr J Econ*, 85 (4):533—552.

Austin, G. (2008) "The Reversal of Fortune Thesis and the Compression of History: Perspectives from African and Comparative Economic History", *J Int Dev*, 20(8):996—1027.

Austin, G. (2015) "African Economic History in Africa", *Econ Hist Dev Reg*, 30(1): 79—94.

Austin, G., Broadberry, S. (2014) "Introduction: The Renaissance of African Economic History", *Econ Hist Rev*, 67(4):893—906.

Baten, J., Blum, M. (2012) "Growing Tall but Unequal: New Findings and New Background Evidence on Anthropometric Welfare in 156 Countries, 1810—1989", *Econ Hist Dev Reg*, 27(supl):S66—S85.

Baten, J., Fourie, J. (2015) "Numeracy of Africans, Asians, and Europeans during the Early Modern Period: New Evidence from Cape Colony Court Registers", *Econ Hist Rev*, 68(2):632—656.

Bertazzini, M.C. (2018) "The Long-term Impact of Italian Colonial Roads in the Horn of Africa, 1935—2000", in Economic History Working Papers No: 272/2018. London School of Economics, London.

Bertocchi, G. (2016) "The Legacies of Slavery in and out of Africa", *IZA J Migr*, 5(1):24.

Bertocchi, G., Dimico, A. (2014) "Slavery, Education, and Inequality", *Eur Econ Rev*, 70: 197—209.

Bolt, J., Bezemer, D. (2009) "Understanding Long-run African Growth: Colonial Institutions or Colonial Education?", *J Dev Stud*, 45(1):24—54.

Bolt, J., van Zanden, J.L. (2014) "The Maddison Project: Collaborative Research on Historical National Accounts", *Econ Hist Rev*, 67(3):627—651.

Boshoff, W.H., Fourie, J. (2010) "The Significance of the Cape Trade Route to Economic Activity in the Cape Colony: A Medium-term Business Cycle Analysis", *Eur Rev Econ Hist*, 14(3):469—503.

Bossuroy, T., Cogneau, D. (2013) "Social Mobility in Five African Countries", *Rev Income Wealth*, 59:S84—S110.

Bowden, S., Chiripanhura, B., Mosley, P. (2008) "Measuring and Explaining Poverty in Six African Countries: A Long-period Approach", *J Int Dev*, 20(8):1049—1079.

Boxell, L. (2017) "Droughts, Conflict, and the African Slave Trade", in MPRA Paper No. 81924. Stanford University. Available online: https://mpra.ub.uni-muenchen.de/81924/.

Cagé, J., Rueda, V. (2016) "The Long-term Effects of the Printing Press in Sub-Saharan Africa", Am *Econ J*, Appl Econ 8(3): 69—99.

Cilliers, J., Fourie, J. (2017) "Occupational Mobility during South Africa's Industrial Take-off", *S Afr J Econ*, 86:3—22.

Cogneau, D., Moradi, A. (2014) "Borders that Divide: Education and Religion in Ghana and Togo since Colonial Times", *J Econ Hist*, 74(3):694—729.

Collier, P., Gunning, J.W. (1999) "Explaining African Economic Performance", *J Econ Lit*, 37(1):64—111.

Dalrymple-Smith, A., Frankema, E. (2017) "Slave Ship Provisioning in the Long 18th Century. A Boost to West African Commercial Agriculture?", *Eur Rev Econ Hist*, 21(2):185—235.

Dalton, J.T., Leung, T.C. (2014) "Why is Polygyny more Prevalent in Western Africa? An African Slave Trade Perspective", *Econ Dev Cult Chang*, 62(4):599—632.

Dalton, J.T., Leung, T.C. (2015) "Dispersion and Distortions in the Trans-Atlantic Slave Trade", *J Int Econ*, 96(2):412—425.

De Haas, M. (2017) "Measuring Rural Welfare in Colonial Africa: Did Uganda's Smallholders Thrive?", *Econ Hist Rev*, 70(2):605—631.

De Zwart, P. (2011) "South African Living Standards in Global Perspective, 1835—1910", *Econ Hist Dev Reg*, 26(1):49—74.

Deconinck, K., Verpoorten, M. (2013) "Narrow and Scientific Replication of the Slave Trade and the Origins of Mistrust in Africa", *J Appl Econ*, 28(1):166—169.

Desmet, K., Ortuño-Ortín, I., Wacziarg, R. (2017) "Culture, Ethnicity, and Diversity", *Am Econ Rev*, 107 (9):2479—2513.

Du Plessis, S., Du Plessis, S. (2012) "Happy in the Service of the Company: The Purchasing Power of VOC Salaries at the Cape in the 18th Century", *Econ Hist Dev Reg*, 27(1):125—149.

Eltis, D. (1977) "The Export of Slaves from Africa, 1821—1843", *J Econ Hist*, 37(2): 409—433.

Eltis, D. (1987) *Economic Growth and the Ending of the Transatlantic Slave Trade*. Oxford University Press, New York.

Eltis, D., Lewis, F. D., Richardson, D. (2005) "Slave Prices, the African Slave Trade, and Productivity in the Caribbean, 1674—1807", *Econ Hist Rev*, 58(4):673—700.

Fenske, J. (2010) "The Causal History of Africa: A Response to Hopkins", *Econ Hist Devel Reg*, 25(2):177—212.

Fenske, J. (2011) "The Causal History of Africa: Replies to Jerven and Hopkins: Debate", *Econ Hist Dev Reg*, 26(2):125—131.

Fenske, J., Kala, N. (2017) "1807: Economic Shocks, Conflict and the Slave Trade", *J Dev Econ*, 126:66—76.

Fenske, J., Kala, N. (2015) "Climate and the Slave Trade", *J Dev Econ*, 112:19—32.

Fourie, J. (2013) "The Remarkable Wealth of the Dutch Cape Colony: Measurements from Eighteenth Century Probate Inventories", *Econ Hist Rev*, 66(2):419—448.

Fourie, J. (2016) "The Data Revolution in African Economic History", *J Interdiscip Hist*, 47:193—212.

Fourie, J., Green, E. (2015) "The Missing People: Accounting for the Productivity of Indigenous Populations in Cape Colonial History", *J Afr Hist*, 56(2):195—215.

Fourie, J., Swanepoel, C. (2015) "When Selection Trumps Persistence: The Lasting Effect of Missionary Education in South Africa 1", *Tijdschr Soc Econ Geschiedenis*, 12(1):1.

Fourie, J., Swanepoel, C. (2018) "Impending Ruin or Remarkable Wealth? The Role of Private Credit Markets in the 18th-century Cape Colony", *J South Afr Stud*, 44(1):7—25.

Fourie, J., van Zanden, J.L. (2013) "GDP in the Dutch Cape Colony: The national Accounts of a Slave-based Society", *S Afr J Econ*, 81(4):467—490.

Fourie, J., von Fintel, D. (2014) "Settler Skills and Colonial Development: The Huguenot Wine-makers in Eighteenth-century Dutch South Africa", *Econ Hist Rev*, 67(4):932—963.

Frankema, E.H.P. (2012) "The Origins of Formal Education in Sub-Saharan Africa: Was British Rule More Benign?", *Eur Rev Econ Hist*, 16(4):335—355.

Frankema, E., Jerven, M. (2014) "Writing History Backwards or Sideways: Towards a Consensus on African Population, 1850—2010", *Econ Hist Rev*, 67(4):907—931.

Frankema, E., Van Waijenburg, M. (2012) "Structural Impediments to African Growth? New Evidence from Real Wages in British Africa, 1880—1965", *J Econ Hist*, 72(4):895—926.

Frankema, E.,Williamson, J., Woltjer, P. (2017) "An Economic Rationale for the West African Scramble? The Commercial Transition and the Commodity Price Boom of 1835—1885", *J Econ Hist*, 78 (2):1—45.

Gallego, F. A., Woodberry, R. (2010) "Christian Missionaries and Education in Former African Colonies: How Competition Mattered", *J Afr Econ*, 19(3):294—329.

Gardner, L. (2012) *Taxing Colonial Africa: The Political Economy of British Imperialism*. Oxford University Press, Oxford.

Gennaioli, N., Rainer, I. (2007) "The Modern Impact of Precolonial Centralization in Africa", *J Econ Growth*, 12(3):185—234.

Gören, E. (2017) "The Persistent Effects of Novelty-seeking Traits on Comparative Economic Development", *J Dev Econ*, 126:112—126.

Gorodnichenko, Y., Roland, G. (2017) "Culture, Institutions, and the Wealth of Nations", *Rev Econ Stat*, 99(3):402—416.

Green, E., Nyambara, P. (2015) "The Internationalization of Economic History: Perspectives from the African Frontier", *Econ Hist Dev Reg*, 30(1):68—78.

Guedes, J. d'A., Bestor, T., Carrasco, D., Flad, R., Fosse, E., Herzfeld, M., Lamberg-Karlovsky, C., Lewis, C., Liebmann, M., Meadow, R., Patterson, N., Price, M., Reiches, M., Richardson, S., Shattuck-Heidorn, H., Ur, J., Urton, G., Warinner, C. (2013) "Is Poverty in Our Genes? A Critique of Ashraf and Galor, the 'out of Africa'-Hypothesis, Human Genetic Diversity, and Comparative Economic Fevelopment., American Economic Review (Forthcoming)", *Curr Anthropol*, 54(1):71—79.

Hannaford, M.J., Nash, D.J. (2016) "Climate, History, Society over the Last Millennium in Southeast Africa", *Wiley Interdiscip Rev Clim Chang*, 7(3):370—392.

Heldring, L., Robinson, J.A. (2012) *Colonialism and Economic Development in Africa*. Tech. rep. National Bureau of Economic Research, Cambridge, MA.

Herranz-Loncán, A., Fourie, J. (2017) "For the Public Benefit? Railways in the British Cape Colony", *Eur Rev Econ Hist*, 22(1):73—100.

Hopkins, A.G. (2009) "The New Economic History of Africa", *J Afr Hist*, 50(2):155—177.

Hopkins, A.G. (2011) "Causes and Confusions in African History", *Econ Hist Dev Reg*, 26(2):107—110.

Huillery, E. (2009) "History Matters: The Long-term Impact of Colonial Public Investments in French West Africa", Am *Econ J*, Appl Econ 1(2):176—215.

Huillery, E. (2014) "The Black Man's

Burden: The Cost of Colonization of French West Africa", *J Econ Hist*, 74(1):1—38.

Inikori, J.E. (1976) "Measuring the Atlantic Slave Trade: An Assessment of Curtin and Anstey", *J Afr Hist*, 17(2):197—223.

Inklaar, R., de Jong, H., Bolt, J., van Zanden, J. L. (2018) "Rebasing 'Maddison': New Income Comparisons and the Shape of Long-run Economic Development", Tech. rep. Groningen Growth and Development Centre, University of Groningen.

Jedwab, R., Moradi, A. (2016) "The Permanent Effects of Transportation Revolutions in Poor Countries: Evidence from Africa", *Rev Econ Stat*, 98(2):268—284.

Jedwab, R., Kerby, E., Moradi, A. (2017) "History, Path Dependence and Development: Evidence from Colonial Railways, Settlers and Cities in Kenya", *Econ J*, 127(603): 1467—1494.

Jedwab, R., Meier zu Selhausen, F., Moradi, A. (2018) "The Economics of Missionary Expansion and the Compression of History", Centre for Studies of African Economies Working Paper 2018-07.

Jerven, M. (2010) "African Growth Recurring: An Economic History Perspective on African Growth Episodes, 1690—2010", *Econ Hist Dev Reg*, 25(2):127—154.

Jerven, M. (2011) "A Clash of Disciplines? Economists and Historians Approaching the African Past", *Econ Hist Dev Reg*, 26(2):111—124.

Jerven, M. (2013) *Poor Numbers: How We are Misled by African Development Statistics and What to do about It*. Cornell University Press, Ithaca.

Jerven, M. (2018) "The History of African Poverty by Numbers: Evidence and Vantage Points", *J Afr Hist*, 59(2):449—461.

Lechler, M., McNamee, L. (2017) "Decentralized Despotism? Indirect Colonial Rule Undermines Contemporary Democratic Attitudes", Tech. rep. Munich Discussion Paper.

Levine, R., Lin, C., Xie, W. (2017) "The Origins of Financial Development: How the African Slave Trade Continues to Influence Modern Finance", Tech. rep. National Bureau of Economic Research, Cambridge, MA.

Lowes, S., Montero, E. (2016) "Blood Rubber: The Effects of Labor Coercion on Institutions and Culture in the DRC", Tech. rep. Working paper, Harvard, http://www.saralowes.com/research.html.

Lowes, S., Montero, E. (2017) *Mistrust in Medicine: The Legacy of Colonial Medical Campaigns in Central Africa*. Harvard University, Mimeo.

Lowes, S., Nunn, N., Robinson, J. A., Weigel, J.L. (2017) "The Evolution of Culture and Institutions: Evidence from the Kuba Kingdom", *Econometrica*, 85(4):1065—1091.

Manning, P. (1990) *Slavery and African Life: Occidental, Oriental, and African Slave Trades, vol* 67. Cambridge University Press, New York.

Manning, P. (2010) "African Population: Projections, 1850—1960", in Ittmann, K., Cordell, D. D. and Maddox, G. H. (eds) *The Demographics of Empire: The Colonial Order and the Creation of Knowledge*. Ohio University Press: Athens, USA, pp. 245—275.

Meier zu Selhausen, F. (2014) "Missionaries and Female Empowerment in Colonial Uganda: New Evidence from Protestant Marriage Registers, 1880—1945", *Econ Hist Dev Reg*, 29(1):74—112.

Meier zu Selhausen, F., Weisdorf, J. (2016) "A Colonial Legacy of African Gender Inequality? Evidence from Christian Kampala, 1895—2011", *Econ Hist Rev*, 69(1): 229—257.

Meier zu Selhausen, F., Van Leeuwen, M. H.D., Weisdorf, J. L. (2017) "Social Mobility among Christian Africans: Evidence from Anglican Marriage Registers in Uganda, 1895—2011", *Econ Hist Rev*, 74:1291—1321.

Michalopoulos, S., Papaioannou, E. (2013) "Pre-colonial Ethnic Institutions and Contemporary African Development", *Econometrica*, 81

(1):113—152.

Michalopoulos, S., Papaioannou, E. (2016) "The Long-run Effects of the Scramble for Africa", *Am Econ Rev*, 106(7):1802—1848.

Michalopoulos, S., Putterman, L., Weil, D.N. (2016) "The Influence of ancestral Lifeways on Individual Economic Outcomes in Sub-Saharan Africa", Tech. rep. National Bureau of Economic Research, Cambridge, MA.

Moradi, A. (2009) "Towards an Objective Account of Nutrition and Health in Colonial Kenya: A Study of Stature in African Army Recruits and Civilians, 1880—1980", *J Econ Hist*, 69(3):719—754.

Moradi, A. (2010) "Nutritional Status and Economic Development in Sub-Saharan Africa, 1950—1980", *Econ Hum Biol*, 8(1):16—29.

Moradi, A., Baten, J. (2005) "Inequality in Sub-Saharan Africa: New Data and New Insights from Anthropometric Estimates", *World Dev*, 33(8):1233—1265.

Mpeta, B., Fourie, J., Inwood, K. (2018) "Black Living Standards in South Africa before Democracy: New Evidence from Height", *S Afr J Sci*, 114(1/2):8—8.

Nunn, N. (2008) "The Long-term Effects of Africa's Slave Trades", *Q J Econ*, 123(1):139—176.

Nunn, N. (2010) "Religious Conversion in Colonial Africa", *Am Econ Rev*, 100(2):147—152.

Nunn, N., Puga, D. (2012) "Ruggedness: The Blessing of Bad Geography in Africa", *Rev Econ Stat*, 94(1):20—36.

Nunn, N., Wantchekon, L. (2011) "The Slave Trade and the Origins of Mistrust in Africa", *Am Econ Rev*, 101(7):3221—3252.

Obikili, N. (2015) "The Impact of the Slave Trade on Literacy in West Africa: Evidence from the Colonial Era", *J Afr Econ*, 25(1):1—27.

Obikili, N. (2016) "The Trans-Atlantic Slave Trade and Local Political Fragmentation in Africa", *Econ Hist Rev*, 69(4):1157—1177.

Perry, M., Reny, P.J. (2016) "How to Count Citations if You Must", *Am Econ Rev*, 106(9):2722—2741.

Pierce, L., Snyder, J.A. (2017) "The Historical Slave Trade and Firm Access to Finance in Africa", *Rev Financ Stud*, 31(1):142—174.

Pison, G. (2017). "There's a Strong Chance that One-third of all People Will be African by 2100. The Conversation", Available at: https://theconversation.com/theres-a-strong-chance-that-one-thirdof-all-people-will-be-african-by-2100-84576. Accessed 4 Jan 2018.

Reid, R. (2011) "Past and Presentism: The Precolonial and the Foreshortening of African History", *J Afr Hist*, 52(2):135—155.

Ronnback, K. (2015) "The Transatlantic Slave Trade and Social Stratification on the Gold Coast", *Econ Hist Dev Reg*, 30(2):157—181.

Steckel, R.H. (1979) "Slave Height Profiles from Coastwise Manifests", *Explor Econ Hist*, 16(4):363—380.

Steckel, R. H. (1995) "Stature and the Standard of Living", *J Econ Lit*, 33(4):1903—1940.

The World Bank. (2017) GDP per capita (constant 2010 US $). Data retrieved from World Development Indicators, http://databank.worldbank.org/data.

Wantchekon, L., Klăsnja, M., Novta, N. (2014) "Education and Human Capital Externalities: Evidence from Colonial Benin", *Q J Econ*, 130(2):703—757.

Whatley, W. C. (2017) "The Gun-slave Hypothesis and the 18th Century British Slave Trade", *Explor Econ Hist*, 67:80—104.

索 引

本索引词条后面的页码，均为英文原著页码，即中译本的正文页边码。

L

M

T

W

X

译后记

计量史学，也被称为“量化历史”“量化史学”或“历史计量学”等，英文名称是 Cliometrics、Econometric History 或 Quantitative History，主要是以计量方法进行历史维度的跨学科研究，是现代社会科学范式革命在历史类研究中的体现。* 计量史学研究基于扎实的史料和构建历史数据库，采用双重差分、断点回归等统计和计量方法，围绕长历史和跨学科学术问题，有利于检验既有理论并突破常识收获新知。

史论结合是经济史学研究一直追求的境界。熊彼特说科学的经济分析应该是历史、理论与统计的统一。吴承明先生曾提出：“经济史应视为经济学的源头，而非‘流’。”只有真正达到经济理论和定量分析方法互动融合，才可以促进经济理论和经济史学的互动发展。计量史学不仅是历史学加回归分析，除了利用历史数据进行经济学研究，还需要研究和记录经济学理论未涉及的关键因素。只有这样的经济史研究，才能加快推动经济理论进步，成为现代经济学的“源”。用历史数据研究经济问题，进而提出新的理论，才可能是“源”；简单用现代经济理论或者计量技术研究历史问题，就很可能是“流”。

中国学者在国际计量史学学术界具有比较优势。因为一方面，中国历史的连续性与文字记载的丰富性是世界其他文明不可比拟的，支撑计量史学

---

* 在研究对象上，计量史学偏重于经济史，量化历史不局限于经济史。

研究需要大量历史数据和历史事件,中国传统史学就比较注重数目字;另一方面,中国计量史学学者规模效应明显,每年"量化历史讲习班"有 100 人左右,迄今九届讲习班俨然已有 1 000 多人了。国内从事相关研究的学者规模是国外学术界望尘莫及的。典型代表就是近年中国学者在国际学界崭露头角,大量中国学者的研究成果或采用中国历史数据的研究成果在国际顶级期刊不断涌现。

回想 2012 年博士毕业时,我本拟就职于西南财经大学经济学院,从事中国经济思想史教学和研究。不过当时内心是惶恐的,因为在上海财经大学受到的严格的现代经济学学术训练与经济思想史学术训练并没有融合起来,前者主要是数理的研究范式,后者主要是历史的研究范式。两种范式在脑海中徘徊,我总想寻求一种融合的道路,不然总觉得自己的学习不到家,不够为人师表。如果学艺不精就回到四川,也担心被时代所淘汰。当然,我内心深处知道,回到四川工作或许是最安逸的人生选择,始终感谢刘方健教授等领导的帮助和厚爱。不过,这种惶恐让我焦虑不安。由于一个很偶然的机会,我看到陈志武教授在清华大学招收博士后的消息,于是在导师文贯中教授的推荐下贸然投递简历毛遂自荐。在 2012 年 6 月陆家嘴论坛期间,我于上海浦东香格里拉大酒店匆匆拜见了陈老师。陈老师告诉我,招收博士后主要就是从事推动现代经济学范式与传统史学范式的结合工作。这恰恰就是我心中之疑惑所在,也是想要做的事情,实在是难得机缘。所以,我决定趁年轻跟随陈老师学习,精进中国经济思想史和经济史的研究。于是,2012 年 8 月,我正式到清华大学市场与社会研究中心做博士后,在导师陈志武教授的指导下开展研究。鉴于陈老师当时仍在耶鲁大学,回国时间有限,我在清华大学期间主要跟随龙登高老师学习,重点工作就是协助举办"量化历史讲习班"。回想起来,讲习班的取名有点效法大革命时期农民运动讲习所的味道,形成"黄埔一期""黄埔二期"……2013 年 7 月 5 日到 15 日,首届"量化历史讲习班"成功举行,得到了国内外学术界的大力支持。学员以国内各高校青年教授、副教授、讲师为主,也包括博士后、博士生等有生力量;以经济学、历史学为主,亦有法学、政治学及社会学等专业。2014 年除了筹备第二届讲习班,我还协助成立了量化历史公众号,整理编辑和出版了《量化历史研究(第 1 辑)》,录制了"量化历史讲习班"视频光盘等。忆往昔,宛如昨日。陈老师多次讲到，学术研究不要那么寂寞，应该提供一个交流平台。我模糊地记得在很长一段时间里，经济史、经济思想史学者之间交流不那么频繁，不同学科门类下历史维度的研究交流更少。在讲习班上，五湖四海的学者为了纯粹的学术而聚在一起，前辈学者讲述道德文章，青年才俊相识相知成为学术挚友，跨界交流合作蔚然成风，一个学术共同体逐渐形成，为学术传承和创新带来了源头活水。能够参与讲习班筹备，与有荣焉，实乃幸甚。

翻译是深度学习，也是人才培养的手段，更是学术传播的重要机制。2019年格致出版社唐彬源老师联系我，计划将《计量史学手册》（*Handbook of Cliometrics*）分为八本翻译出版。我感慨于唐老师的远见卓识和学术雄心，也深知这套书对于计量史学研究的价值，所以慨然应允，全力以赴组织协调。随后我邀请了富有学术实力的专家学者参与本套书的翻译，包括中国社会科学院梁华编审、马国英副研究员和缪德刚副研究员，中国政法大学巫云仙教授、霍钊副教授、陈芑名博士和曾江博士，山东大学经济研究院助理研究员张文博士，工信部中国电子信息产业发展研究院助理研究员杨济菡博士。各位老师都非常认真负责地完成了工作，形成了团队合力。本册书的翻译多次受到唐老师鼓励，感谢唐老师和本书责任编辑刘茹老师。

同时，感谢协助翻译的中国政法大学青年教师学术创新团队支持计划资助项目成员窦艳杰、张瑜、张腾、王敬文、樊红志、向修维、项上、韩琦、苏佳伟、王佩钰、王舒露、钟沥文、王楚天等同学，感谢参与校对的赵宇涵、侯冠宇、余镐、沙娅、李辰晨、曹乃璇、魏志恒、刘胜、高楚依、唐世洲、王悦舟、朱浩、吴子杰、金依晴、童颖、岑鸿骞、徐达、盛家润等同学。

最后，我要特别感谢陈志武老师、李伯重先生、龙登高老师赐推荐序。正是在前辈的指导和支持下，我才有幸参与了计量史学学术研究，更有信心完成本书翻译。当然，若有任何错漏，皆由译者承担。

熊金武

2023年7月12日

图书在版编目(CIP)数据

测量技术与方法论 / (法) 克洛德・迪耶博, (美) 迈克尔・豪珀特主编 ; 熊金武译. — 上海 : 格致出版社 : 上海人民出版社, 2023.12
(计量史学译丛)
ISBN 978-7-5432-3510-6

Ⅰ. ①测… Ⅱ. ①克… ②迈… ③熊… Ⅲ. ①测量学 Ⅳ. ①P2

中国国家版本馆 CIP 数据核字(2023)第 182842 号

责任编辑 刘 茹 顾 悦
装帧设计 路 静

计量史学译丛
测量技术与方法论
[法]克洛德・迪耶博 [美]迈克尔・豪珀特 主编
熊金武 译

出 版 格致出版社
上海人民出版社
(201101 上海市闵行区号景路 159 弄 C 座)
发 行 上海人民出版社发行中心
印 刷 上海盛通时代印刷有限公司
开 本 720×1000 1/16
印 张 19.75
插 页 3
字 数 299,000
版 次 2023 年 12 月第 1 版
印 次 2023 年 12 月第 1 次印刷
ISBN 978-7-5432-3510-6/F・1541
定 价 90.00 元

First published in English under the title
Handbook of Cliometrics
edited by Claude Diebolt and Michael Haupert, edition: 2

上海市版权局著作权合同登记号:图字 09-2023-0189 号